"十三五"职业教育系列教材

电子技术基础

（第二版）

主　编　马　磊

副主编　陈　梅

编　写　郑庆利

主　审　唐　忠

中国电力出版社

CHINA ELECTRIC POWER PRESS

内 容 提 要

本书为"十三五"职业教育系列教材。本书根据高职高专"电子技术"课程教学大纲编写而成,在内容取材和编排上,本着"必需、够用、会用"的编写思路,以提高学生的职业技能和应用能力为培养目标。本书共有 10 章,主要内容包括常用半导体器件、基本放大电路、电子电路中的反馈、集成运算放大器的应用、直流稳压电源、数字电路基础、集成逻辑门电路、组合逻辑电路、触发器电路和时序逻辑电路。

本书可作为高职高专院校电气类、机械类和计算机类"电子技术"课程的教学用书,也可作为工程技术人员的参考用书。

图书在版编目(CIP)数据

电子技术基础/马磊主编. —2 版. —北京:中国电力出版社,2019.11(2025.1 重印)
"十三五"职业教育规划教材
ISBN 978-7-5123-7601-4

Ⅰ.①电… Ⅱ.①马… Ⅲ.①电子技术—高等职业教育—教材 Ⅳ.①TN

中国版本图书馆 CIP 数据核字(2019)第 275489 号

出版发行:中国电力出版社
地　　址:北京市东城区北京站西街 19 号(邮政编码 100005)
网　　址:http://www.cepp.sgcc.com.cn
责任编辑:张　旻
责任校对:黄　蓓　李　楠
装帧设计:赵姗姗
责任印制:吴　迪

印　　刷:北京雁林吉兆印刷有限公司
版　　次:2013 年 4 月第一版　2020 年 5 月第二版
印　　次:2025 年 1 月北京第十四次印刷
开　　本:787 毫米×1092 毫米　16 开本
印　　张:13
字　　数:311 千字
定　　价:39.00 元

前　言

　　《电子技术基础》经过部分学校师生五年的使用普便反映较好。本修订版在保持第一版原有内容和框架的基础上，对个别章节做了修订，每节内容后都新增了思考题，并附上部分习题答案。

　　本书根据高职高专"电子技术"课程教学大纲编写而成，在内容取材和编排上，本着"必需、够用、会用"的编写思路，以提高学生的职业技能和应用能力为培养目标。

　　为提高高职、高专学生的操作技能和职业能力，多数学校相对减少了专业基础课的理论课时。怎样利用有限的课时让学生了解和掌握"电子技术"课程中"必需且重要"的知识，并能应用这些知识解决实际问题是当前高职、高专理论教学中的一个难点问题。本书在这方面做了三点尝试：

　　（1）精选内容，以"必需"为特色。教材中介绍的相关知识对高职、高专工科学生来讲都是必需且重要的。学生通过对本教材的学习，可以获得电子技术方面的基本知识和理论。

　　（2）提高技能，以"会用"为目标。教材中对相关知识在讲清基本概念和理论的基础上，着重通过对典型例题的分析，培养学生利用理论知识解决实际问题的能力。

　　（3）调整内容，以"够用"为尺度。本书在编排中，对分立元件构成的电子电路作了较大幅度删减，而把重点放在介绍常用集成电路的功能和应用上，以适应电子技术领域发展的方向。

　　本书由上海电机学院马磊担任主编，并编写第 6～10 章及每章的思考题和习题，郑庆利编写第 1 章，陈梅编写第 2～5 章。全书由马磊负责统稿。上海电力学院的唐忠教授作为主审，详细审阅了全书内容，并提出了部分修改建议，在此表示感谢。

　　限于编者水平，书中难免有不妥之处，希望使用本书的老师和学生批评指正。

编　者

2019 年 6 月

目　　录

第1章　常用半导体器件

【本章提要】
　　常用半导体器件包括半导体二极管、稳压管、三极管和场效应管等，了解半导体器件的结构、功能是正确分析和使用的基础。本章主要介绍 PN 结的导电特性及二极管、稳压管、三极管的结构、功能、主要参数和基本应用电路。

1.1　半 导 体 的 基 本 知 识

学 习 目 标

- 了解半导体材料的类型和导电特点。
- 掌握 PN 结的单向导电原理。

1.1.1　半导体的导电特性

自然界的材料按其导电能力的差异，可分为导体、半导体和绝缘体三类。半导体的导电能力介于导体和绝缘体之间，常温下半导体的导电能力很弱，但是在外界因素影响下，其导电能力会发生显著改变，主要体现在以下几个方面：

1. 热敏特性

有些半导体材料对温度变化反应灵敏，温度升高时，导电能力会显著提高。利用这种特性可以做成各种热敏元件，在自动检测等领域得到广泛应用。

2. 光敏特性

有些半导体材料对光照强度反应灵敏，光照强烈时，导电能力会显著提高。利用半导体的光敏特性可以制成各种光敏电阻、光敏电池等。

3. 掺杂特性

在半导体中掺入少量有用杂质，其导电能力也会显著提高。通过掺入不同种类和数量的杂质，可以控制半导体的导电能力并能制造不同类型的半导体器件，如半导体二极管、三极管等。

1.1.2　N 型和 P 型半导体

硅和锗是最常用的半导体材料，它们都是四价元素（原子结构最外层轨道分布四个电子）。硅元素（锗元素）中的原子都是以共价键电子对的形式结合的，电子对中的电子（称为价电子）受原子核的吸引力较小，有少数价电子会受热激发，挣脱原子核的束缚成为自由电子（带负电），而在原来共价键电子对的位置上留下一个空穴（带正电）。在外加电压作用下，半导体中的电子和空穴都能参与导电，也称它们为载流子。常温下由于参与导电的载流子数量较少，所以半导体的导电能力很弱。但是掺入少量有用杂质后，其导电能力会显著提高。根据掺入杂质的不同，可得到 N 型和 P 型两种类型的半导体。

1．N 型半导体

在半导体硅（锗）中掺入少量的五价元素，例如磷（P）等。磷原子的最外层有五个价电子，当它和四个硅原子组成共价键时，多余的一个价电子就成为自由电子。掺入磷元素越多，则自由电子数量越多，导电能力越强，这种掺入五价元素的半导体称为 N 型半导体，它主要靠自由电子导电。

2．P 型半导体

在半导体硅（锗）中掺入少量的三价元素，例如，硼（B）等。硼原子最外层有三个价电子，当它和四个硅原子组成共价键时，因缺少一个价电子而出现一个空穴。掺入硼元素越多，则空穴数量越多，导电能力越强，这种掺入三价元素的半导体称为 P 型半导体，它主要靠空穴导电。

1.1.3　PN 结及单向导电性

1．PN 结

N 型和 P 型半导体的导电能力虽然较高，但并不能直接用来生产半导体器件。若在一块半导体上通过掺杂工艺，使两侧形成不同类型的半导体，则在交接面上，会形成一个非常特殊的结构，即 PN 结，PN 结是构成半导体器件的基础。

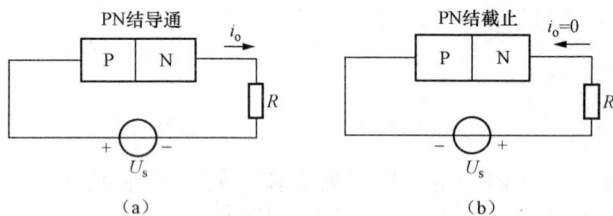

图 1.1　PN 结的单向导电性

（a）PN 结正向偏置；　（b）PN 结反向偏置

2．PN 结的单向导电性

PN 结具有单向导电性，即给 PN 结加正向电压（P 区电位高于 N 区电位）时，如图 1.1（a）所示，PN 结处于正向导通状态，结电阻很小，正向电流 i_o 较大，称 PN 结正向偏置；加反向电压（P 区电位低于 N 区电位）时，如图 1.1（b）所示，PN 结处于反向截止状态，结电阻很大，反向电流 i_o 很小，称 PN 结反向偏置。

思　考　题

1．N 型半导体中电子是多数载流子，它是否带负电？P 型半导体中空穴是多数载流子，它是否带正电？

2．半导体中的电子空穴对是如何产生的？与温度有什么关系？

3．激发和掺杂都能产生载流子，两者有何区别？

1.2　半 导 体 二 极 管

学习目标

- 了解半导体二极管的结构和功能。
- 掌握二极管的伏安特性和主要参数。

1.2.1　二极管的结构和符号

半导体二极管从结构上讲包含一个 PN 结，因此也具有单向导电性。从 P 区引出的电极称为正极（阳极），从 N 区引出的电极称为负极（阴极）。符号如图 1.2 所示，箭头方向表示二极管正向导通时电流的方向。当电压 $U_D > 0$ 时，二极管正向偏置，处于导通状态；当电压 $U_D < 0$ 时，二极管反向偏置，处于截止状态。图 1.3 是常见二极管的外形图。

图 1.2　半导体二极管符号

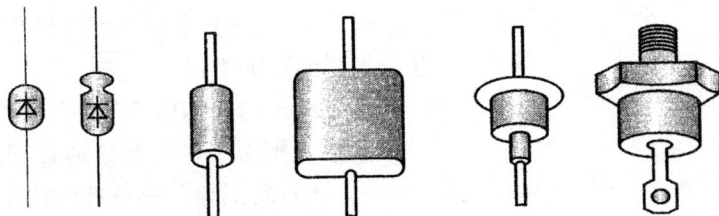

图 1.3　常见二极管的外形图

　　二极管按所用材料不同可分为锗管和硅管；按用途可分为整流二极管、检波二极管、稳压二极管等；按结构可分为点接触型和面接触型二极管。点接触型二极管 PN 结面积小，高频特性较好，一般用于高频小电流电路，适合用作检波器件；面接触型二极管 PN 结面积大，高频特性较差，一般用于低频大电流电路，适合用作整流器件。

1.2.2　二极管的伏安特性

　　二极管的伏安特性反映的是二极管上的电压与通过的电流之间的关系，图 1.4 是通过实验测出的二极管伏安特性曲线，由图可见，二极管是非线性元件。

1. 正向特性

　　当二极管承受较低正向电压时，正向电流基本为零，这个电压称为死区电压，如图 1.4 中的①所示。硅管的死区电压约为 0.5V，锗管约为 0.1V。当二极管上所加正向电压大于死区电压后，二极管才真正处于导通状态，有较大的正向电流通过二极管，如图

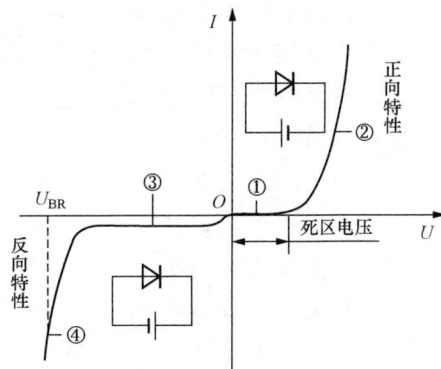

图 1.4　半导体二极管的伏安特性

1.4 中的②所示。这时二极管的正向压降（也称为管压降）硅管为 0.6～0.7V，锗管为 0.2～0.3V，正向压降的极性是阳极为正，阴极为负。

2. 反向特性

　　当二极管承受的反向电压小于击穿电压 U_{BR} 时，如图 1.4 中的③所示，二极管处于截止状态，有很小的反向电流通过二极管。反向电流有两个特点：一是随温度升高急剧增大；二是在一定反向电压范围内，基本为定值。硅管的反向电流比锗管小，一般在几十微安，锗管可达几百微安。当反向电压超过击穿电压 U_{BR} 后，反向电流将突然增大，这种现象称为反向击穿，如图 1.4 中的④所示，二极管被击穿后就失去了单向导电性，各类二极管的反向击穿电压数值不同，通常为几十到几百伏。

　　温度对二极管的伏安特性影响很大，温度升高时二极管正向特性曲线向左移动，反向特性曲线向下移动，如图 1.5 所示。因此，随着温度的升高，二极管的反向电流将增大、正向电

压和击穿电压将减小。

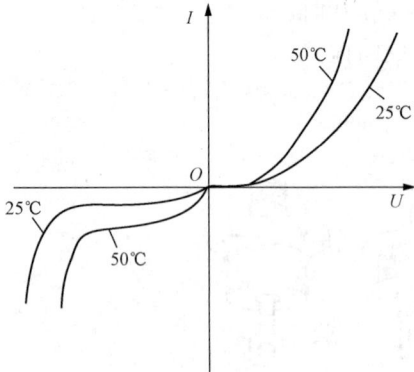

图 1.5　温度对二极管特性的影响

1.2.3　二极管的主要参数及选择

1. 二极管的主要参数

二极管的性能除了可以用伏安特性描述外，还可以用一组参数来表示。这些参数事先测定并汇集在半导体器件手册中，它是正确使用和合理选择二极管的依据。主要参数如下：

（1）最大正向平均电流 I_F。

I_F 是指二极管工作时允许通过的最大正向平均电流，由 PN 结的面积和散热条件所决定，使用时不能超过此值，否则 PN 结会因过热而损坏。

（2）最高反向工作电压 U_{RM}。

U_{RM} 是指允许加在二极管上的最大反向电压。超过此值二极管就有被反向击穿的危险。为安全起见，最高反向工作电压 U_{RM} 约为击穿电压 U_{BR} 的一半。

（3）反向电流 I_R。

I_R 是指二极管未被击穿时的反向电流。I_R 越小，说明二极管的单向导电性能越好。由于温度升高时 I_R 将急剧增大，所以使用时要注意温度的影响。

（4）最高工作频率 f_M。

f_M 是由二极管的结电容大小所决定的参数。如果工作信号频率超过了 f_M，在二极管截止时，高频电流将直接从结电容通过，使二极管的单向导电性能变差。

2. 二极管的选择

设计电路时，根据电路对二极管的要求查阅半导体器件手册，选择正确型号的二极管。所选型号的参数 I_F、U_{RM} 和 f_M 必须大于二极管的实际平均电流、反向电压和工作频率。并且锗管具有正向导通电压低，硅管具有反向电流小、受温度影响小、反向击穿电压高的特点。

图 1.6　[例 1.1] 电路

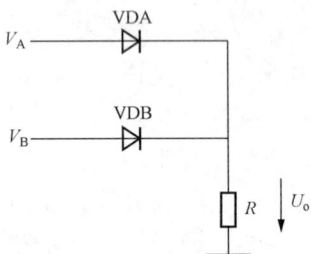

【例 1.1】 电路如图 1.6 所示，设二极管的正向压降为 0.7V，判断二极管的状态并求电流 I 和电压 U_o。

解　图 1.6（a）中，二极管承受正向电压，处于导通状态，电流 $I = \dfrac{3-0.7}{100} = 23(mA)$，输出电压 $U_o = I \times 100 = 2.3$（V），或 $U_o = -0.7 + 3 = 2.3$（V）。

图 1.6（b）中，二极管承受反向电压，处于截止状态，电流 $I = 0A$，输出电压 $U_o = 3V$。

【例 1.2】 电路如图 1.7 所示，设二极管的正向压降为 0.7V，判断二极管的状态并求输出电压 U_o，结果记录表 1.1 中。

图 1.7　[例 1.2] 电路

解　当两个二极管采用共阴极或共阳极接法时，哪个二极管承受的正向电压大，哪个二极管优先导通。

表 1.1　　　　　　　　　　　　　　［例 1.2］二极管状态和输出电压

输　　入		二极管状态		输出电压 U_o（V）	说明
V_A（V）	V_B（V）	VDA	VDB		
3	3	导通	导通	−0.7+3=2.3	
3	5	截止	导通	−0.7+5=4.3	VDB 优先导通
5	3	导通	截止	−0.7+5=4.3	VDA 优先导通
5	5	导通	导通	−0.7+5=4.3	

能力拓展

【例 1.3】 电路如图 1.8（a）所示，输入电压 $u_i=4\sin\omega t$（V），试画输出电压 u_o 的波形（VD 为理想二极管）。

解　当输入电压 u_i 小于 2V 时，二极管承受反向电压，处于截止状态，电阻 R 上无电流，输出电压 $u_o=0\times R+u_i=u_i$；当输入电压 u_i 大于 2V 时，二极管承受正向电压，处于导通状态，输出电压 $u_o=0+2=2$（V）。输出电压波形如图 1.8（b）所示。

知识拓展

二极管的测试和性能判断：

二极管包含一个 PN 结，具有单向导电性，其正向电阻小（一般为几百欧），而反向电阻大（一般为几百千欧）。用万用表的电阻挡可以测量二极管的极性。电阻挡等效电路如图 1.9 所示，从图中可见红表笔接表内电池负极，黑表笔接表内电池正极，并且电阻挡具有反向标尺特点，即 ∞Ω 在最左面，0Ω 在最右面。测量时一般选用 $R\times100\Omega$（或 $R\times1k\Omega$）挡，把二极管的两个电极分别接到万用表的两根表笔上，如图 1.10 所示，如果测出的电阻较小（约几百欧），那么与黑表笔连接的一端是正极，另一端就是负极。相反，如果测出的电阻较大（约几百千欧），那么与黑表笔连接的一端是负极，另一端就是正极。一个二极管的正、反向电阻相差越大，其性能越好。若反向电阻太小，则二极管失去单向导电作用；若正、反向电阻都趋于∞，则表明二极管内部已断路；若正、反向电阻都为 0，则表明二极管内部已短路。

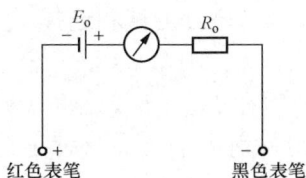

图 1.8　［例 1.3］电路和波形
（a）电路；（b）波形

图 1.9　电阻挡等效电路

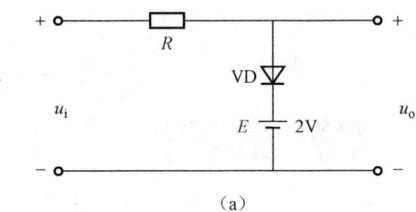

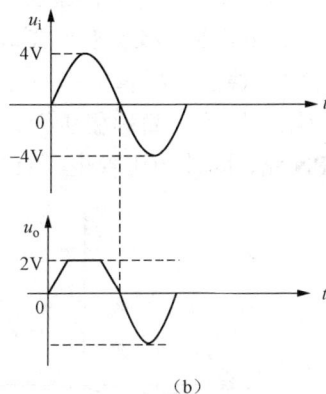

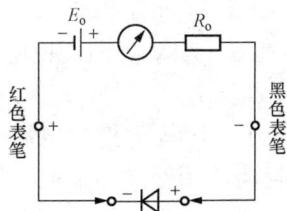

图 1.10　二极管极性测量电路

思 考 题

1．从结构上讲二极管有哪两种类型？各适用于什么场合？
2．一个实际二极管，只要外加正向电压就会导通吗？为什么？
3．怎样用万用表检测二极管的极性和好坏？
4．什么是二极管的优先导通现象？
5．试述二极管的选用原则。

1.3　特殊二极管

学习目标

- 了解稳压管的结构、符号和伏安特性。
- 掌握稳压管的工作原理。
- 了解光电二极管和发光二极管的工作原理。

1.3.1　稳压二极管

稳压二极管（简称稳压管）是利用特殊工艺制成的面接触型硅半导体二极管，由于包含一个 PN 结，因此稳压管也具有单向导电性。与一般二极管的区别在于：稳压管的正常工作区域是反向击穿区，并且当反向电压撤除后，稳压管又能恢复单向导电性。符号和伏安特性如图 1.11 所示。

1．稳压管的伏安特性

稳压管的正向伏安特性曲线与二极管相似，死区电压约为 0.5V，正向压降为 0.6～0.7V。反向击穿特性比一般二极管更陡。稳压管正常工作区域是反向特性的 AB 段，在 AB 段上，流过稳压管的反向电流有很大变化，而两端电压基本不变，从而可以起到稳定电压的作用。

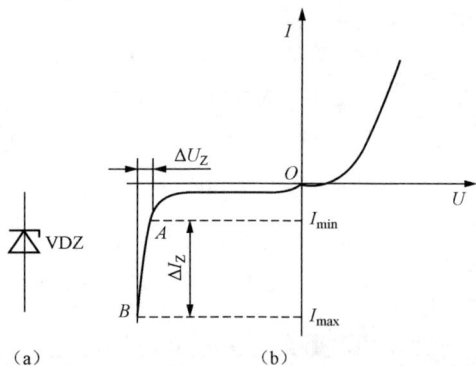

图 1.11　稳压管的符号和伏安特性

（a）符号；（b）伏安特性

2．稳压管的主要参数

（1）稳定电压 U_Z。

U_Z 是指稳压管在正常的反向击穿状态下管子两端的电压，U_Z 的极性是阳极为负，阴极为正。由于制造工艺方面的原因，既是同一型号的管子稳定电压也有差异，例如，型号 2CW55 稳压管的 U_Z 在 6～7.5V 之间，使用时要根据电路的实际要求，进行测试和选择。

（2）稳定电流 I_Z。

I_Z 是指工作电压等于稳定电压时的反向电流，其值必须在 I_{min}～I_{max} 之间（见图 1.11）。当通过稳压管的电流小于 I_{min} 时，管子不能起到稳压作用，而大于 I_{max} 时管子会因过热而损坏。

（3）动态电阻 r_z。

r_z 是指稳压管正常工作时，稳压管两端电压变化量与相应电流变化量之比，即 $r_z = \dfrac{\Delta U_z}{\Delta I_z}$，$r_z$ 是反映稳压性能的重要指标，稳压管的反向伏安特性曲线越陡，动态电阻 r_z 越小，稳压性能越好。

（4）额定功耗 P_z。

P_z 是指稳压管工作时允许的最大功率损耗，由稳压管的温升决定，其值约为最大工作电流和稳定电压的乘积，即 $P_z = U_z I_{zmax}$。

【例 1.4】 电路如图 1.12 所示，已知稳压管 VDZ1、VDZ2 的稳定电压分别为 5V 和 3V，正向压降均为 0.7V，试判断两个稳压管的工作状态并求输出电压 U_o。

解 根据输入电压正确判断稳压管的工作状态和稳定电压的极性是做题的关键。

图 1.12（a）中稳压管 VDZ1 工作在稳压状态，稳定电压 5V 为阴极正、阳极负；稳压管 VDZ2 工作在正向导通状态，正向压降 0.7V 为阴极负、阳极正。等效电路如图 1.12（c）所示。输出电压 U_o=5+0.7=5.7（V）。

图 1.12（b）中稳压管 VDZ1、VDZ2 均工作在稳压状态，等效电路如图 1.12（d）所示。输出电压 U_o=5+3=8（V）。

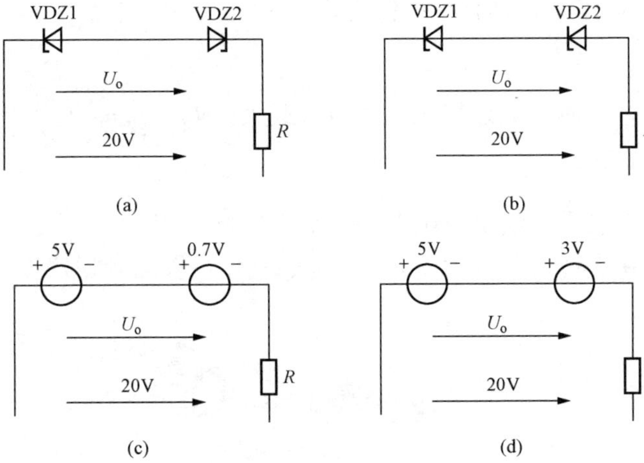

图 1.12　［例 1.4］电路

1.3.2　光电二极管

光电二极管是利用二极管的光敏特性将光信号转换为电信号的特殊二极管，内部包含一个 PN 结，符号如图 1.13 所示。光电二极管是在反向电压下工作的，当无光照时，其反向电流很小（通常小

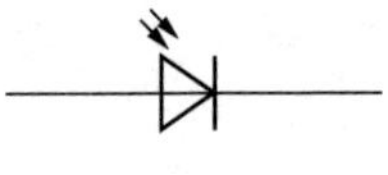

图 1.13　光电二极管符号

于 0.2μA）；当有光照时，反向电流随光照强度的增加而上升，并且反向电流与光照强度成正比。光电二极管一般作为光电检测器件，应用于光电自动控制领域中。

1.3.3　发光二极管

发光二极管（简称 LED）是一种能把电能直接转换成光能的发光器件，内部包含一个 PN 结，符号如图 1.14 所示，它的正向导通电压一般为 1～2V。

当在发光二极管上加正向电压并有足够大的正向电流时，就能发出颜色各异的光，光的颜色由半导体的材料决定。发光二极管具

图 1.14　发光二极管的符号

有用电省、寿命长等优点，在显示电路中有着广泛的应用。

能力拓展

【例1.5】 图1.15是用稳压管直接构成的稳压电路，试分析工作原理。

解 图中稳压管与负载 R_L 并联，能使负载电压 U_o 在 U_i 与 R_L 变化时基本稳定。

（1）输入电压 U_i 变化时的稳压过程（设负载电阻 R_L 不变）：

$$U_i\uparrow \to U_o\uparrow (=U_Z\uparrow)\to I_Z\uparrow \to I_R\uparrow \to U_R\uparrow \to U_o\downarrow$$

当电网电压下降时，其稳压过程与上述相反。

（2）负载变化时的稳压过程（设电网电压不变）：

$$R_L\downarrow \to U_o\downarrow (=U_Z\downarrow)\to I_Z\downarrow \to I_R\downarrow \to U_R\downarrow \to U_o\uparrow$$

由以上分析可知，稳压电路实际上是利用通过稳压管电流的增大和减小来调节限流电阻 R 上的电压变化，以达到稳定输出电压的目的。

图 1.15　稳压管稳压电路

【例1.6】 在图1.15所示稳压电路中，（1）如果输入电压 U_i=20V，稳压管参数 U_Z=14V，I_{zmax}=15mA，为使管子不被烧坏，求限流电阻 R。（2）若稳压管 VDZ 接反，输出电压为多少？

（3）若电阻 $R=0$，电路是否具有稳压作用？

解

（1）负载电阻 R_L 断开时，通过稳压管的电流最大，$I_R = I_Z = \dfrac{U_i - U_Z}{R} = \dfrac{20-14}{R} \leqslant 15\text{mA}$，

解得 $R\geqslant 0.4\text{k}\Omega$。

（2）若稳压管 VDZ 接反，输出电压 U_o=0.7V。

（3）电阻 R 的作用是把 I_R 的变化转换为 U_R 的变化，以达到稳定输出电压的目的。若电阻 $R=0$，电路失去稳压作用。

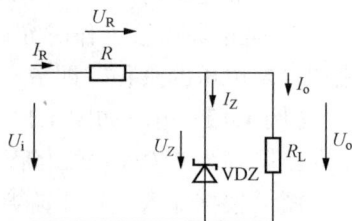

思 考 题

1．只要外加反向电压，稳压管就能稳压吗？
2．稳定电流 I_z 为什么一定要在 I_{zmin} 和 I_{zmax} 之间？
3．图1.15中的电阻 R 起什么作用？

1.4　半 导 体 三 极 管

学习目标

- 了解半导体三极管的结构和符号。
- 理解三极管的电流分配和放大作用。
- 掌握三极管的输入、输出特性曲线。

1.4.1　三极管的结构和类型

三极管的外形如图1.16所示。

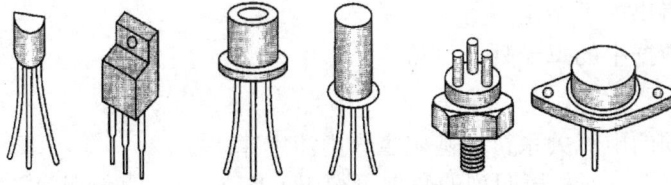

图 1.16　三极管外形图

按结构形式不同，三极管有 NPN 和 PNP 两种类型，内部结构及符号如图 1.17 所示。由图可见，它们有三个区域，分别为基区、集电区、发射区，相应区域引出的电极分别为基极 B、集电极 C、发射极 E。基区与发射区之间的 PN 结称为发射结，基区与集电区之间的 PN 结称为集电结。从符号可知，NPN 型管和 PNP 型管的区别在于发射极箭头的方向。

目前多数的 NPN 型管是在半导体硅材料上掺杂构成的，多数的 PNP 型管是在半导体锗材料上掺杂构成的。虽然两种类型的三极管发射区与集电区掺杂元素相同，但制造时发射区掺杂浓度较高，集电区掺杂浓度较低。因此，发射极与集电极不能互换使用。

1.4.2　三极管的电流放大作用

三极管的电流放大作用，可以通过测量图 1.18 所示电路中的基极电流 I_B 和集电极电流 I_C，并分析相互关系而得到。

三极管处于电流放大状态的条件是：发射结加正向电压，集电结加反向电压。对于 NPN 型三极管来讲，外加电压 E_B 和 E_C 的极性必须如图 1.18 所示（且 $E_C > E_B$），才能保证发射结正向偏置，集电结反向偏置。PNP 型管的外加电压极性与 NPN 型管相反。

连续改变可调电阻 R_B 的阻值，同时测量基极电流 I_B、集电极电流 I_C 和发射极电流 I_E。结果记录在表 1.2 中。

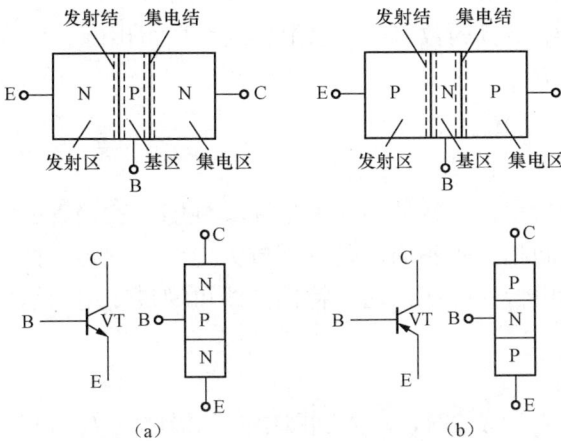

图 1.17　三极管的结构示意图和符号
（a）NPN 型；（b）PNP 型

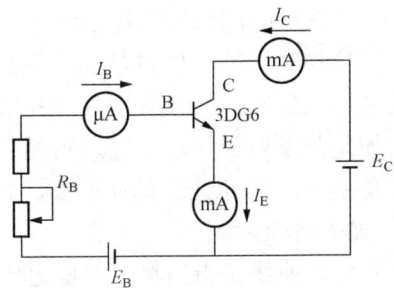

图 1.18　三极管电流放大实验电路

表 1.2　　　　　　　　　　　三极管电流测量数据　　　　　　　　　　　mA

I_B	0	0.02	0.04	0.06	0.08	0.10
I_C	<0.001	0.70	1.50	2.30	3.10	3.95
I_E	<0.001	0.72	1.54	2.36	3.18	4.05

从表中数据可得出如下结论：

（1）观察实验数据中的每一列，可得

$$I_E = I_C + I_B \tag{1-1}$$

即三个电极之间的电流关系符合基尔霍夫电流定律。

（2）由表1-2中第三列和第四列的数据可得出 I_C 与 I_B 的比值分别为

$$\frac{I_C}{I_B} = \frac{1.50}{0.04} = 37.5 \qquad \frac{I_C}{I_B} = \frac{2.30}{0.06} = 38.3$$

即 $I_C \gg I_B$。把集电极电流 I_C 与基极电流 I_B 之比定义为共发射极（图中以发射极作为输入和输出的公共端）直流电流放大系数，用 $\overline{\beta}$ 表示，即

$$\overline{\beta} = \frac{I_C}{I_B} \tag{1-2}$$

比较第三列和第四列数据，可得出

$$\frac{\Delta I_C}{\Delta I_B} = \frac{2.30 - 1.50}{0.06 - 0.04} = \frac{0.80}{0.02} = 40$$

即 $\Delta I_C \gg \Delta I_B$。把集电极电流的变化量 ΔI_C 与基极电流变化量 ΔI_B 之比定义为共发射极交流电流放大系数，用 β 表示，即

$$\beta = \frac{\Delta I_C}{\Delta I_B} \tag{1-3}$$

三极管的电流放大作用是指较小的基极电流可以产生较大的集电极电流，较小的基极电流变化量可以产生较大的集电极电流变化量，并且集电极电流受基极电流控制。

由于 β 与 $\overline{\beta}$ 相差较小，工程手册中一般只给出 β 的数值。由以上各式可以得出

$$I_C \approx \beta I_B \tag{1-4}$$

$$I_E \approx (I + \beta) I_B \tag{1-5}$$

1.4.3　三极管的伏安特性曲线

三极管和二极管一样也是非线性元件，通常用伏安特性曲线来描述其性能。三极管的特性曲线是用来反映三极管各电极电压和电流之间相互关系的，是分析放大电路的重要依据。最常用的是共发射极接法的输入特性曲线和输出特性曲线，这些特性曲线可通过专用图示仪进行直观显示，也可通过实验方法获得。

1. 输入特性曲线

输入特性曲线是指当集—射极电压 U_{CE} 为某一常数时，输入回路中的基极电流 I_B 与基—射极电压 U_{BE} 之间的关系曲线。其函数式为

$$I_B = f(U_{BE})|_{U_{CE}=常数}$$

图1.19是硅NPN型三极管的输入特性曲线。

三极管正常工作时，由于发射结是正向偏置的PN结，因此三极管的输入特性曲线与二极管的正向特性相似，也有死区电压，硅管约为0.5V，锗管约为0.1V。三极管导通后的正向压降，硅管为0.6～0.7V，锗管为0.2～0.3V。

2. 输出特性曲线

输出特性曲线是在基极电流 I_B 一定时，输出回路中集电极电流 I_C 和集—射极电压 U_{CE} 的

关系曲线，其函数表示式为

$$I_C = f(U_{CE})|_{I_B=常数}$$

图 1.20 所示是硅 NPN 型三极管的输出特性曲线，从图中可见：不同的基极电流 I_B，对应不同的输出特性曲线，所以三极管的输出特性是一族曲线。

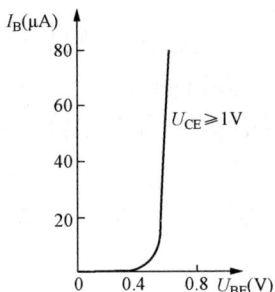

图 1.19　NPN 型三极管输入特性曲线

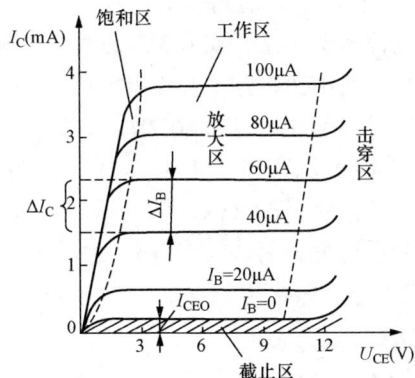

图 1.20　NPN 型三极管输出特性曲线

根据三极管工作状态不同，输出特性曲线通常可分成三个区域。

（1）截止区。

截止区位于 $I_B=0$ 的输出特性曲线的下方。三极管处于截止状态的条件是发射结、集电结均加反向电压，三极管在截止区时，失去电流放大作用。从图中可见，$I_B=0$ 时，$I_C \neq 0$，$I_C=I_{CEO}$，I_{CEO} 称为反向电流，其数值在常温下很小，但是受温度影响很大。在考虑 I_{CEO} 时，集电极电流 I_C 与基极电流 I_B 的关系为

$$I_C=\beta I_B+I_{CEO} \tag{1-6}$$

（2）饱和区。

饱和区是对应于 U_{CE} 较小（$U_{CE}<1V$）的区域。三极管处于饱和状态的条件是发射结、集电结均加正向电压，三极管在饱和区时由于 I_C 不能随 I_B 正比增大，因此也失去电流放大作用。饱和时的 U_{CE} 用 U_{CES} 表示，称为饱和压降，其值一般很小，通常硅管约为 0.3V，锗管约为 0.1V。

（3）放大区。

输出特性曲线 $I_B>0$、$U_{CE}>1V$ 的区域。三极管处于放大状态的条件是发射结加正向电压，集电结加反向电压，三极管只有工作在放大区时才具有电流放大作用。对于 NPN 型管来讲，三个电极的电位满足 $V_C>V_B>V_E$ 条件；对于 PNP 型管来讲满足 $V_C<V_B<V_E$ 条件。在放大区时，I_C 基本不受 U_{CE} 影响，仅受 I_B 控制，$I_C=\beta I_B$，即 I_C 和 I_B 成正比的关系。从放大区的输出特性曲线，可以求出三极管的电流放大系数 β。例如，基极电流 I_B 从 40μA 变化到 60μA，$\Delta I_B=20$μA。对应的集电极电流 I_C 从 1.5mA 变化到 2.5mA，$\Delta I_C=1$mA，则 $\beta=\dfrac{\Delta I_C}{\Delta I_B}=50$。

使用三极管时还须注意，若集—射极电压 U_{CE} 过高，会造成集电结的反向击穿，见图 1.20。

【例 1.7】　已知两个三极管工作在电流放大状态，测得三个电极的电位分别为

（1）8、2.7、2V；

（2）0、−0.3、−5V。

试判断三极管的类型、材料和电极。

解　解题时需了解以下三点：

①工作在放大状态的三极管，三个电极的电位有如下关系：

NPN 型管 $V_C>V_B>V_E$；

PNP 型管 $V_C<V_B<V_E$。

②电位差为 0.7V 或 0.3V 的两个电极，对应着发射结，剩下的电极为集电极。若集电极电位最高，为 NPN 型管；若集电极电位最低，为 PNP 型管。

③若发射结电压 U_{BE}=0.7V，为硅材料；若发射结电压 U_{BE}=0.3V，为锗材料。

对于（1）题来讲，由于 2.7V 与 2V 之间差 0.7V，所以为硅材料管，并且这两个电极对应着发射结，剩下的 8V 为集电极，且电位最高，因此为 NPN 型管。根据 NPN 型管放大状态的电位关系可知，2.7V 为基极，2V 为发射极。

对于（2）题来讲，–5V 为集电极且电位最低，为 PNP 型管；–0.3V 为基极、0V 为发射极且为锗材料管。

【**例 1.8**】　判断图 1.21（a）、（b）所示两个三极管的工作状态。

解　图 1.21（a）的等效电路如图 1.22（a）所示，从图中可知，发射结加正向电压，集电结加反向电压，因此，三极管工作在放大状态。

图 1.21（b）的等效电路如图 1.22（b）所示，从图中可知，发射结、集电结均加正向电压，因此，三极管工作在饱和状态。

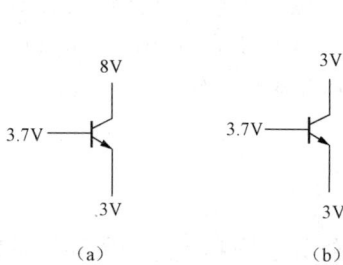

图 1.21　[例 1.8] 图

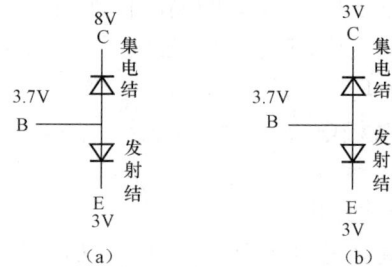

图 1.22　[例 1.8] 等效电路

1.4.4　三极管的主要参数

1．电流放大系数β

电流放大系数是反映三极管电流放大能力的重要参数，有直流电流放大系数和交流电流放大系数之分，其定义及公式在前面已做过介绍。由于两者数值相差较小，所以在电路计算时，常用β代替$\overline{\beta}$。由于制造工艺的分散性，即使相同型号的三极管，其β值也有差异。常用三极管的β值在 20～100 之间。

2．极间反向电流 I_{CEO}

基极开路时，集电极与发射极之间的反向电流称为极间反向电流 I_{CEO}，它是衡量三极管性能质量的一个重要参数。I_{CEO} 受温度影响很大，当温度上升时，由于 I_{CEO} 的增大会使 I_C 增大，而使三极管进入饱和区而无法正常工作。故 I_{CEO} 越小，三极管的温度稳定性能越好。

3．极限参数

（1）集电极最大允许电流 I_{CM}。

集电极电流 I_C 超过一定值时，三极管的β值要下降。I_{CM} 就是β值减小到正常值的 2/3 时，对应的集电极电流。使用三极管时，I_C 略超过 I_{CM} 时，并不一定会使三极管损坏，但β值将显著减小。

（2）集—射极反向击穿电压 $U_{(BR)CEO}$。

$U_{(BR)CEO}$ 是基极开路时，允许加在集电极与发射极之间的最大电压。使用时，若 $U_{CE} > U_{(BR)CEO}$ 将可能导致三极管的集电结被击穿。当三极管的温度升高时，会引起 $U_{(BR)CEO}$ 下降，使用时应注意。

（3）集电极最大允许功耗 P_{CM}。

三极管工作时，当集电极电流通过集电结时，会使三极管温度升高，从而引起多项参数发生变化。为了限制集电结温升不超过允许值而规定了最大允许耗散功率 P_{CM}。一般锗管允许结温为 70～90℃，硅管允许结温为 150℃。根据三极管的 P_{CM} 值，由 $P_{CM}=I_C U_{CE}$，可以在输出特性上画出一条 P_{CM} 曲线，如图 1.23 所示。

在曲线右侧，集电极功耗 $I_C U_{CE} > P_{CM}$，这个区域称为过损耗区；在曲线左侧，集电极功耗 $I_C U_{CE} < P_{CM}$，这个区域称为安全工作区。使用三极管时不允许同时达到 I_{CM} 和 $U_{(BR)CEO}$，否则集电极功耗将大大超过 P_{CM} 值。

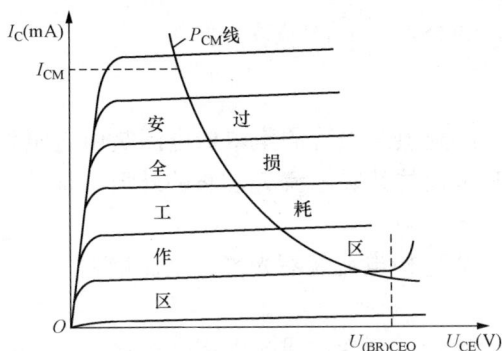

图 1.23　三极管功耗曲线

4. 温度对三极管特性曲线的影响

温度升高时，I_{CEO} 的增大会使输出特性曲线向上移动；电流放大倍数 β 的增大，会使输出特性曲线的间距加宽。由于 $I_C=\beta I_B+I_{CEO}$，因此，温度升高的结果，会使集电极电流 I_C 增大。

【例 1.9】 一个三极管的 $P_{CM}=100mW$，$I_{CM}=22mA$，$U_{(BR)CEO}=15V$。试问下列两种情况下，三极管能否正常工作？

（1）$U_{CE}=3V$、$I_C=10mA$；

（2）$U_{CE}=6V$、$I_C=20mA$。

解　三极管正常工作时须同时满足：$I_C < I_{CM}$、$U_{CE} < U_{(BR)CEO}$、$P_C < P_{CM}$。

在（1）中，$I_C=10mA < I_{CM}$、$U_{CE}=3V < U_{(BR)CEO}$、$P_C=I_C U_{CE}=10×3=30$（mW）$< P_{CM}$，所以能够正常工作。

在（2）中，$I_C=20mA < I_{CM}$、$U_{CE}=6V < U_{(BR)CEO}$、$P_C=I_C U_{CE}=20×6=120$（mW）$> P_{CM}$，所以不能正常工作。

1.4.5　特殊三极管

1. 复合三极管

将两只三极管按一定方式连接起来就构成了复合三极管，如图 1.24（a）、（b）所示，复合三极管 VT 的类型与 VT1 相同。图 1.24（a）中复合管 VT 的类型为 NPN 型三极管，图 1.24（b）中复合管 VT 的类型为 PNP 型三极管。

由于复合三极管的电流放大系数 $\beta=\beta_1\beta_2$，因此在需要同样输出电流时，复合三极管所需要的输入电流显著减小。

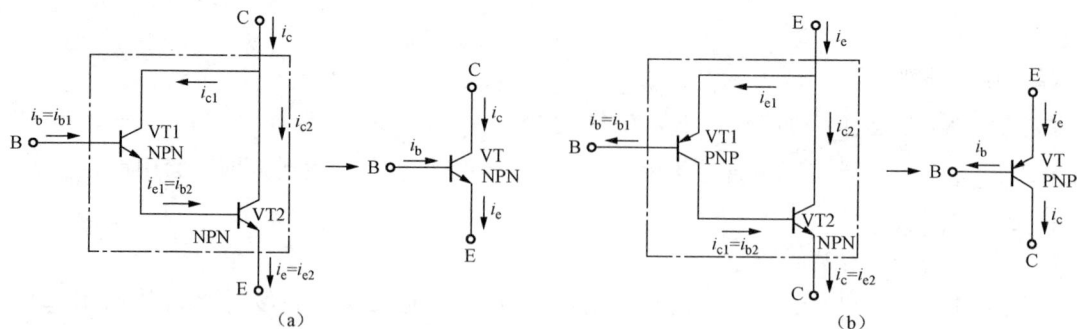

图 1.24　复合三极管

（a）等效为 NPN 型三极管；（b）等效为 PNP 型三极管

2. 光敏三极管

普通三极管的集电极电流是由基极电流控制的，而光敏三极管的集电极电流是由光照强度控制的，两者的输出特性相似，只是用光照强度 E 来代替基极电流 I_B，它的外形、符号和输出特性如图 1.25 所示。

无光照时，集电极电流 $I_C=I_{CEO}$ 很小，有光照时，集电极电流随着光照强度而增大。

【例 1.10】　分析图 1.26 所示电路的工作原理。

解　图 1.26 中 LED 是发光二极管，VT 是光敏三极管，两者构成光电耦合电路。当无光照时，输出三极管 VT1 截止，输出电压 $u_o≈+5V$，当有光照时，输出三极管 VT1 饱和导通，输出电压 $u_o≈0V$。可见该电路具有开关的功能。

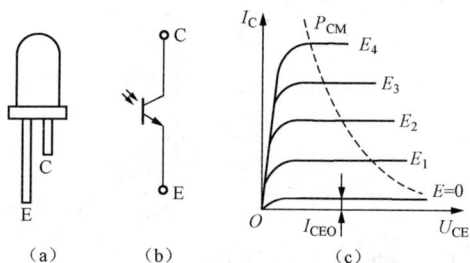

图 1.25　光敏三极管的外形、符号和输出特性

（a）外形；（b）符号；（c）输出特性

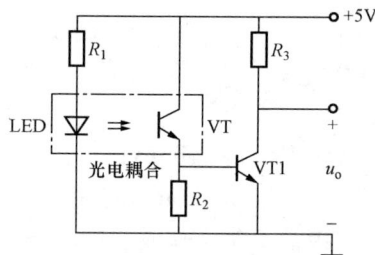

图 1.26　［例 1.10］电路

能力拓展

三极管的测试和性能判断

从结构上讲，三极管是由两个背靠背的 PN 结组成，对 NPN 型管来讲，基极是两个 PN 结的公共阳极；对 PNP 型管来讲，基极是两个 PN 结的公共阴极，如图 1-27（a）、（b）所示。

（1）管型与基极的判别。选用电阻挡 R×100Ω（或 R×1kΩ），将万用表的一只表笔接三极管的某个电极（假定的基极），另一表笔分别接其他两个电极，若两次测得的电阻均很小（或均很大），则前者所接电极就是基极，如两次测得的阻值一大、一小，相差很多，则前者假定的基极有错，应更换其他管脚进行重测。

图 1.27 三极管结构示意图

(a) NPN 型；(b) PNP 型

根据上述方法，可以确定基极 B，若基极 B 是阳极，该管属 NPN 型管，反之则是 PNP 型管。

（2）发射极与集电极的判别。当三极管基极 B 确定后，便可以判别集电极 C 和发射极 E，同时还可以了解穿透电流 I_{CEO} 和电流放大系数 β 的大小。

以 PNP 型管为例，若用红表笔接集电极 C，黑表笔接发射极 E，相当于 C-E 间加正向电压，如图 1.28 所示，图中电流表的读数反映的正是集电极电流的大小。由于基极开路，$I_B \approx 0$，集电极电流等于反向电流 I_{CEO}，这时万用表指针偏转角度很小，即电阻很大，对应的集电极电流很小。如果在 C、B 间接一只 $R_B = 100 \text{ k}\Omega$ 电阻，此时由于三极管处于电流放大状态，$I_C = \beta I_B + I_{CEO}$ 较大，万用表指针将有较大偏转，它指示的电阻值较小，反映了集电极电流较大，且电阻值减小越多表示 β 越大。若用黑表笔接集电极 C，红表笔接发射极 E，相当于 C-E 间加反向电压，则三极管处于倒置工作状态，此时电流放大系数很小（一般<1）于是万用表指针偏转很小。根据上述方法，便可以判断出 C 极和 E 极，同时还可了解穿透电流 I_{CEO} 和电流放大系数 β 的大小。

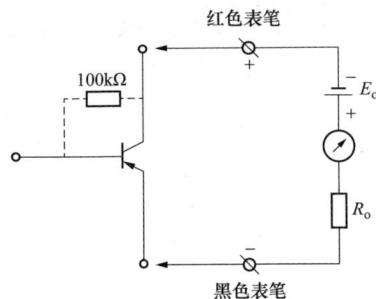

图 1.28 三极管 C 极、E 极判别电路

🎓 知识拓展

半导体器件的型号命名：

半导体器件的型号由五部分组成，各部分含义如表 1.3 所示。

表 1.3　　　　　　　　　　　半导体器件型号的组成及含义

第一部分		第二部分		第三部分		第四部分	第五部分
用数字表示器件的电极数目		用字母表示器件的材料和类型		用字母表示器件类别（仅列出常用字母含义）		用数字表示序号	用字母表示规格
符号	含义	符号	含义	符号			
2	二极管	A	N 型锗材料	P	小信号管		
		B	P 型锗材料	W	稳压管		
		C	N 型硅材料	Z	整流管		

第一部分		第二部分		第三部分		第四部分	第五部分
用数字表示器件的电极数目		用字母表示器件的材料和类型		用字母表示器件类别（仅列出常用字母含义）		用数字表示序号	用字母表示规格
符号	含义	符号	含义	符号			
2	二极管	D	P型硅材料	k	开关管		
3	三极管	A	PNP型锗材料	X	低频小功率管		
		B	NPN型锗材料	G	高频小功率管		
		C	PNP型硅材料	D	低频大功率管		
		D	NPN型硅材料	A	高频大功率管		
				T	晶闸管		
				GF	发光二极管		
				GD	光敏二极管		

例如：硅整流二极管 2CZ52A。

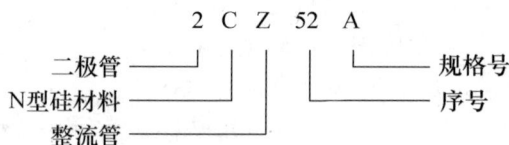

$$2 \quad C \quad Z \quad 52 \quad A$$

二极管 ——— 规格号
N型硅材料 ——— 序号
整流管 ———

思 考 题

1．三极管的电流放大关系 $I_C=\beta I_B$ 是否总是成立？如何判别该关系成立的条件？

2．PNP型管和NPN型管的电流放大条件是否相同？写出两种类型的管子处于电流放大状态时各电极的关系。

3．试述温度对三极管极参数的影响。

1.5　场 效 应 管

学 习 目 标

- 了解绝缘栅型场效应管的结构特点和工作原理。
- 掌握场效应管的特性和主要参数。
- 理解场效应管的符号含义。

1.5.1　场效应管的分类

场效应管是一种较新型的半导体器件，外形与普通三极管相似，但控制特性却完全不同。三极管是电流控制器件，它的输出电流 I_C 由输入电流 I_B 决定。因为输入回路有基极电流存在，因此输入电阻较低，为 $10^2\sim10^4\Omega$。而场效应管是电压控制器件，它的输出电流由输入回路的电压决定，基本不需要输入电流，因此输入电阻很高，可以达到 $10^7\sim10^{15}\Omega$，这是场效应管的突出优点。此外还具有热稳定性好、制造工艺简单、便于集成等特点，目前在电子电路中得到广泛的应用。

按照结构不同，场效应管分类如下：

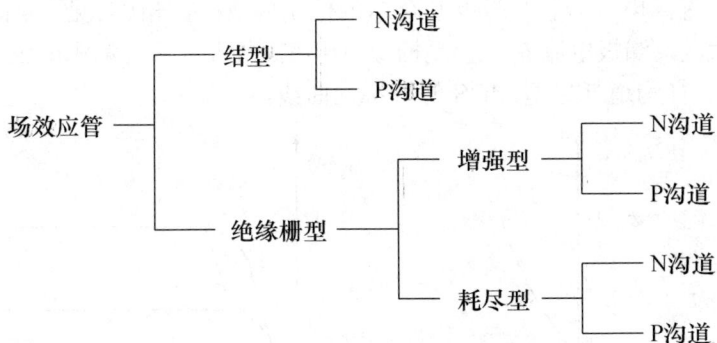

由于绝缘栅型场效应管比结型场效应管性能更好、应用更广，本节仅介绍绝缘栅型场效应管的特性曲线和主要参数。

绝缘栅型场效应管（又称为 MOS 管）从分类可知，包括增强型和耗尽型两类，每一类又可分为 N 沟道和 P 沟道两种形式。图 1.29 给出了绝缘栅型场效应管的符号。

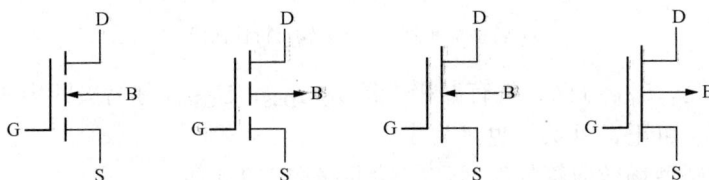

图 1.29　绝缘栅型场效应管的符号

图 1.29 中：（1）G 为栅极、S 为源极、D 为漏极；

（2）符号中箭头方向向左的表示 N 沟道，箭头方向向右的表示 P 沟道；

（3）符号中虚线表示增强型，即栅源电压 U_{GS}=0 时，漏极电流 I_D=0；符号中的实线表示耗尽型，即栅源电压 U_{GS}=0 时，漏极电流 I_D≠0。

1.5.2　绝缘栅型场效应管的伏安特性

图 1.30 给出了 N 沟道增强型 MOS 管的特性曲线。

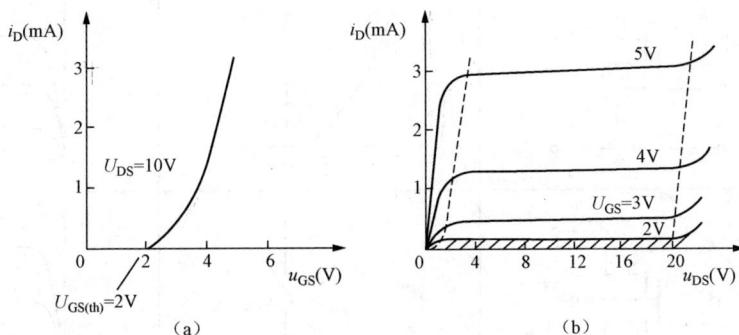

图 1.30　N 沟道增强型 MOS 管特性曲线

（a）转移特性曲线；（b）输出特性曲线

转移特性是指输入电压 U_{GS} 对输出电流 I_D 的控制特性。图中 $U_{GS(th)}$称为开启电压，当 $U_{GS}<U_{GS(th)}$时，漏极电流 $I_D=0$，只有当 $U_{GS}>U_{GS(th)}$时，才产生漏极电流 I_D，反映了栅源电压对漏极电流的控制作用。

输出特性是指漏源电压 U_{DS} 对漏极电流 I_D 的控制特性。从图中可见，不同的 U_{GS} 对应着不同的 I_D，即在放大区，漏极电流 I_D 主要受栅源电压 U_{GS} 控制，而与漏源电压 U_{DS} 基本无关。

图 1.31 给出了 N 沟道耗尽型 MOS 的管特性曲线。

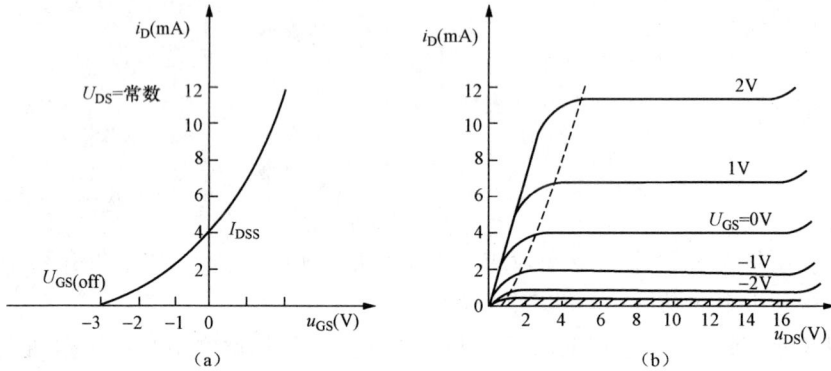

图 1.31　N 沟道耗尽型 MOS 管特性曲线

（a）转移特性曲线；（b）输出特性曲线

从转移特性可见，$U_{GS}=0$ 时，就有漏极电流 $I_D=I_{DSS}$，$U_{GS(off)}$称为夹断电压。耗尽型的控制特点是栅源电压 U_{GS} 可正、可负，也可为零。

不同类型绝缘栅型场效应管的符号和特性曲线如表 1.4 所示。

表 1.4　　　　不同类型绝缘栅型场效应管的符号和特性曲线

耗尽型 PMOS			

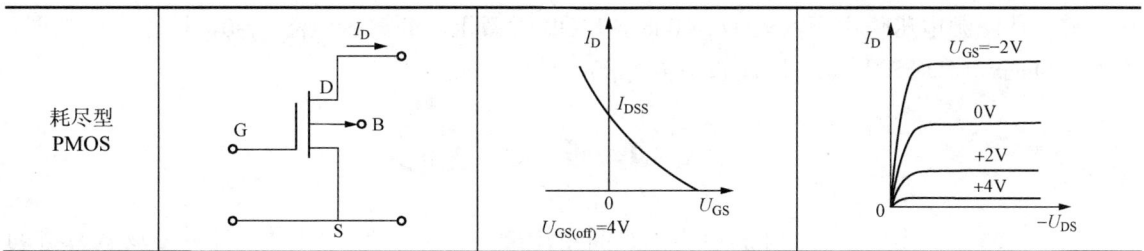

1.5.3 场效应管的主要参数及使用注意事项

1. 主要参数

（1）夹断电压 $U_{GS(off)}$ 或开启电压 $U_{GS(th)}$。

在 U_{DS} 为定值时，使耗尽型场效应管由导通变为截止，对应的临界栅源电压即为夹断电压 $U_{GS(off)}$；使增强型场效应管由截止变为导通，对应的临界栅源电压即为开启电压 $U_{GS(th)}$。

（2）饱和漏极电流 I_{DSS}。

栅源电压 $U_{GS}=0$ 时，对应的漏极电流即为饱和漏极电流 I_{DSS}，它是耗尽型场效应管的一个参数。

（3）跨导 g_m。

在 U_{DS} 为定值时，漏极电流变化量与栅源电压变化量之比，即

$$g_m = \frac{\Delta I_D}{\Delta U_{GS}}\bigg|_{U_{DS}=常数} \tag{1-7}$$

跨导是衡量场效应管放大能力的重要参数，g_m 越大场效应管放大能力越强，这个参数类似于三极管的电流放大系数 β。

2. 使用注意事项

（1）使用场效应管时，U_{DS} 要小于 $U_{DS(BR)}$（漏源击穿电压）、U_{GS} 要小于 $U_{GS(BR)}$（栅源击穿电压）、P_D 要小于 P_{DM}（漏极最大功耗）。

（2）MOS 管栅源之间的电阻很高，因极间电容很小，使得栅极的感应电荷不易泄放，因此，使用时栅极不能悬空，以防止击穿现象发生。

场效应管与三极管的性能对比如表 1.5 所示。

表 1.5   **场效应管与三极管的性能比较**

名称 项目	场效应管	双极型晶体管
控制方式	电压控制	电流控制
类型	N 型沟道和 P 型沟道两种	NPN 型和 PNP 型两种
放大参数	$g_m=$（1～5）mA/V	$\beta=20\sim100$
输入电阻	$10^7\sim10^{14}\Omega$	$10^2\sim10^4\Omega$
热稳定性	好	差
制造工艺	简单，成本低	复杂
对应极	基极—栅极，发射极—源极，集电极—漏极	

【例 1.11】　如何判断一个没有型号的 MOS 管是增强型还是耗尽型？

解　在漏源电压作用下，若 $U_{GS}=0$ 时，MOS 管截止，即漏极电流 $I_D=0$，该管为增强型；若 $U_{GS}=0$ 时，MOS 管导通，即漏极电流 $I_D \neq 0$，该管为耗尽型。

思 考 题

1．试述绝缘型场效应管开启电压、夹断电压的含义？它们各是哪一种类型场效应管的参数？

2．为什么说三极管是电流控制元件，而场效应管是电压控制元件？

3．试述场效应管的特点和使用注意事项。

本章小结

（1）半导体具有热敏特性、光敏特性和掺杂特性。在外加电压作用下，半导体中有电子（带负电）和空穴（带正电）两种载流子参与导电。N 型半导体主要靠电子导电，P 型半导体主要靠空穴导电。在 N 型半导体和 P 型半导体的交界面上，会形成一个具有单向导电特性的 PN 结。

（2）二极管和稳压管都具有单向导电性，即正向偏置时导通，反向偏置时截止。稳压管是利用击穿区反向电流有较大变化而反向电压基本不变的特性实现稳压功能的。

（3）三极管具有电流放大作用，是电流控制器件。有 NPN 和 PNP 两种类型。有三种工作状态：

1）放大状态。条件是发射结正偏，集电结反偏，此时 $I_C = \beta I_B$，I_C 受 I_B 的控制。

2）饱和状态。条件是发射结、集电结均正偏，此时 I_C 很大，但是不受 I_B 的控制。

3）截止状态。条件是发射结、集电结均反偏，此时 $I_B=0$，$I_C=0$。

（4）场效应管是电压控制器件，漏极电流受栅源电压控制。输入电阻高是场效应管的重要特点，使用时栅极不能悬空，以防止击穿现象发生。

（5）了解二极管、稳压管、三极管和场效应管的伏安特性和主要参数是正确选择和使用半导体器件的基础。

习 题

1.1　填空题

（1）半导体具有_____特性、_____特性和_____特性。

（2）半导体中有_____和_____两种载流子，其中_____带正电。

（3）N 型半导体中_____是多数载流子，主要靠_____导电；P 型半导体中_____是多数载流子，主要靠_____导电。

（4）二极管包含_____PN 结，具有_____导电性，即正向偏置时，二极管_____；反向偏置时，二极管_____。

（5）二极管的死区电压锗管约为_____、硅管约为_____；正向压降锗管约为_____、硅管约为_____。

（6）温度升高时，二极管的反向电流将_____、击穿电压将_____。

（7）二极管的阳极电位是-20V，阴极电位是-19.3V，则该二极管处于_____状态。

（8）二极管是非线性元件，用万用表不同电阻挡测量二极管正向电阻时，测量值是_____差异的。

（9）需要高频特性好应选用_____接触型二极管，需要通过较大电流应选用_____接触型二极管。需要正向导通电压低应选用_____二极管，需要反向电流小应选用_____二极管。

（10）稳压管含有_____个 PN 结，加正向电压时处于_____状态，正向压降均为_____伏。当反向电压小于击穿电压时处于_____状态，当反向电压大于击穿电压时处于_____状态。

（11）稳定电压 U_z 是指稳压管工作在反向_____状态时管子两端的电压，其极性是_____极为正，_____极为负。

（12）稳定电流 I_z 是_____向电流，当通过稳压管的电流小于 I_{min} 时，稳压管处于_____状态，失去_____作用。

（13）三极管具有_____放大作用，集电极电流受_____电流控制。三极管包含_____结和_____结两个 PN 结。

（14）三极管处于放大状态时发射结加_____电压，集电结加_____电压；处于饱和状态时发射结加_____电压，集电结加_____电压；处于截止状态时发射结加_____电压，集电结加_____电压。

（15）温度升高时，三极管的共射极输入特性曲线将_____移，输出特性曲线将_____移，而且输出特性曲线的间距将_____。

（16）三极管输出特性是一族曲线，其中每一条曲线对应一个特定的_____电流；场效应管输出特性是一族曲线，其中每一条曲线对应一个特定的_____电压。

（17）绝缘栅型场效应管是_____控制元件，可分为_____型和_____型两类，每一类又可分为_____沟道和_____沟道两种。

（18）栅源电压 $U_{GS}=0$ 时，有漏极电流的为_____型；栅源电压 $U_{GS}=0$ 时，没有漏极电流的为_____型。栅源电压 U_{GS} 可正、可负的是_____型。

1.2　设图 1.32（a）、（b）中的二极管均为理想元件。试求输出电压 U_o 及二极管电流 I_D。

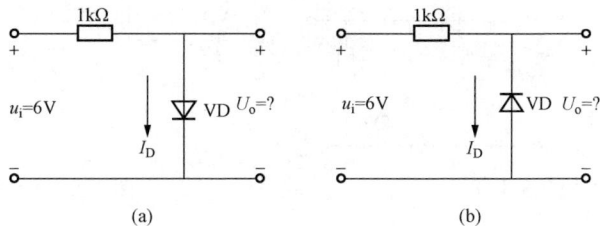

图 1.32　习题 1.2 电路

1.3　二极管电路如图 1.33 所示，试判断图中二极管的状态并求输出电压 U_o（设二极管正向压降为 0.7V）。

1.4　在图 1.34 所示电路中，设 $u_i=8\sqrt{2}\sin\omega t$（V），VD 是理想二极管，试画出 u_o 的波形。

（a）　　　　　　　（b）　　　　　　　（c）

（d）　　　　　　　　　　（e）

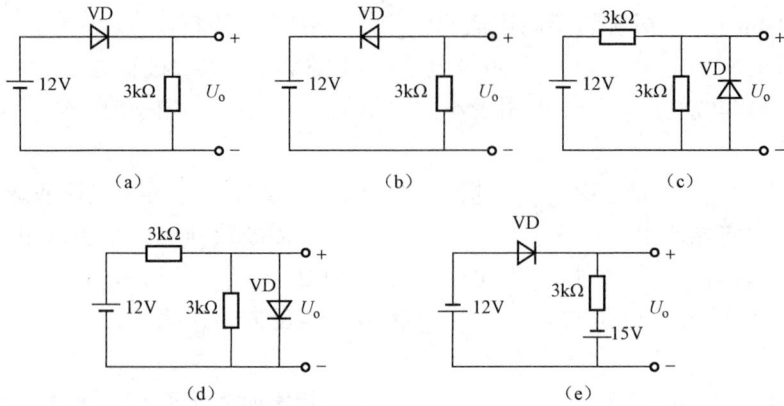

图 1.33　习题 1.3 电路

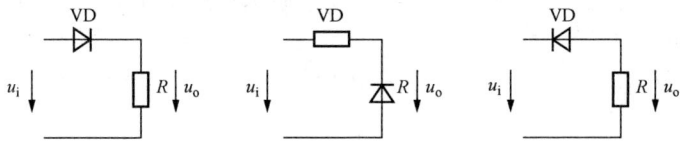

图 1.34　习题 1.4 电路

1.5　在图 1.35 所示电路中，$u_i = 8\sqrt{2}\sin\omega t$（V），$E$=5V，VD 是理想二极管，试画出 u_o 的波形。

1.6　在图 1.36 所示电路中，试判断二极管的状态，并求输出电压 U_o（设二极管正向压降为 0.7V）。

图 1.35　习题 1.5 电路　　　　　图 1.36　习题 1.6 电路

1.7　在图 1.37 所示电路中，已知稳定电压 U_{Z1}、U_{Z2} 分别为 4V 和 2V，正向压降为 0.7V，求输出电压 U_o 和电流 I。

1.8　已知两个稳压管的稳定电压 U_{Z1}、U_{Z2} 分别为 6V 和 3V，正向压降为 0.7V。试分别画出输出电压 U_o 为 6.7、3.7、9V 和 1.4V 的电路图。

1.9　工作在放大状态的两个三极管，其电流分别如图 1.38（a）、（b）所示，试判断三极管的类型、电极，并计算电流放大系数 β。

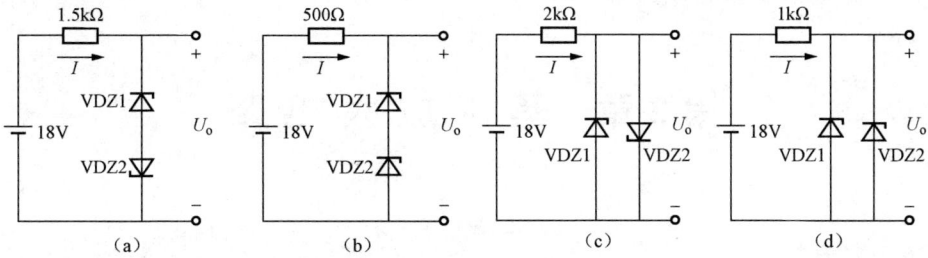

图 1.37 习题 1.7 电路

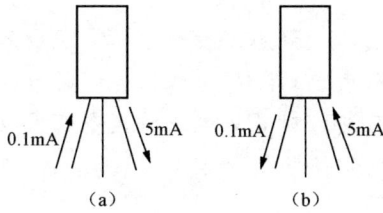

图 1.38 习题 1.9 电路

1.10 工作在放大状态的三个三极管 VT1、VT2 和 VT3，测量各管的电极电位分别为：VT1：$V_1=2V$，$V_2=6V$，$V_3=2.7V$；VT2：$V_1=-2V$，$V_2=-6V$，$V_3=-2.7V$；VT3：$V_1=0V$，$V_2=-3V$，$V_3=-0.3V$。试判断三极管的类型、材料和电极。

1.11 判断图 1.39 所示三极管的工作状态。

图 1.39 习题 1.11 图

第 2 章　基 本 放 大 电 路

【本章提要】

　　放大电路的作用是不失真地放大输入信号，三极管是组成基本放大电路的核心元件。

　　本章主要讲述电压放大电路的静态、动态分析方法以及静态工作点对电压放大电路性能的影响。对基本电压放大电路、静态工作点稳定电路和射极输出器这三个典型电路作了静态和动态的全面分析，对多级电压放大电路、功率放大电路、差动放大电路的结构、特点及工作原理也做了简要介绍。

2.1　电压放大电路的工作原理

学习目标

- 了解电压放大电路的工作原理。
- 理解组成电压放大电路中各元件的作用。

2.1.1　放大电路的三种组态

　　电压放大电路的作用是不失真地放大输入电压，其核心元件是三极管。由于三极管有三个电极，根据输入信号和输出信号公共端的不同，放大电路有共射、共集和共基三种组态，电路如图 2.1 所示。放大电路无论采用哪种组态，三极管必须工作在电流放大状态，即发射结正向偏置，集电结反向偏置。此外，由于共射电路具有较强的电压放大能力，是构成电压放大电路的主要形式。

2.1.2　电压放大电路的组成

　　在图 2.2 所示电压放大电路中，由于发射极是输入、输出回路的公共端，故称为共射极电压放大电路（也称为基本电压放大电路）。

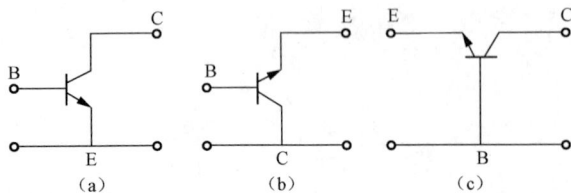

图 2.1　放大电路的三种组态

（a）共射；（b）共集；（c）共基

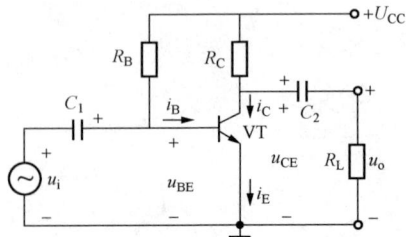

图 2.2　共射极放大电路

电路中各元件作用如下：

（1）三极管 VT。

三极管是放大电路的核心元件，在电路中起电流放大作用。

（2）直流电源 U_{CC}。

U_{CC} 具有两个方面的作用，一是为输出信号提供能量，二是给三极管的发射结加正向电压、集电结加反向电压，保证三极管在输入信号的整个周期内都处于电流放大状态。

（3）基极偏置电阻 R_B。

R_B 的作用是为三极管提供合适的静态基极电流，使三极管工作在放大区。

（4）集电极电阻 R_C。

R_C 的作用是将三极管集电极的电流变化转化为输出电压的变化。

（5）耦合电容 C_1 和 C_2。

C_1 和 C_2 起"通交隔直"作用，一般选用电容量较大的电解电容。对于直流信号，容抗 $X_C \to \infty$，相当于断路；对于交流信号，容抗 $X_C \approx 0$，相当于短路。

2.1.3　电压放大电路的工作原理

在图 2.2 所示电压放大电路中，若输入正弦信号 $u_i = 0$，在直流电源 U_{CC} 作用下，三极管的发射结正偏，集电结反偏，处于电流放大状态，这时电路中的电流、电压均为直流量，分别用 I_B、I_C、U_{BE}、U_{CE} 表示，如图 2.3 中虚线所示。当输入信号 u_i 送入放大器后，由于 u_i 是叠加在直流分量 U_{BE} 上的，从而使三极管的基极电流 i_B、集电极电流 i_C 和集射极电压 u_{CE} 都在直流分量的基础上作相应变化，如图 2.3 中实线所示。其中 u_{CE} 与 i_C 反相的原因是：$u_{CE} = U_{CC} - i_C R_C$，当 i_C 增大时，u_{CE} 减小。通过电容 C_2 的"隔直"作用，输出电压 u_o 的波形见图 2.3，由于 u_o 的幅值比输入信号 u_i 大很多，从而实现了电压放大功能。

综合以上分析，可得出以下三点：

（1）放大电路中的电流、电压均处于交流、直流共存状态，即由输入正弦信号引起的交流分量都是在直流分量的基础上作相应变化的。

（2）放大后的输出波形与输入波形是同频率的正弦波，但是相位相反，这是共射电压放大电路的特点。

（3）从能量守恒角度来讲，通过三极管的控制作用，可以把直流电源的能量转换为交流信号输出。

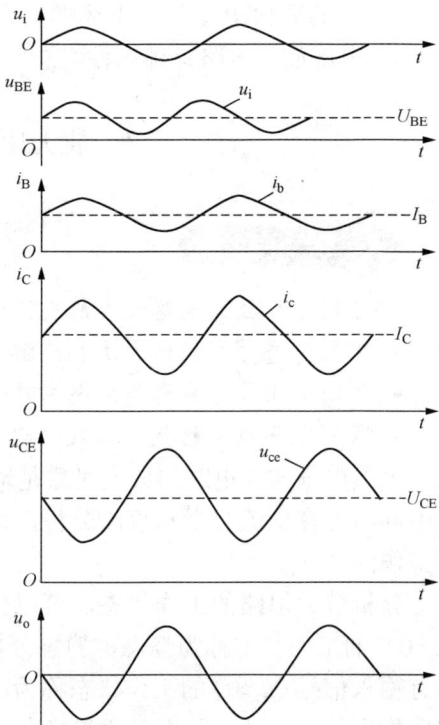

图 2.3　共射放大电路中的电流、电压波形
图中：I_B（直流）i_b（交流）i_B（直流+交流）

【例 2.1】　判断图 2.4（a）、（b）所示电路中，三极管是否具有电流放大作用？

解　图 2.4（a）中，三极管为 PNP 型，在 U_{CC} 作用下处于截止状态，因此没有电流放大作用。

图 2.4（b）中，由于基极电流为 0，三极管处于截止状态，因此电路没有电流放大作用。

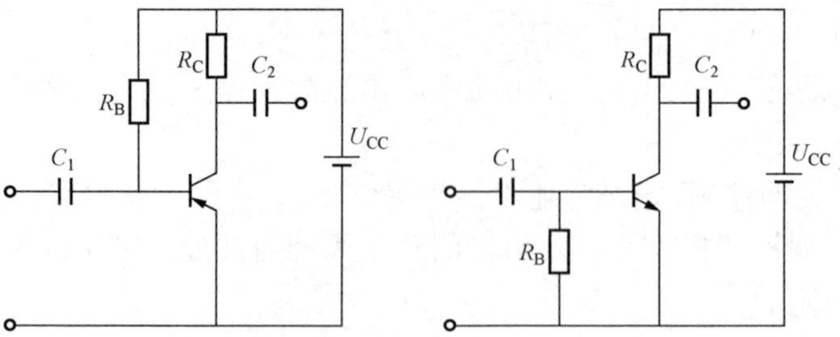

图 2.4　［例 2.1］电路

思 考 题

1．试述电压放大电路中 U_{CC}、VT、R_B、R_C、C_1、C_2 的作用。
2．如果是 PNP 型管，上述哪些元件的极性要改变？
3．电压放大电路有哪三种组态？

2.2　放大电路的静态分析和动态分析

学习目标

- 了解电压放大电路设置静态工作点的目的。
- 掌握静态分析的估算法和图解法。
- 了解输出波形失真与静态工作点的关系。
- 掌握电压放大倍数、输入电阻、输出电阻的计算。

　　虽然电压放大电路的放大对象是输入的正弦信号 u_i，但由于直流电源 U_{CC} 的作用，使电路中同时存在交流分量和直流分量，因此，电压放大电路是在交、直流信号共存的状态下进行工作的。

　　分析放大电路的工作状态，可以分别从静态和动态两方面入手。放大电路没有输入信号（$u_i=0$）的工作状态称为静态，静态分析的目的是确定放大电路中静态工作点的位置；放大电路有输入信号（$u_i \neq 0$）的工作状态称为动态，动态分析的目的是确定放大电路的各项动态指标。需要指出的是，动态分析必须在静态分析的基础上进行。

　　在对放大电路进行定量计算时一般采用叠加原理，即分别计算 U_{CC} 和 u_i 单独作用时的电流和电压，然后进行叠加，得出 U_{CC} 和 u_i 共同作用时的总电流和总电压。

2.2.1　放大电路的静态分析

　　当外加输入信号 $u_i=0$ 时，在直流电源 U_{CC} 的作用下，电路中存在着直流电流和直流电压，它们分别对应着三极管输入、输出特性上的一个点，即静态工作点。静态工作点处的电流、电压值分别用 I_{BQ}、I_{CQ} 和 U_{CEQ} 表示。静态工作点可通过估算法和图解法确定。

　　1．估算法

　　估算法是用放大电路的直流通路计算静态值，在图 2.2 所示电压放大电路中，由于电容

C_1、C_2 具有隔直作用，在画直流通路时，电容 C_1、C_2 可视为断路，如图 2.5 所示。

从图 2.5 中可知：

$$I_{BQ} = \frac{U_{CC} - U_{BEQ}}{R_B} \qquad (2\text{-}1)$$

$$I_{CQ} = \beta I_{BQ} \qquad (2\text{-}2)$$

$$U_{CEQ} = U_{CC} - I_{CQ}R_C \qquad (2\text{-}3)$$

其中，硅管 $U_{BEQ}=0.7V$，锗管 $U_{BEQ}=0.3V$，有时也能忽略不计。

使用式（2-2）的条件是三极管必须工作在放大区。如果算得 U_{CEQ} 值小于 1V，则说明三极管已处于或接近饱和状态，I_{CQ} 将不再与 I_{BQ} 成 β 倍关系。此时的 I_{BQ}、I_{CQ}、U_{CEQ} 分别用 I_{BS}、I_{CS}、U_{CES}（U_{CES} 为三极管饱和压降，其值很小，硅管取 0.3V，锗管取 0.1V）表示。由式（2-3）可得饱和集电极电流

$$I_{CS} = \frac{U_{CC} - U_{CES}}{R_C} \approx \frac{U_{CC}}{R_C} \qquad (2\text{-}4)$$

从式（2-4）可知，I_{CS} 基本上只与 U_{CC} 及 R_C 有关。饱和基极电流为

$$I_{BS} = \frac{I_{CS}}{\beta} = \frac{U_{CC}}{\beta R_C} \qquad (2\text{-}5)$$

如果 $I_{BQ}>I_{BS}$，则表明三极管已进入饱和状态。

【例 2.2】 在图 2.2 所示电路中，已知 $U_{CC}=22V$，$R_C=6k\Omega$，$R_B=550k\Omega$，$\beta=50$，试求：

（1）放大电路的静态值；

（2）如果偏置电阻 R_B 由 550kΩ 减至 250kΩ，则三极管工作状态有何变化？

（3）求 R_B 断路时的电压 U_{CE}。

解

（1）$I_{BQ} \approx \dfrac{U_{CC}}{R_B} = \dfrac{22}{550} \approx 40(\mu A)$

$I_{BS} = \dfrac{I_{CS}}{\beta} = \dfrac{U_{CC}}{\beta R_C} = \dfrac{22}{50 \times 6} \approx 73(\mu A)$

因为 $I_{BQ}<I_{BS}$，所以三极管工作在放大区。

$$I_{CQ} = \beta I_{BQ} = 50 \times 0.04 = 2(mA)$$

$$U_{CEQ} = U_{CC} - I_{CQ}R_C = 22 - 2 \times 6 = 10(V)$$

（2）$I_{BQ} \approx \dfrac{U_{CC}}{R_B} = \dfrac{22}{250} \approx 88(\mu A) > I_{BS}$

因 $I_{BQ}>I_{BS}$，故三极管工作在饱和区。

$$U_{CEQ} = U_{CES} \approx 0.3V$$

$$I_{CQ} = I_{CS} \approx \frac{U_{CC}}{R_C} = \frac{22}{6} = 3.7(mA)$$

（3）若 R_B 断路，三极管处于截止状态，则 $U_{CE}=U_{CC}=22V$。

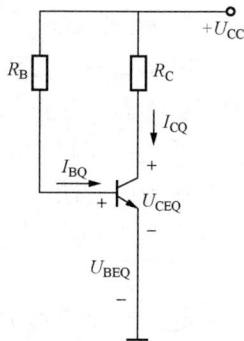

图 2.5 直流通路

2．图解法

静态值除了可以通过估算法得到外，还可以用图解法来确定，图解法的优点是可以直观地了解静态工作点的变化对放大电路工作状况的影响。

通过在三极管输出特性曲线上作直流负载线，来确定静态工作点对应的电流、电压值的方法称为图解法。

在图 2.5 所示的直流通路中，R_C、I_C、U_{CE} 三者之间有以下关系

$$U_{CE}=U_{CC}-I_C R_C$$

这是一个直线方程，也称为直流负载线，在三极管的输出特性上画出直流负载线，方法如下：

令 $I_C=0$，得到 $U_{CE}=U_{CC}$，见图 2.6 中的 N 点；

令 $U_{CE}=0$，得到 $I_C=\dfrac{U_{CC}}{R_C}$，见图 2.6 中的 M 点。连接 MN 点即得到直流负载线，其斜率为 $-\dfrac{1}{R_C}$，仅与集电极电阻 R_C 有关。

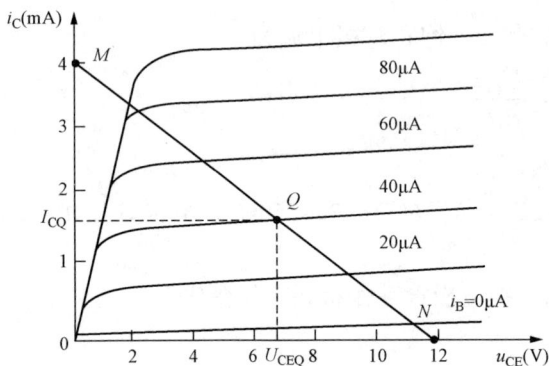

图 2.6　用图解法确定静态工作点

从三极管的工作原理可知，三极管的 I_C 和 U_{CE} 既要满足输出特性曲线，又要满足直流负载线，所以静态工作点 Q 只能在输出特性曲线和直流负载线的交点上。但在图 2.6 中，两者的交点不止一个，而在电路参数确定的情况下，静态工作点 Q 应该只有一个。由于不同的 I_B 对应着不同的输出特性，因此静态工作点 Q 是在 $I_B=I_{BQ}$ 的输出特性曲线与直流负载线的交点上，根据 Q 点位置可从图上求出 I_{CQ} 和 U_{CEQ}。

【例 2.3】　在图 2.2 所示电路中，已知 $U_{CC}=12V$，三极管的正向压降为 0.7V，电阻 $R_B=280k\Omega$，$R_C=3k\Omega$ 试用图解法确定静态工作点。

解　（1）根据式（2-1）求出 I_{BQ}。

$$I_{BQ}=\frac{U_{CC}-0.7}{R_B}=\frac{12-0.7}{280}=40(\mu A)$$

（2）在三极管的输出特性曲线上画出直流负载线。

令 $I_C=0$，得到 $U_{CE}=U_{CC}=12V$，见图 2.6 中的 N 点；

令 $U_{CE}=0$，得到 $I_{CQ}=\dfrac{U_{CC}}{R_C}=\dfrac{12}{3}=4(mA)$，见图 2.6 中的 M 点。连接 MN 点即得到直流负载线。

（3）静态工作点 Q 的确定。

静态工作点 Q 在 $I_{BQ}=40\mu A$ 的输出特性曲线与直流负载线的交点上，根据 Q 点参数可得到

$I_{CQ}\approx1.7mA$，$U_{CEQ}\approx6.4V$。

2.2.2 放大电路的动态分析

动态分析的目的是要确定在输入正弦交流电压作用下放大电路的动态指标，即电压放大倍数 $\dot{A}_u$、输入电阻 r_i 和输出电阻 r_o，这些参数都是对电路中的交流分量而言的。动态分析建立在静态工作点确定的基础上，仅考虑由输入信号 u_i 引起的电路中的电流、电压的交流分量。

1. 三极管的微变等效模型

从三极管的输入、输出特性可知，三极管是个非线性元件，而对非线性电路的分析应该采用图解法。由于图解法比较烦琐，目前对放大电路的动态分析一般采用微变等效电路法。所谓微变等效电路，就是在输入信号很小时（放大电路的实际输入电压一般都为毫伏级），把由非线性三极管组成的放大电路，等效为一个线性电路。下面从三极管的输入、输出特性入手，分析三极管微变等效模型的形式。

图 2.7 所示是三极管的输入、输出特性曲线。

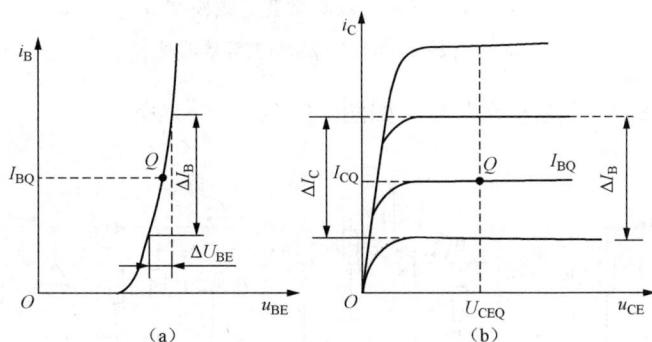

图 2.7　三极管特性曲线

（a）输入特性曲线；（b）输出特性曲线

从输入特性曲线图 2.7（a）可知，当输入信号很小时，静态工作点 Q 附近的曲线可近似为直线。这表明基极电流 ΔI_B 与发射结电压 ΔU_{BE} 成正比，因而可以用一个线性电阻 r_{be} 来表示两者之间的关系，即

$$r_{be} = \frac{\Delta U_{BE}}{\Delta I_B}\bigg|_{U_{CE}=\text{常数}} = \frac{u_{be}}{i_b}\bigg|_{U_{CE}=\text{常数}}$$

式中：r_{be} 为三极管的输入电阻。低频小功率管的输入电阻常用式（2-6）估算

$$r_{be} = 300(\Omega) + (1+\beta)\frac{26(\text{mV})}{I_{EQ}(\text{mA})} \tag{2-6}$$

式中：I_{EQ} 为发射极的静态电流值，计算时 $I_{EQ}\approx I_{CQ}$。r_{be} 一般为几百欧到几千欧。需要注意的是 r_{be} 为动态电阻，只能在动态分析中使用，并且它的阻值还与电路静态工作点的位置有关，静态工作点发生变化时，r_{be} 也会随之改变。

从输出特性曲线图 2.7（b）可知，三极管工作在放大区时，各条输出特性基本保持水平状态且间距相等，这表明集电极电流 i_c 的大小与电压 u_{ce} 的变化无关，仅受基极电流 i_b 的控制，即 $i_c = \beta i_b$，因此，三极管的输出特性可以用受控电流源来表示，图 2.8（b）所示为三极管的微变等效模型。

2. 放大电路的微变等效电路

对放大电路进行动态分析时，应先画出放大电路的微变等效电路。具体画法如下：

（1）对于交流信号而言，由于容抗 $X_{C1} = X_{C2} \approx 0$，电容 C_1、C_2 可视为短路；

（2）由于仅考虑输入信号 u_i 的作用，可令直流电源 $U_{CC}=0$；

（3）由于输入信号 u_i 很小，三极管可用微变等效模型代替。

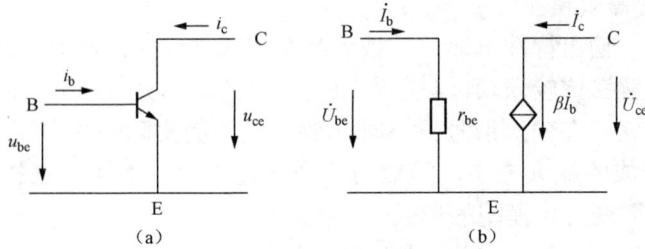

图 2.8　三极管及其微变等效模型

（a）三极管；（b）三极管微变等效模型

即可得到交流通路和微变等效电路，如图 2.9（b）、（c）所示。

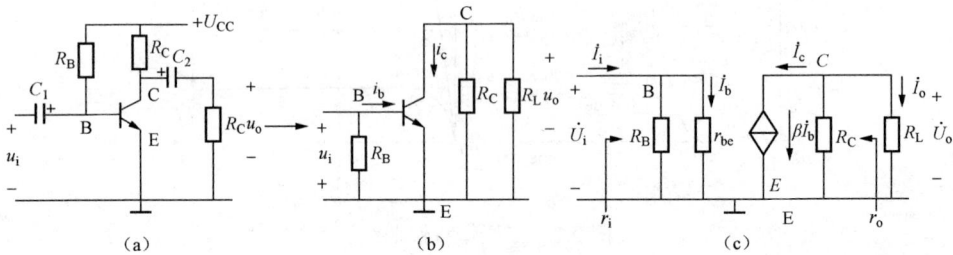

图 2.9　交流通路和微变等效电路

（a）电路；（b）交流通路；（c）微变等效电路

3. 计算电压放大倍数 $\dot{A}_u$

$\dot{A}_u$ 定义为放大器输出电压的相量 $\dot{U}_o$ 与输入电压的相量 $\dot{U}_i$ 之比，反映了电路放大输入信号的能力，即

$$\dot{A}_u = \frac{\dot{U}_o}{\dot{U}_i} \tag{2-7}$$

对于图 2.9（c）的微变等效电路有

$$\dot{A}_u = \frac{\dot{U}_o}{\dot{U}_i} = -\frac{\dot{I}_c(R_C /\!/ R_L)}{\dot{I}_b r_{be}} = -\frac{\beta \dot{I}_b(R_C /\!/ R_L)}{\dot{I}_b r_{be}} = -\frac{\beta R_L'}{r_{be}} \tag{2-8}$$

式（2-8）中，$R_L' = R_C /\!/ R_L$，称为总负载电阻，"负号"表示共射电压放大电路输出电压与输入电压的相位相反。

当不接负载 R_L 时，电压放大倍数为

$$\dot{A}_u = -\beta \frac{R_C}{r_{be}} \tag{2-9}$$

可见，接上负载后电压放大倍数将减小。

从电压放大倍数的计算公式中可知，选用 β 较大的管子、增大集电极电阻 R_C、减小三极管输入电阻 r_{be}，都可以提高电压放大倍数。实际上，这三个参数有相互制约关系。例如，β 增大会使 r_{be} 增大；R_C 增大会使静态电压 U_{CE} 减小，三极管易进入饱和区。因此必须综合考虑电路的各个参数对放大电路静态和动态性能的影响。

4. 计算输入电阻 r_i 和输出电阻 r_o

输入电阻 r_i 是从放大电路的输入端看进去的交流等效电阻。从图 2.9（c）所示的微变等效电路可以得到

$$r_i = \frac{\dot{U}_i}{\dot{I}_i} = R_B \text{ // } r_{be} \tag{2-10}$$

一般 $R_B \gg r_{be}$，所以 $r_i \approx r_{be}$

输入电阻 r_i 是衡量放大电路对输入电压衰减程度的一个性能指标。在电压放大电路中，通常希望 r_i 尽可能大些，以获得较大的实际输入电压。由于三极管的输入电阻 r_{be} 约为 $1k\Omega$，所以共射放大电路的输入电阻较低。

输出电阻 r_o 是从放大电路的输出端看进去的交流等效电阻。求 r_o 时需令输入电压 $u_i=0$、负载电阻 $R_L \rightarrow \infty$，从图 2.9（c）所示微变等效电路中可以得到

$$r_o = R_C \tag{2-11}$$

输出电阻是衡量放大电路带负载能力的一个性能指标。在电压放大电路中，通常希望输出电阻低一些，以提高放大电路的带负载能力。共射放大电路的 R_C 一般为几千欧，所以输出电阻较高。

5. 波形失真与静态工作点的关系

电压放大电路的作用是不失真地放大输入信号，而输出信号的波形是否失真与静态工作点 Q 的位置有直接关系。图 2.10 反映了静态工作点 Q 过高、过低对输出波形的影响。

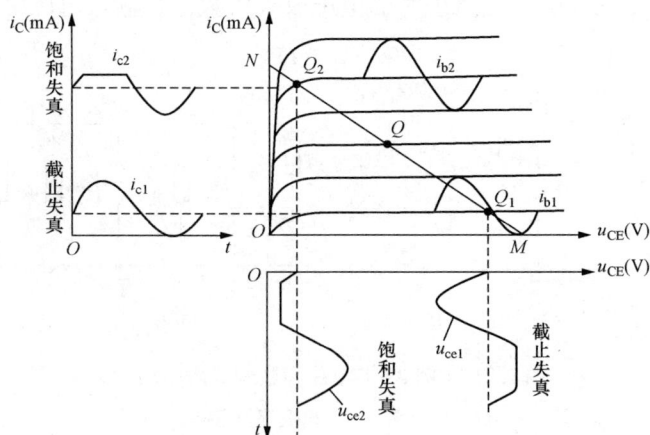

图 2.10 工作点选择不当造成的波形失真

（1）饱和失真。如果静态工作点选择过高，如图 2.10 中的 Q_2 点，则在 i_{b2} 的正半周放大电路进入饱和区，造成 i_{c2} 的正半周和 u_{ce2} 的负半周被削平，产生饱和失真。消除饱和失真的方法之一是适当增大基极电阻 R_B，由于 R_B 的增大会减小基极电流 I_B，从而使静态工作点下移到放大区。

（2）截止失真。如果静态工作点选择过低，如图 2.10 中的 Q_1 点，则在 i_{b1} 的负半周放大电路进入截止区，使 i_{c1} 的负半周和 u_{ce1} 的正半周被削平，产生截止失真。消除截止失真的方法之一是适当减小基极电阻 R_B，由于 R_B 的减小会增大基极电流 I_B，从而使静态工作点上移到放大区。

以上两种波形失真都是由于三极管工作在特性曲线的非线性部分而引起的，所以称为非线性失真。

能力拓展

【例 2.4】 三极管的特性曲线和直流负载线如图 2.11 所示，正常工作时，静态工作点在 Q_0 位置，试分析引起静态工作点移动的原因。

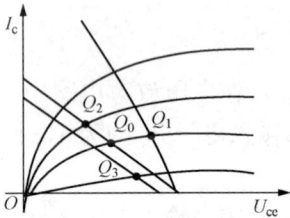

解 减小基极电阻 R_B 时，静态工作点将从 Q_0 移到 Q_2。

减小集电极电阻 R_C 时，静态工作点将从 Q_0 移到 Q_1。从图中可见，适当减小电阻 R_C，也可以消除饱和失真。

减小电压 U_{CC} 时，静态工作点将从 Q_0 移到 Q_3。

从以上分析可知，改变 R_B、R_C 和 U_{CC} 时，都能调整静态工作点的位置，但由于改变电阻 R_B 是最方便的，所以在静态工作点的调试过程中，一般总是首先调节基极电阻 R_B。

图 2.11　［例 2.4］特性曲线

【例 2.5】 在图 2.12（a）所示电路中，已知 U_{CC}=15V，R_B=300kΩ，R_C=3kΩ，R_L=3kΩ，β=50，试求：

（1）静态工作点；

（2）画微变等效电路；

（3）求电阻 r_{be}、r_i、r_o；

（4）信号源内阻 R_s=0、带负载时的电压放大倍数；

（5）信号源内阻 R_s=0.4kΩ、带负载时的电压放大倍数；若输入电压 $u_i = \sqrt{2}\sin\omega t$（mV），求输出电压 u_o 的解析式。

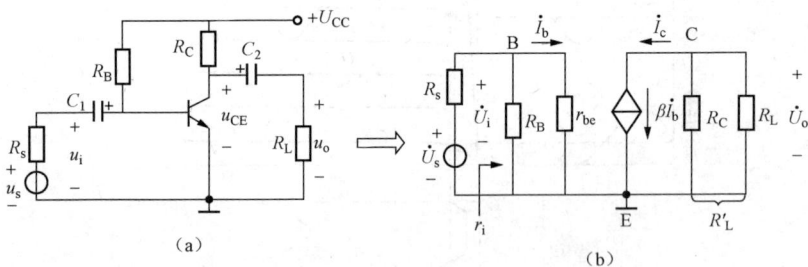

图 2.12　［例 2.5］电路和微变等效电路

（a）电路图；（b）微变等效电路

解（1）$I_{BQ} \approx \dfrac{15}{300} = 0.05$（mA），$I_{CQ} = \beta I_{BQ} = 0.05 \times 50 = 2.5$（mA），$U_{CEQ} = U_{CC} - I_{CQ}R_C = 15 - 2.5 \times 3 = 7.5$（V）。

（2）微变等效电路如图 2.12（b）所示。

（3）$r_{be} = 300 + (1+\beta)\dfrac{26}{I_{EQ}} = 300 + (1+50)\dfrac{26}{2.5} = 830$（Ω）= 0.83（kΩ）

$$r_i = R_B /\!/ r_{be} \approx 0.83 \text{k}\Omega$$

$$r_o = R_C = 3 \text{k}\Omega$$

（4）总负载电阻为

$$R'_L = R_C /\!/ R_L = 1.5 \text{k}\Omega$$

信号源内阻 $R_s=0$ 时的电压放大倍为

$$\dot{A}_u = -\beta \frac{R'_L}{r_{be}} = -50 \frac{1.5}{0.83} = -90$$

（5）设 $\dot{A}_{us}$ 为考虑信号源内阻时的电压放大倍数，从图 2.12（b）中可知 $\dot{U}_i = \dfrac{\dot{U}_s}{R_s + r_i} r_i$，

$$\dot{A}_{us} = \frac{\dot{U}_o}{\dot{U}_s} = \frac{\dot{U}_o}{\dot{U}_s} \times \frac{\dot{U}_i}{\dot{U}_i} = \dot{A}_u \frac{r_i}{R_s + r_i}$$

把 $r_i \approx r_{be}$、$\dot{A}_u = -\beta \dfrac{R'_L}{r_{be}}$ 代入上式中，可得到

$$\dot{A}_{us} \approx -\beta \frac{R'_L}{R_s + r_{be}}$$

当信号源内阻 $r_s=0.4 \text{k}\Omega$ 时，$\dot{A}_{us} \approx -\beta \dfrac{R'_L}{R_s + r_{be}} = -50 \dfrac{1.5}{0.4 + 0.83} = -61$。

可见，有信号源内阻时，电压放大倍数将减小。

若输入电压 $u_i = \sqrt{2} \sin \omega t \text{(mV)}$，则 $u_o = -61 \times \sqrt{2} \sin \omega t = 61\sqrt{2} \sin(\omega t + 180°) \text{(mV)}$

思 考 题

1．什么是放大电路的静态分析？静态分析的目的是什么？静态分析时，电路中各处的电流、电压是什么值？

2．直流负载线是由哪两个参数决定的？静态工作点 Q 是在哪两条线的交点上？

3．什么是放大电路的动态分析？动态分析的目的是什么？动态分析时，电路中各处的电流、电压是什么值？

4．试述电路中设置静态工作点 Q 的意义。调整哪些参数会对它产生影响？改变哪个参数调整静态工作点最方便？

5．改变哪些参数可以提高电压放大倍数？这些参数之间有怎样的制约关系？

2.3　静态工作点稳定电路

学习目标

- 了解静态工作点稳定电路的工作原理。
- 掌握静态工作点及电压放大倍数、输入电阻、输出电阻的计算。

合理地设置静态工作点并保持静态工作点稳定是放大电路正常工作的先决条件。2.2 节介

绍的基本电压放大电路，当外部因素发生变化（如温度升高或降低）时，已设置好的静态工作点也将随之发生变化，严重时可导致放大电路无法正常工作。而静态工作点稳定电路能很好地克服基本电压放大电路的这个缺点。

2.3.1 静态工作点的稳定过程

图 2.13 所示是静态工作点稳定电路，图中 C_E 为射极旁路电容，直流通路中处于断路状态，交流通路中处于短路状态。

断开电容 C_1、C_2 和 C_E，得到直流通路如图 2.14 所示。该电路有以下两个特点：

（1）利用电阻 R_{B1} 和 R_{B2} 的分压作用，稳定基极电位 V_B。设流过电阻 R_{B1} 和 R_{B2} 的电流分别为 I_1 和 I_2，而 $I_1=I_2+I_B$，一般 I_B 很小，则 $I_1 \approx I_2$，这样，基极电位为

$$V_B \approx \frac{R_{B2}}{R_{B1} + R_{B2}} U_{CC}$$

由此可见，V_B 与三极管的参数无关，即与温度变化无关，而仅由电阻 R_{B1} 和 R_{B2} 的分压决定。

（2）利用射极电阻 R_E 把电流 I_E 的变化转换为电位 V_E 的变化，以稳定电路的静态工作点。稳定静态工作点过程如下：

T（℃）$\uparrow \rightarrow I_{CQ} \uparrow \rightarrow V_E \uparrow \rightarrow U_{BE} \downarrow$（$=V_B-V_E$，$V_B$ 固定）$\rightarrow I_{BQ} \downarrow$（根据三极管输入特性）$\rightarrow I_{CQ} \downarrow$。从而保持静态工作点基本稳定。射极电阻 R_E 越大，稳定静态工作点效果越好，但是 R_E 过大，易使三极管进入饱和区。

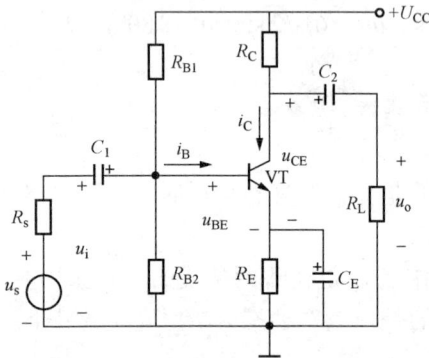

图 2.13　静态工作点稳定电路　　　　　　　图 2.14　直流通路

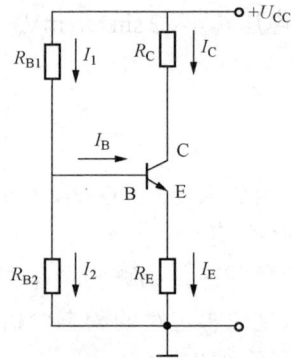

2.3.2 静态分析

从图 2.14 中可知

$$V_{BQ} \approx \frac{R_{B2}}{R_{B1} + R_{B2}} U_{CC} \tag{2-12}$$

$$I_{EQ} = \frac{V_B - U_{BE}}{R_E} \approx I_{CQ} \tag{2-13}$$

$$I_{BQ} = \frac{I_{EQ}}{1 + \beta} \tag{2-14}$$

$$U_{CEQ}=U_{CC}-I_{CQ}R_C-I_{EQ}R_E=U_C-I_{EQ}(R_C+R_E) \tag{2-15}$$

2.3.3 动态分析

图 2.15 是静态工作点稳定电路的微变等效电路。

从微变等效电路可知：

电压放大倍数为

$$\dot{A}_{u} = \frac{\dot{U}_{o}}{\dot{U}_{i}} = -\frac{\dot{I}_{c}(R_{C}//R_{L})}{\dot{I}_{b}r_{be}} \qquad (2\text{-}16)$$

$$= -\frac{\beta(R_{C}//R_{L})}{r_{be}} = -\frac{\beta R'_{L}}{r_{be}}$$

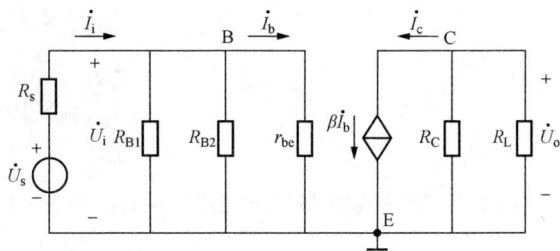

图 2.15 微变等效电路

输入电阻为

$$r_{i}=R_{B1}//R_{B2}//r_{be} \qquad (2\text{-}17)$$

输出电阻

$$r_{o}\approx R_{C} \qquad (2\text{-}18)$$

【例 2.6】 在图 2.13 所示静态工作点稳定电路中，已知 $U_{CC}=15V$，$R_{B1}=61k\Omega$，$R_{B2}=20k\Omega$，$R_{s}=0$，$R_{C}=3k\Omega$，$R_{L}=6k\Omega$，$R_{E}=2k\Omega$，$\beta=50$，$U_{BE}=0.7V$。

求：（1）静态工作点；

（2）计算 r_{i}、r_{o}、$\dot{A}_{u}$。

解 （1）$V_{BQ} \approx \dfrac{R_{B2}}{R_{B1}+R_{B2}}U_{CC} = \dfrac{20\times15}{61+20} = 3.7(V)$

$$I_{EQ} = \frac{V_{BQ}-U_{BE}}{R_{E}} = \frac{3.7-0.7}{2} = 1.5(mA) = I_{CQ}$$

$$I_{BQ} = \frac{I_{EQ}}{1+\beta} = \frac{1.5}{1+50} = 30(\mu A)$$

$$U_{CEQ} \approx U_{CC}-I_{EQ}(R_{C}+R_{E}) = 15-1.5\times(3+2) = 7.5(V)$$

（2）$r_{be} = 300 + (1+\beta)\dfrac{26}{I_{EQ}} = 300 + (1+50)\times\dfrac{26}{1.5} = 1184(\Omega) = 1.2(k\Omega)$

$$r_{i}=R_{B1}//R_{B2}//r_{be}=61//20//1.2\approx1.1(k\Omega)$$

$$r_{o}=R_{C}=3k\Omega$$

总负载电阻

$$R'_{L}=R_{C}//R_{L}=2k\Omega$$

$$\dot{A}_{u} = -\beta\frac{R'_{L}}{r_{be}} = \frac{-50\times2}{1.2} = -83$$

能力拓展

【例 2.7】 静态工作点稳定电路如图 2.16 所示，电路参数同［例 2.6］。

求：（1）静态工作点；

（2）画微变等效电路；

（3）计算 $\dot{A}_{u}$、r_{i}、r_{o}。

解 通过对图 2.16 电路的分析，可以了解射极旁路电容 C_{E} 的作用。由于电容 C_{E} 在静态时处于断路状态，因此图 2.16 电路与图 2.13 所示电路静态工作点的计算公式相同。

（1）静态工作点的计算。

$$V_{BQ} = 3.7V$$

$$I_{CQ} \approx I_{EQ} = 1.5mA$$

$$I_{BQ} = 30\mu A$$

$$U_{CEQ} = 7.5V$$

（2）微变等效电路如图 2.17 所示，从图中可见，发射极 E 通过电阻 R_E 接参考点。

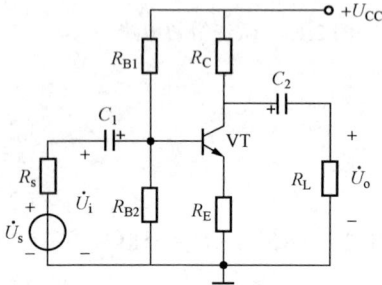

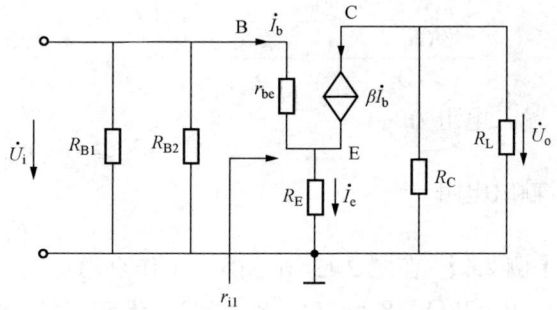

图 2.16　［例 2.7］电路　　　　　　　图 2.17　［例 2.7］微变等效电路

（3）放大倍数 $\dot{A}_u$ 公式推导如下：

输出电压为

$$\dot{U}_o = -\dot{I}_c R_C /\!/ R_L = -\beta \dot{I}_b R_L'$$

输入电压为

$$\dot{U}_i = \dot{I}_b r_{be} + \dot{I}_e R_E = \dot{I}_b r_{be} + (1+\beta)\dot{I}_b R_E = \dot{I}_b [r_{be} + (1+\beta)R_E]$$

电压放大倍数为

$$\dot{A}_u = \frac{\dot{U}_o}{\dot{U}_i} = \frac{-\beta R_L'}{r_{be} + (1+\beta)R_E} \qquad (2\text{-}19)$$

比较式（2-19）和式（2-16）可见，没有射极旁路电容 C_E 的静态工作点稳定电路，电压放大倍数将减小。

把 $r_{be}=1.2\text{k}\Omega$，$R_L'=2\text{k}\Omega$，代入式（2-19）可得

$$\dot{A}_u = \frac{-\beta R_L'}{r_{be} + (1+\beta)R_E} = \frac{-50 \times 2}{1.2 + (1+50) \times 2} = -0.97$$

输入电阻 r_i 公式推导如下：

从图 2-17 可见，输入电阻 $r_i = R_{B1} /\!/ R_{B2} /\!/ r_{i1}$。

$$r_{i1} = \frac{i_b r_{be} + i_e R_E}{i_b} = \frac{i_b r_{be} + (1+\beta)i_b R_E}{i_b} = r_{be} + (1+\beta)R_E$$

$$r_i = R_{B1} /\!/ R_{B2} /\!/ r_{i1} = R_{B1} /\!/ R_{B2} /\!/ [r_{be} + (1+\beta)R_E] \qquad (2\text{-}20)$$

比较式（2-20）和式（2-17）可见，没有射极旁路电容 C_E 的静态工作点稳定电路，输入电阻显著增大。

代入参数可得

$r_i = R_{B1} /\!/ R_{B2} /\!/ [r_{be} + (1+\beta)R_E] = 61 /\!/ 20 /\!/ [1.2 + (1+50) \times 2] \approx 13$（k$\Omega$）

输出电阻为

$$r_o = R_C = 3\text{k}\Omega$$

知识拓展

1. 共集电路——射极输出器

射极输出器如图 2.18（a）所示。从图 2.18（b）微变等效电路可见，集电极是输入回路与输出回路的公共端，故称共集电路；又由于是从发射极输出，故又称为射极输出器。

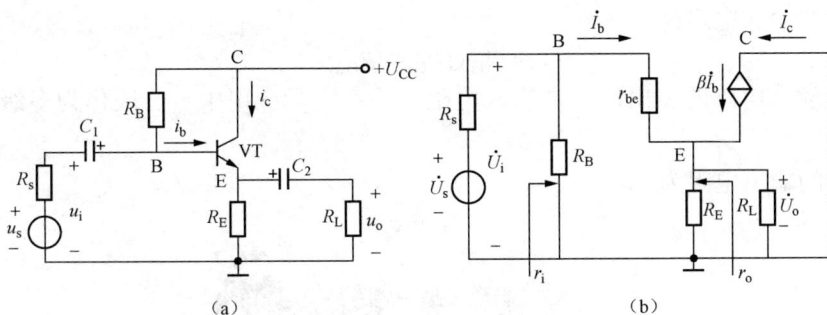

图 2.18　射极输出器

（a）电路；（b）微变等效电路

射极输出器的主要特点是：①电压放大倍 $\dot{A}_u \approx +1$。即电路没有电压放大作用，但仍有电流和功率放大作用。②输入电阻高。在多级电压放大电路中，常采用射极输出器作为输入级，减小输入电流，提高放大电路的实际输入电压。③输出电阻低。在多级电压放大电路中，常采用射极输出器作为输出级，以提高放大器带负载的能力。

2. 场效应管放大电路

场效应管放大电路与三极管放大电路分析方法基本相同，分析步骤也分为静态和动态两种情况。场效应管组成的放大电路有共源、共漏和共栅三种组态分别对应三极管的共射、共集和共基三种形式，其中以共源组态应用最为广泛，电路如图 2.19 所示（图中场效应管为 N 沟道耗尽型），从图 2.20 所示的交流通路可知：

图 2.19　共源极场效应管放大电路　　图 2.20　交流通路

栅源电压与输入电压相等，即 $\dot{U}_{gs} = \dot{U}_i$，在输入交流信号 $\dot{U}_i$ 作用下，栅源电压将发生变化，从而引起漏极电流和输出电压发生相应变化。

输出电压为

$$\dot{U}_o = -\dot{I}_d R_D = -g_m \dot{U}_i R_D \left(\text{其中，} 跨导 g_m = \frac{\dot{I}_d}{\dot{U}_{gs}} = \frac{\dot{I}_d}{\dot{U}_i} \right) \tag{2-21}$$

电压放大倍数为

$$\dot{A}_u = \frac{\dot{U}_o}{\dot{U}_i} = -g_m R_D \qquad (2\text{-}22)$$

式中，负号表示输出电压与输入电压相位相反。由于跨导 g_m 比三极管的电流放大系数小很多，因此，场效应管的电压放大能力较弱。

放大电路的输入电阻为

$$r_i = R_G + (R_{G1} /\!/ R_{G2}) \qquad (2\text{-}23)$$

场效应管放大电路的突出优点是输入电阻高，在实际应用中，一般作为多级放大电路的输入级。

放大电路的输出电阻为

$$r_o = R_D \qquad (2\text{-}24)$$

思 考 题

1. 试述静态工作点稳定电路中电阻 R_{B1}、R_{B2}、R_E 的作用。
2. 试述静态工作点稳定电路稳定静态工作点的过程。
3. 旁路电容 C_E 对放大电路的静态和动态各有什么影响？

2.4 多级电压放大电路

学习目标

- 了解多级电压放大电路的级间耦合方式。
- 掌握阻容耦合多级放大电路电压放大倍数的计算。
- 了解多级电压放大电路的频率特性。

由于放大电路的输入信号 u_i 一般都是很小的毫伏级，用单管放大电路很难把输入电压放大到负载所需要的级别，因此需要把多个单管放大电路串联起来构成多级电压放大电路。

2.4.1 多级放大电路的耦合方式

多级放大电路中前级与后级的连接方式称为耦合方式，常用的形式有阻容耦合、直接耦合和变压器耦合三种。虽然有不同的耦合方式，但必须满足以下两个条件：级间耦合后，不能影响前、后级的静态工作点设置；信号能在各级间有效传递并尽可能地减小功率损耗和波形失真。

1. 阻容耦合

图 2.21 为两级阻容耦合放大电路，前、后级之间通过电容 C_2 进行耦合。其特点是：只能放大交流信号并且各级静态工作点相互独立。

2. 变压器耦合

图 2.22 是两级变压器耦合放大电路，前、后级之间通过变压器 T1 进行耦合。其特点是：只能放大交流信号并且各级静态工作点相互独立。此外，变压器耦合还具有变换阻抗的作用，可以使负载获得最大功率。

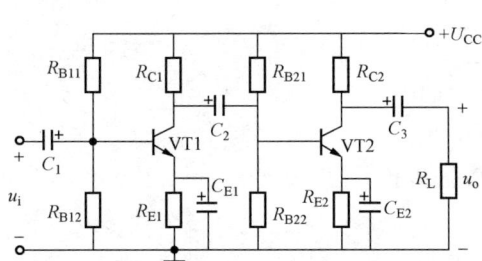

图 2.21 两级阻容耦合放大器电路

图 2.22 两级变压器耦合放大电路

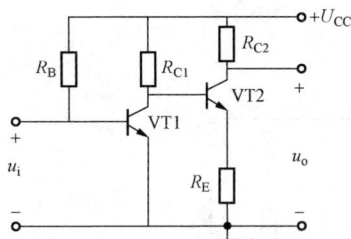

图 2.23 两级直接耦合放大电路

3. 直接耦合

图 2.23 是两级直接耦合放大电路，直接耦合电路的特点是：能放大直流信号和变化缓慢的交流信号，但是各级静态工作点相互影响。直接耦合放大电路的最大缺点是：在没有输入信号的情况下，会产生随外界因素影响而变化的输出电压。

2.4.2 阻容耦合多级放大电路的分析

1. 静态分析

由于耦合电容具有"隔直"作用，因此阻容耦合多级放大电路中各级静态工作点的计算与前面介绍的单管电路相同。

2. 动态分析

由于多级放大电路中，各级是相互串联的，前一级的输出电压 $\dot{U}_{o1}$ 即为后一级的输入电压 $\dot{U}_{i2}$，所以两级放大电路的总电压放大倍数为

$$\dot{A}_u = \frac{\dot{U}_{o2}}{\dot{U}_{i1}} = \frac{\dot{U}_{o2}}{\dot{U}_{i2}} \times \frac{\dot{U}_{o1}}{\dot{U}_{i1}} = \dot{A}_{u1}\dot{A}_{u2}$$

即总电压放大倍数等于两级电压放大倍数的乘积。推广到一般的情况，若有 n 级放大电路，则总的电压放大倍数为

$$\dot{A}_u = \dot{A}_{u1}\dot{A}_{u2}\cdots\dot{A}_{un} \tag{2-25}$$

必须指出，以上每一级的电压放大倍数，均已考虑了后级对前级的影响。即在计算前级电压放大倍数时，要把后级的输入电阻作为前级的负载电阻加以考虑（即 $R_{L1}=ri_2$）。

多级放大电路的输入电阻就是第一级的输入电阻，多级放大电路的输出电阻就是最后一级的输出电阻。

【例 2.8】 两级阻容耦合放大电路如图 2.24 所示，试计算：

（1）各静态工作点；

（2）画微变等效电路；

（3）各级电压放大倍数及总电压放大倍数；

（4）放大电路的输入电阻和输出电阻。

解 （1）第一级的静态工作点为

图 2.24 两级阻容耦合放大电路

$$V_{BQ1} = \frac{U_{CC}R_{B2}}{R_{B1}+R_{B2}}$$

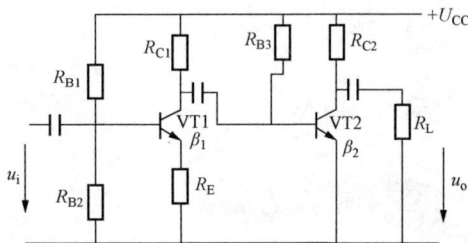

$$I_{EQ1} = \frac{V_{BQ1} - U_{BE1}}{R_E} \approx I_{CQ1}$$

$$I_{BQ1} = \frac{I_{EQ1}}{1 + \beta_1}$$

$$U_{CEQ1} = U_{CC} - I_{EQ1}(R_{C1} + R_E)$$

第二级的静态工作点为

$$I_{BQ2} = \frac{U_{CC} - U_{BE2}}{R_{B3}}$$

$$I_{CQ2} = \beta_2 I_{BQ2}$$

$$U_{CEQ2} = U_{CC} - I_{CQ2} R_{C2}$$

（2）微变等效电路如图 2.25 所示。

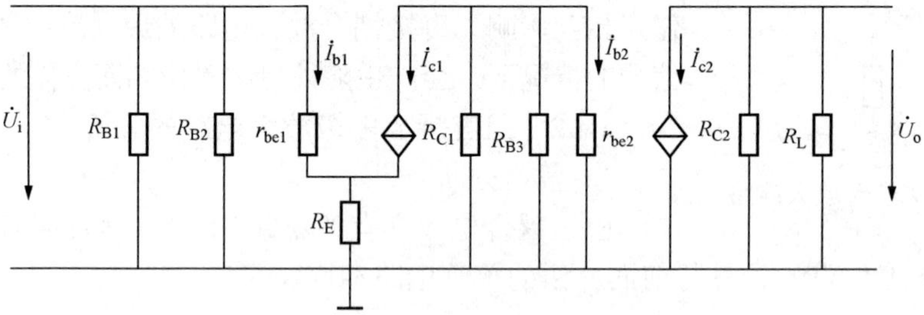

图 2.25　[例 2.8] 微变等效电路

（3）电压放大倍数为

$$\dot{A}_{u1} = \frac{-\beta_1 R'_{L1}}{r_{be1} + (1 + \beta_1)R_E}$$

其中，　$R'_{L1} = R_{C1} /\!/ R_{L1}$　　$R_{L1} = r_{i2} = R_{B3} /\!/ r_{be2}$

$$\dot{A}_{u2} = \frac{-\beta_2 R'_{L2}}{r_{be2}}$$

其中，　$R'_{L2} = R_{C2} /\!/ R_L$

总电压放大倍数为

$$\dot{A}_u = \dot{A}_{u1} \dot{A}_{u2} = \frac{-\beta_1 R'_{L1}}{r_{be1} + (1 + \beta_1)R_E} \times \frac{-\beta_2 R'_{L2}}{r_{be2}}$$

（4）输入电阻为

$$r_i = r_{i1} = R_{B1} /\!/ R_{B2} /\!/ [r_{be1} + (1 + \beta_1)R_E]$$

输出电阻为

$$r_o = r_{o2} = R_{C2}$$

🎓 知识拓展

放大电路的频率特性

在阻容耦合放大电路中，由于耦合电容、旁路电容及三极管结电容的存在（其容抗是频率的函数），当输入信号电压的频率发生变化时，会使输出电压的大小和相位发生变化，从而引起电压放大倍数的改变。放大电路的频率特性反映了放大电路对不同频率正弦信号的放大效果，电压放大倍数与频率的关系称为幅频特性，输出电压与输入电压之间的相位差与频率的关系称为相频特性。如图 2.26 所示。

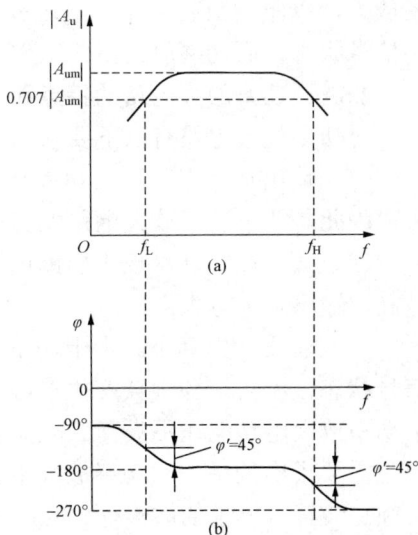

从图 2.26 中可知，在某一段频率范围内，电压放大倍数 $|A_u|$ 基本上与频率无关，是一常数，输出信号相对于输入信号的相位差为 180°，这一频率范围称为中频段，电压放大倍数用 A_{um} 表示。随着频率的升高或降低，电压放大倍数都要减小，相位差也要发生变化。

当放大倍数下降为 $\dfrac{|A_{um}|}{\sqrt{2}}$ 时所对应的两个频率，分别称为下限频率 f_L 和上限频率 f_H，上限频率与下限频率之差，称为放大器的通频带，通频带越宽，表示放大器工作的频率范围越广。例如，质量好的音频放大器，其通频带应在 20～20000Hz 之间。低于 f_L 的频率范围，称为低频段，而高于 f_H 的频率范围，称为高频段。

通常，级间耦合电容 C_1、C_2 和射极旁路电容 C_E 的电容量都较大，三极管结电容 C_{bc}（并联在集电结上）的电容量较小。由于耦合电容和旁路电容对中频段信号的容抗很小，可视为短路；三极管的结电容对中频段信号的容抗很大，可视为断路。所以，在中频段，可认为电容不影响交流信号的传递，放大电路的放大倍数与信号频率基本无关。在低频段，三极管 C_{bc} 的容抗比中频段更大，仍可视为断路。而引起电压放大倍数下降的原因，是由于耦合电容和旁路电容在低频段时容抗显著增大，信号通过这些电容时被明显衰减，并且产生相移。在高频段，耦合电容和旁路电容的容抗比中频段更小，仍可视为短路，不影响电路的放大倍数。但 C_{bc} 的容抗将减小，对信号的分流作用增大，从而降低了电压放大倍数，同时产生相移。因此只有在中频段，可认为电压放大倍数与频率无关。前面电路所计算的电压放大倍数都是放大电路工作在中频段的情况。

图 2.26　放大器的频率特性
（a）幅频特性；（b）相频特性

思 考 题

1．比较多级放大电路中阻容耦合与直接耦合的特点及适用场合。
2．阻容耦合多级放大电路中，各级的静态工作点有什么关系？为什么？
3．计算前级电压放大倍数时，后级对前级的影响是通过哪个参数体现的？
4．试述耦合电容、旁路电容、三极管的结电容对放大电路高频特性和低频特性的影响。

2.5　功 率 放 大 电 路

学习目标

- 了解功率放大电路的特点和分类。
- 了解互补对称功率放大电路的工作原理。

多级放大电路的最后一级通常是功率放大电路，其作用是将已经放大的电压信号进行功率放大，以驱动负载工作。电压放大电路和功率放大电路的区别在于：电压放大电路工作在小信号状态，而功率放大电路工作在大信号状态。

2.5.1　功率放大电路的特点和分类

对功率放大电路有以下要求：

（1）输出功率大。输出功率是指负载获得的交流功率，由于功率与电压、电流的大小有关，因此，要求功率放大电路能够输出足够大的电压和电流。

（2）效率高。功率放大电路的效率是输出功率与直流电源提供的功率之比，电路的效率越高，输出功率越大。

（3）非线性失真小。由于功率放大电路输出的电压、电流都较大，因此三极管工作在大信号状态，不可避免地会产生非线形失真，而且输出功率越大非线形失真越严重。因此，要求功率放大电路能在不失真的前提下输出足够大的功率。

需要指出的是由于功率放大电路中的三极管通常工作在接近极限状态，管耗很大，因此必须加装符合要求的散热片。

输出功率、效率和失真是衡量功率放大电路的重要性能指标。

根据三极管静态工作点所处位置的不同，功率放大电路可分为甲类、甲乙类和乙类三种类型，如图 2.27 所示。对应的静态工作点分别处于负载线的中点、偏低、截止区。

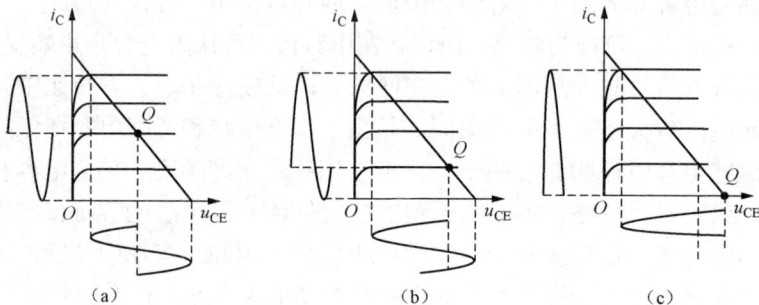

图 2.27　功率放大电路的工作状态

（a）甲类；（b）甲乙类；（c）乙类

甲类功率放大电路在输入信号的整个周期内都不会产生失真现象，但是静态电流 I_{CQ} 无论有无输入信号始终存在，因此静态管耗较大，电路的效率较低。乙类功率放大电路只在输入信号的半个周期内工作，失真非常严重，但由于静态电流 $I_{CQ}=0$，静态无管耗，电路的效率较高。而甲乙类功率放大电路综合了甲类和乙类电路的特点。

2.5.2　乙类互补对称功率放大电路

前面介绍的三类功率放大电路，其效率和失真是一对很难调和的矛盾，而乙类互补对称功率放大电路能很好地解决这个问题，效率高且失真小是乙类互补对称功率放大电路的显著优点。

1. 双电源互补对称功率放大电路

双电源互补对称功率放大电路如图 2.28 所示。

图 2.28 中 VT1 为 NPN 型管、VT2 为 PNP 型管，要求两个三极管的各项参数完全对称。由于两个三极管的基极连在一起，作为输入端；发射极连在一起，作为输出端。因此每个三极

管工作在射极输出器状态（射极输出器具有 $A_u \approx 1$、r_i 大、r_o 小的特点）。工作原理分析如下：

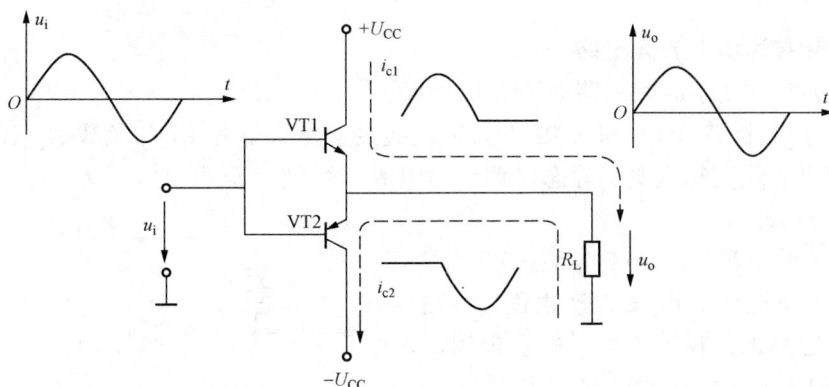

图 2.28　双电源互补对称功率放大电路

静态时，两个三极管的基极均无偏置电压，静态电流 I_{BQ}、I_{CQ} 均为零，管子工作在截止区，两管的静态管耗均为零，电路属于乙类工作状态。在正、负电源相等时，发射极电位为零，负载上无电流。

动态时，在输入电压 u_i 的正半周，VT1 的发射结正偏导通，VT2 的发射结反偏截止。电流方向如图 2.28 中 i_{c1} 所示，在负载 R_L 上获得正半周信号电压，若忽略发射结的正向压降，则 $u_o \approx u_i$；在 u_i 的负半周，VT1 发射结截止，VT2 发射结导通，电流方向如图 2.28 中 i_{c2} 所示，在负载 R_L 上获得负半周信号电压，即 $u_o \approx u_i$。每当输入信号交变一次，VT1、VT2 轮流导通半个周期，由于电流 i_{c1}、i_{c2} 流过 R_L 的方向正好相反，因而在负载上合成了一个完整的正弦波形。这种利用 NPN 型管和 PNP 型管交替工作，互相补偿的电路称为互补对称功率放大电路。

2. 交越失真及其消除

在乙类互补对称功率放大电路中，因基极没有设置偏置电压，对硅管而言，在输入电压 $|u_i| < 0.5V$（死区电压）时，三极管不能导通，输出电压 u_o 仍为零，出现了失真，该失真称为交越失真，如图 2.29 所示。

为了消除交越失真，必须设置较小的基极偏置电压，如图 2.30 所示。利用二极管 VD1、VD2 导通时的正向压降，为两只三极管的基极提供一个较小的正偏电压，使两只三极管处于微导通状态，一旦有输入信号，三极管就立刻进入放大区工作，从而达到消除交越失真的目的，这样的电路称为甲乙类互补对称功率放大电路。

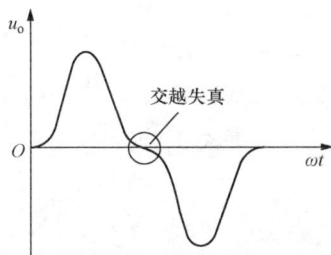

图 2.29　交越失真波形

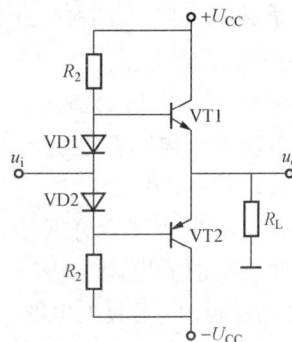

图 2.30　甲乙类互补对称功率放大电路

知识拓展

单电源互补对称功率放大电路

单电源互补对称功率放大电路如图 2.31 所示。

图 2.31 中，三极管 VT1 和 VT2 的发射极通过一个大电容 C_L 与负载 R_L 相连。二极管 VD1、VD2 用来消除交越失真。静态时调整电阻 R_3，可使 A 点电位等于 $U_{CC}/2$，电容上的直流电压也等于 $U_{CC}/2$。

在输入信号的正半周，VT1 导通，VT2 截止。电流由上至下通过负载 R_L，产生正半周输出电压并给电容充电；在输入信号的负半周，VT1 截止，VT2 导通。电容通过 VT2 和负载 R_L 放电，电流由下至上通过负载 R_L，产生负半周输出电压。虽然每个三极管都工作半个周期，但是在负载 R_L 上，可以获得一个完整的正弦波形。为使输出波形正、负半周对称，在 C_L 放电过程中，其上电压不能减小过多，因此 C_L 的电容量必须足够大。

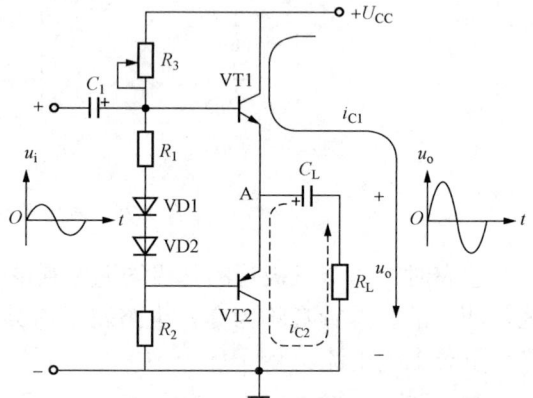

图 2.31　单电源互补对称功率放大电路

与双电源电路相比，单电源电路在实际应用时更为方便，但由于大电容的影响，使电路的低频特性变差。

思 考 题

1．功率放大电路和电压放大电路有何区别和联系？
2．互补对称功率放大电路为什么能提高电路的效率？

2.6　直 流 放 大 电 路

学习目标

- 了解直流放大电路存在的问题。
- 掌握基本差动放大电路抑制零点漂移的原理。
- 了解差动放大电路的输入、输出方式。

2.6.1　直流放大电路存在的问题

直流放大电路的功能是放大直流信号和变化缓慢的交流信号，因此，前、后级之间必须采用直接耦合。与阻容耦合方式相比，直接耦合存在前、后级静态工作点相互影响和零点漂移这两个需要解决的问题。

图 2.32 是两级直流放大电路，从图中可知若没有射极电阻 R_{E2}，VT1 将处于饱和状态（$U_{CE1}=U_{BE2}=0.7V<1V$），不能正常工作。加入射极电阻 R_{E2} 后，可以使 VT1 脱离饱和区。由于直流放大电路的各级静态工作点相互影响，在设置每级静态工作点时都要考虑耦合后可能会

出现的情况。

所谓零点漂移是指输入信号为零时，输出电压缓慢变化的一种现象，如图2.33所示。零点漂移的存在，会影响输出电压，使放大电路无法正常工作，因此如何消除零点漂移是直流放大电路必须解决的问题。

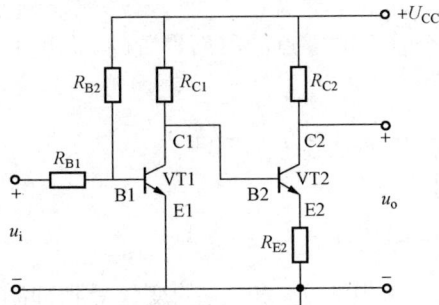

图 2.32　两级直流放大电路

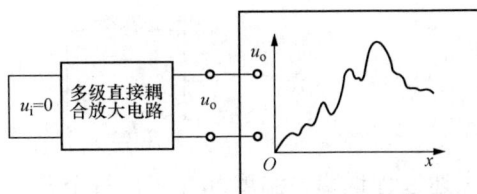

图 2.33　零点漂移现象

引起电路零点漂移的原因很多，其中，温度变化是产生零点漂移的主要因素。在多级直接耦合放大电路中，由于前级的漂移电压会被逐级放大，对电路的影响最为严重，因此，克服零点漂移必须从电路的前级入手。

差动放大电路是抑制零点漂移的最有效电路，多级直流放大电路的第一级通常都采用这种电路。另外，由于输出级的零漂电压是由输入级的零漂电压和电路的总放大倍数共同决定的，因此不能仅用输出级零漂电压的大小来衡量一个放大电路零点漂移的严重程度，通常是把输出级的零漂电压折算到输入级进行衡量的。

【例 2.9】　两个直流放大电路 A 和 B 输出级的零漂电压相同，即 $U_{oA}=U_{oB}=100\text{mV}$，电压放大倍数分别为 $A_{uA}=1000$，$A_{uB}=2000$，试判断哪个电路的零点漂移更严重？

解　把零点漂移电压折算到输入级后：$U_{iA}=100/1000=0.1$（mV），$U_{iB}=100/2000=0.05$（mV）。

可见，电路 A 的零点漂移更严重。

2.6.2　差动放大电路

1. 抑制零点漂移过程

差动放大电路如图2.34所示。它是由参数完全对称的两个单管共射放大电路组成的。

由于差动放大电路有两个输入端和两个输出端，因此信号的输入和输出有四种形式，即双端

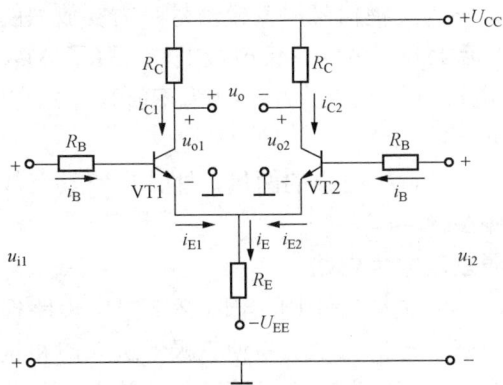

图 2.34　差动放大电路

输入—双端输出、双端输入—单端输出、单端输入—双端输出、单端输入—单端输出。下面以双端输入—双端输出形式为例，分析差动放大电路抑制零点漂移的过程。

输入信号 $u_{i1}=u_{i2}=0$ 时，由于电路的对称性，$I_{C1}=I_{C2}$，$V_{C1}=V_{C2}$，因此双端输出电压 $u_o=V_{C1}-V_{C2}=0$。可见，无零点漂移现象。

温度升高时，每个管子都将产生零点漂移，由于两管集电极电流和集电极电位的变化量完全相等，即 $\Delta I_{C1}=\Delta I_{C2}$，$\Delta V_{C1}=\Delta V_{C2}$。

因此，双端输出电压 $u_o=\Delta V_{C1}-\Delta V_{C2}=0$。

可见，零点漂移被有效抑制了。

从以上分析可见：差动电路抑制零点漂移一是利用电路参数的对称性，二是采用双端输出形式。由于电路参数不可能完全对称并且有些电路需要单端输出形式，因此有必要抑制每个管子的零点漂移。

图 2.34 所示电路中的射极电阻 R_E 就是为抑制每个管子的零点漂移而设置的。温度升高时的抑制零点漂移过程如下：

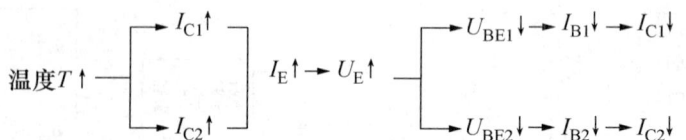

$$温度 T \uparrow \rightarrow \begin{cases} I_{C1} \uparrow \\ I_{C2} \uparrow \end{cases} \rightarrow I_E \uparrow \rightarrow U_E \uparrow \rightarrow \begin{cases} U_{BE1} \downarrow \rightarrow I_{B1} \downarrow \rightarrow I_{C1} \downarrow \\ U_{BE2} \downarrow \rightarrow I_{B2} \downarrow \rightarrow I_{C2} \downarrow \end{cases}$$

上述过程说明，温度升高时，每个管子本身的集电极电流 I_{C1} 和 I_{C2} 的变化受到抑制，从而每个管子集电极电位的变化也得到相应的抑制。R_E 越大，引起的 U_E 变化也越大，抑制零点漂移的效果越好。但是 R_E 过大，会使三极管进入饱和区而失去电流放大能力，为此加入负电源 U_{EE}，以保证三极管工作在电流放大状态。

2. 动态分析

差动放大电路的输入信号有共模信号、差模信号和任意输入信号三种类型。

大小相等、极性相同的两个输入信号（$u_{i1}=u_{i2}$）称为共模信号，零漂和干扰都属于共模信号。

双端输入—双端输出差动放大电路在共模信号作用下，由于两管的集电极电位变化完全相同，共模输出电压为零，即该电路对共模信号没有放大能力，因此能很好地抑制干扰（零漂）信号。

大小相等、极性相反的两个输入信号（$u_{i1}=-u_{i2}$）称为差模信号，差模信号是需要放大的工作信号。设 $u_{i1}>0$，$u_{i2}<0$，则 u_{i1} 使 VT1 的集电极电流上升了 ΔI_{C1}，集电极电位下降了 ΔV_{C1}（为负值）；u_{i2} 使 VT2 的集电极电流下降了 ΔI_{C2}，集电极电位上升了 ΔV_{C2}（为正值）。由于电路的对称性，$|\Delta V_{C1}|=|\Delta V_{C2}|$。因此，双端输出电压 $\Delta u_o=\Delta V_{C1}-\Delta V_{C2}=2|\Delta V_{C1}|$。

可见，在差模信号作用下，双端输出电压为一个管子输出电压的两倍，即该电路具有放大差模信号的能力。例如，$\Delta V_{C1}=-2V$，$\Delta V_{C2}=2V$，则 $\Delta u_o=-4V$。

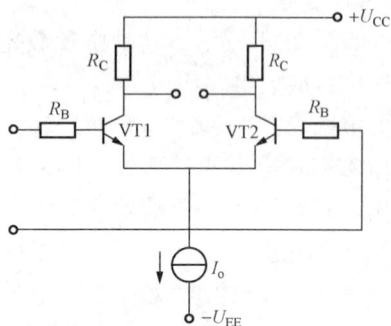

图 2.35　恒流源差动放大电路

2.6.3　恒流源差动放大电路

由前述可知，差动放大电路中的电阻 R_E 越大，电路抑制零点漂移效果越好。但 R_E 过大，易使三极管进入饱和状态，为此要相应增大直流电源。而恒流源差动放大电路可以在较小的直流电源作用下，得到满意的抑制零点漂移效果，电路如图 2.35 所示。

恒流源电路具有静态电阻很小，动态电阻很大的特点。由于静态电阻小，为使三极管工作在电流放大状态的直流电源 U_{CC}、U_{EE} 可以较小；由于动态电阻大，较小的集电极电流变化可以使发射极电位产生较大的变化，从而可以有效提高差动放大电路抑制零点漂移的能力。

知识拓展

1. 共模抑制比（K_{CMR}）

共模抑制比是用来衡量差动电路放大差模信号和抑制共模信号能力的一个参数，定义为差模电压放大倍数 A_{ud} 和共模电压放大倍数 A_{uc} 之比，即

$$K_{CMR} = \frac{A_{ud}}{A_{uc}} \tag{2-26}$$

或用对数形式表示

$$K_{CMR} = 20\lg\frac{A_{ud}}{A_{uc}} \tag{2-27}$$

其表示单位为分贝（dB）。例如 $K_{CMR} = 10^6$，若用分贝表示，$K_{CMR} = 120\text{dB}$。

显然，共模抑制比越大，电路放大有用的差模信号能力越强，同时抑制干扰等共模信号的能力也越强。

2. 差动电路的四种输入、输出形式

差动电路的四种输入、输出形式如表 2.1 所示，表中给出了电路的形式、动态参数计算及用途。

表 2.1　　　　　　　　　　　　差动电路的四种输入、输出形式

输入输出方式	双端输入双端输出	单端输入双端输出	双端输入单端输出	单端输入单端输出
电路图				
差模电压放大倍数	$A_d = -\dfrac{\beta \cdot R_C /\!/ \frac{1}{2}R_L}{r_{be}}$	$A_d = -\dfrac{\beta \cdot R_C /\!/ \frac{1}{2}R_L}{r_{be}}$	$A_d = -\dfrac{\beta \cdot R_C /\!/ R_L}{2r_{be}}$	$A_d = -\dfrac{\beta \cdot R_C /\!/ R_L}{2r_{be}}$
差模输入电阻	$r_{id} = 2r_{be}$	$r_{id} = 2r_{be}$	$r_{id} = 2r_{be}$	$r_{id} = 2r_{be}$
输出电阻	$r_o = 2R_C$	$r_o = 2R_C$	$r_o = R_C$	$r_o = R_C$
用途	适合于对称输入、对称输出、输入和输出浮地的场合	适合于单端输入变为双端输出的场合	适合于双端输入变为单端输出的场合	适合于输入和输出都要接地的场合

能力拓展

输入信号的分解和组合

差模信号（用 u_{id} 表示）、共模信号（用 u_{ic} 表示）是差动电路输入信号的两种特殊形式，而实际输入信号可能同时包含差模信号和共模信号。

【例 2.10】 已知输入信号 u_{i1}=12mV，u_{i2}=6mV，试求差模信号 u_{id} 和共模信号 u_{ic}

解　差模信号 u_{id}=$(u_{i1}-u_{i2})$/2=(12-6)/2=3mV

　　　　共模信号 u_{ic}=（$u_{i1}+u_{i2}$）/2=（12+6）/2=9mV

通过计算可知，任意输入信号总是可以分解成差模信号和共模信号两个分量。

【例 2.11】 已知输入信号的差模分量 u_{id}=6mV，共模分量 u_{ic}=4mV，试求输入信号 u_{i1} 和 u_{i2}。

解　u_{i1}=u_{ic}+u_{id}=4+6=10mV

　　　u_{i2}=u_{ic}-u_{id}=4-6=-2mV

在分析任意输入信号作用的差动电路时，首先分别求出差模信号作用时的输出电压和共模信号作用时的输出电压，再利用叠加原理即可求出任意输入信号作用时的输出电压。

思　考　题

1. 试述多级直流放大电路存在的主要问题。
2. 为什么多级阻容耦合电路的零漂远小于多级直接耦合电路？
3. 为什么要在输入端比较不同电路零漂的大小？
4. 试述差动电路抑制零漂的过程。

2.7　集 成 运 算 放 大 器

学 习 目 标

• 了解集成运算放大器的组成和特点。
• 掌握集成运算放大器的电压传输特性和性能指标。

2.7.1　集成运算放大器的组成

1. 集成电路概述

集成电路是采用半导体制造工艺，把一个电路中所需要的元器件，如电阻、电容、二极管、三极管等集中制作在一块很小的芯片上，并且该芯片具有一定的功能。集成电路具有功耗小、可靠性高等优点，被广泛应用在电子电路中。

集成电路按照规定芯片上集成元器件的个数可分为小规模、中规模、大规模和超大规模集成电路。按照处理信号对象的不同，可分为模拟集成电路和数字集成电路两类。

集成运算放大器（简称集成运放）是用集成电路工艺制成的具有高放大倍数的多级直流放大器，是模拟集成电路的一种类型。由于该电路最初是用于数学运算的，故得名运算放大器，现在运算放大器已在电子电路的众多领域得到广泛应用。

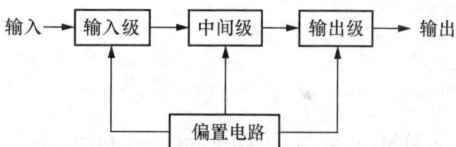

图 2.36　集成运算放大器的组成

2. 集成运算放大器的组成

集成运算放大器一般有输入级、中间级、输出级和偏置电路四个部分组成，如图 2.36 所示。

各部分作用如下：

对输入级的要求：抑制零点漂移能力强、输入电阻大，一般采用差动放大电路。

对中间级的要求：电压放大倍数高，一般采用共射组态的多级电压放大电路。

对输出级的要求：输出功率大、失真小、输出电阻小，一般采用乙类互补对称功率放大电路。

偏置电路的作用是为各级电路中的三极管提供合适的静态工作点。

集成运算放大器的符号如图 2.37 所示，它由两个输入端（因为第一级采用差动放大电路）和一个输出端。图中："−"号表示反相输入端，即由此端输入信号，u_o 与 u_- 是反相的；"+"号表示同相输入端，即由此端输入信号，u_o 与 u_+ 是同相的。

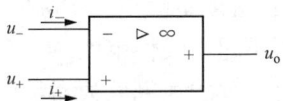

图 2.37　集成运算放大器的符号

3. 集成运算放大器的主要参数

（1）开环差模电压放大倍数 A_{ud}。A_{ud} 是指运算放大器在开环状态（没有外接反馈电路）下的差模电压放大倍数，即

$$A_{ud}=\frac{u_{od}}{u_{id}}$$

A_{ud} 越高，说明电路放大有用的差模信号能力越强，一般可达 $10^4 \sim 10^7$，即 80～140dB。

（2）开环差模输入电阻 r_{id}。r_{id} 是指差模信号输入、运算放大器在开环状态下的输入电阻，r_{id} 越大，电路的实际输入信号越强。一般可达几十千欧至几十兆欧范围。

（3）开环输出电阻 r_{od}。r_{od} 是指运算放大器在开环状态下的输出电阻，r_{od} 越小，带负载能力越强，一般为几十欧至几百欧。

（4）输入失调电压 U_{io}。U_{io} 是指使输出电压为零而在输入端所加的补偿电压，它的大小反映了电路输入级的不对称程度。实际的运算放大器当输入信号为零时，仍会存在一定的输出电压，把它折算到输入端就是输入失调电压，其值越小越好，一般在 1～10mV 之间。

（5）输入失调电流 I_{io}。I_{io} 是指输入信号为零时，两个输入端的静态基极电流之差。

（6）最大输出电压 U_{om}。U_{om} 是指保持输出电压和输入电压成线性关系的最大输出电压，一般比电源电压值低 2～4V。

总之，集成运算放大器具有开环电压放大倍数高、输入电阻大、输出电阻低、零点漂移电压小、可靠性高等主要特点，现在它已成为一种通用器件，广泛而灵活地应用于各个技术领域。

2.7.2　理想运算放大器及其电压传输特性

1. 理想运算放大器

在分析集成运算放大器的应用电路时，若将实际运算放大器视为理想运算放大器处理，会给电路的分析和计算带来很大方便，并且产生的误差可以在工程允许范围之内。理想运算放大器应满足以下条件：

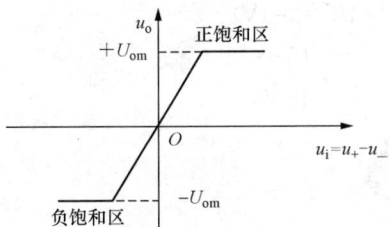

图 2.38　电压传输特性

开环差模电压放大倍数 $A_{ud} \rightarrow \infty$；

开环差模输入电阻 $r_{id} \rightarrow \infty$；

开环输出电阻 $r_{od} \rightarrow 0$；

共模抑制比 $K_{CMR} \rightarrow \infty$。

2. 电压传输特性

表示输出电压与输入电压关系的特性曲线称为电压传输特性，运算放大器的传输特性如图 2.38 所示，电压传输特性可分为线性区和非线性区两个部分。

（1）线性区。运算放大器工作在线性区时，可视为一个线性放大元件，输出电压与输入电压之间满足以下关系，即

$$u_o=A_{ud}u_i=A_{ud}(u_+-u_-) \tag{2-28}$$

通常集成运算放大器的开环差模放大倍数 A_{ud} 很大，为了使其工作在线性区，输入电压 $u_i=u_+-u_-$ 必须足够小。实际应用时可以通过引入负反馈（见第 3 章），减小输入电压，保证输出电压不超出线性范围。

对于理想运算放大器，由于 $A_{ud}\to\infty$，而输出电压 u_o 为有限值，则

$$u_i=u_+-u_-=\frac{u_o}{A_{ud}}=\frac{u_o}{\infty}\approx0，\ \text{即}\ u_+\approx u_- \tag{2-29}$$

这一特性称为理想运算放大器的"虚短"特性。

对于理想运算放大器，由于输入电阻 $r_{id}\to\infty$，而输入电压 u_i 为有限值，则

$$i_+-i_-=\frac{u_i}{r_{id}}=\frac{u_i}{\infty}\approx0，\ \text{即}\ i_+\approx i_- \tag{2-30}$$

这一特性称为理想运算放大器的"虚断"特性。

（2）非线性区。理想运算放大器工作在非线性区时除了具有"虚断"特性外，还具有饱和特性，即

$u_+>u_-$，$u_o=+U_{om}(U_{oH})$，输出正饱和值；

$u_+<u_-$，$u_o=-U_{om}(U_{oL})$，输出负饱和值。

能力拓展

【例2.12】 运算放大器 F007 的电源电压为 ±15V，开环电压放大倍数 $A_{ud}=2\times10^5$，最大输出电压 $U_{oM}=\pm13V$，分别输入以下电压，求输出电压。

（1）$u_+=15\mu V$，$u_-=-10\mu V$；

（2）$u_+=-5\mu V$，$u_-=10\mu V$；

（3）$u_+=0\ V$，$u_-=5mV$；

（4）$u_+=5mV$，$u_-=0V$。

解 $u_i=u_+-u_-=\dfrac{u_o}{A_{ud}}=\dfrac{\pm13}{2\times10^5}=\pm65\ \mu V$。

可见，当 $-65\mu V<u_i=u_+-u_-<+65\mu V$ 时，运算放大器工作在线性区，否则工作在非线性区。

（1）$u_i=u_+-u_-=15-(-10)=25\mu V<+65\mu V$，$u_o=A_{ud}u_i=2\times10^5\times25\times10^{-6}=+5V$；

（2）$u_i=u_+-u_-=-5-10=-15\mu V>-65\mu V$，$u_o=A_{ud}u_i=2\times10^5\times-15\times10^{-6}=-3V$；

（3）$u_i=u_+-u_-=0-5=-5mV<-65\mu V$，运放工作在负饱和区，$u_o=-13V$；

（4）$u_o=u_+-u_-=5-0=+5mV>+65\mu V$，运放工作在正饱和区，$u_o=+13V$。

思考题

1. 集成运算放大器为什么会有两个输入端？
2. 集成运算放大器中的偏置电路有什么作用？

3．试述理想运算放大器产生"虚断"的原因。

4．试述理想运算放大器产生"虚短"的原因。

本章小结

（1）电压放大电路有共射、共集和共基三种组态，共射电路具有较高的电压放大倍数，共集电路具有较高的输入电阻和较低的输出电阻。放大电路工作时，电流、电压的交流分量都是叠加在直流分量的基础上的，直流分量的设置是为放大电路提供合适的静态工作点，以保证三极管工作在电流放大状态。

（2）对电压放大电路的分析可分为静态和动态两个方面。静态分析的目的是确定静态工作点的位置，静态工作点过高会产生饱和失真，过低会产生截止失真。确定静态工作点的方法有估算法和图解法两种。动态分析时首先画出电路的微变等效电路，然后确定电压放大倍数和输入、输出电阻。掌握基本电压放大电路和静态工作点稳定电压放大电路的静态和动态分析方法是本章的重点。

（3）多级放大电路的耦合方式有阻容耦合、直接耦合、变压器耦合三种类型。阻容耦合和变压器耦合是放大交流信号的，且各级静态工作点相互独立；直接耦合主要是放大直流信号的，且各级静态工作点相互影响。多级放大电路的电压放大倍数是各级放大倍数的乘积，但在计算前级放大倍数时，必须考虑后级对前级的影响。

（4）场效应管放大电路与三极管放大电路相比，输入电阻高是其最大优点，但电压放大倍数较小。

（5）功率放大电路的作用是向负载提供最大不失真功率，根据静态工作点位置的不同，有甲类、乙类和甲乙类三种类型。效率高、失真小是乙类互补对称功率放大电路的最大优点。

（6）差动放大电路能有效抑制零点漂移，一般作为集成运算放大器的输入级。共模抑制比反映了差动放大电路对差模信号的放大能力及对共模信号的抑制能力。

（7）集成运算放大器是具有高电压放大倍数的直流放大器，一般由输入级、中间级、输出级和偏置电路四部分组成。理想运算放大器线性应用时具有"虚短"和"虚断"特点；非线性应用时除了具有"虚断"特点外，输出电压为正、负饱和值。

习　题

2.1　填空题

（1）一个基本电压放大电路，当输入信号 $u_i=0$ 时，电路中的电流、电压均为＿＿＿＿量，当输入信号 $u_i \neq 0$ 时，电路中的电流、电压均为＿＿＿＿量和＿＿＿＿量的叠加。

（2）一个基本电压放大电路，电阻 R_B 过大将产生＿＿＿＿失真，集电极电流 i_C＿＿＿＿半周被截，输出电压 u_o＿＿＿＿半周被截，＿＿＿＿（调大、调小）R_B 电阻可以消除该失真；电阻 R_B 过小将产生＿＿＿＿失真，集电极电流 i_C＿＿＿＿半周被截，输出电压 u_o＿＿＿＿半周被截，＿＿＿＿（调大、调小）R_B 电阻可以消除该失真。

（3）一个基本电压放大电路，减小 R_B，则 I_{BQ}＿＿＿＿、I_{CQ}＿＿＿＿，U_{CEQ}＿＿＿＿、r_{be}＿＿＿＿。若 $I_{BQ} > I_{BS}$，则电路将产生＿＿＿＿失真，$U_{CES} \approx$＿＿＿＿。

（4）静态工作点稳定电路中，射极电阻 R_E 越大，稳定静态工作点的效果越＿＿＿，但 R_E 过大，电路将产生＿＿＿失真。

（5）一个基本电压放大电路，增大集电极电阻 R_C，直流负载的斜率（绝对值）将变＿＿＿＿，电路容易产生＿＿＿＿失真。

（6）三极管的特性曲线和直流负载线如图 2.39 所示。若静态工作点从 Q_0 移到 Q_1，则＿＿＿；从 Q_0 移到 Q_2，则＿＿＿；从 Q_0 移到 Q_3，则＿＿＿。

（7）三极管的特性曲线和直流负载线如图 2.40 所示。若 U_{CC} 减小，则静态工作点由 Q_0 移到＿＿＿；R_B 减小，则由 Q_0 移到＿＿＿；R_C 增大，则由 Q_0 移到＿＿＿。

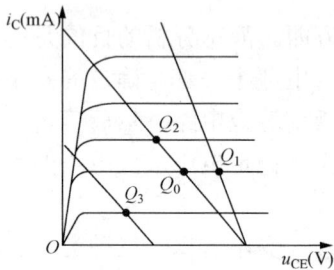

图 2.39　习题 2.1（6）输出特性　　　　　图 2.40　习题 2.1（7）输出特性

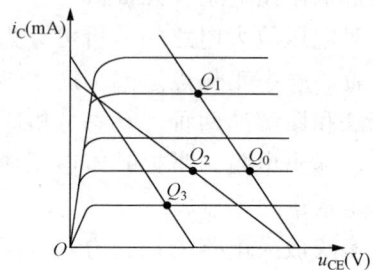

（8）用示波器观察单管共射放大电路的输出电压，波形如图 2.41 所示。其中图 2.41（a）属于＿＿＿失真；图 2.41（b）属于＿＿＿失真；图 2.41（c）属于静态工作点合适，输入信号太＿＿＿造成的。

（9）对于电压放大电路来讲，输入电阻越大，电路的实际输入电压越＿＿＿；输出电阻越小，电路的带负载能力越＿＿＿。

（10）一个放大电路的输出电阻是 2kΩ，空载时的输出电压为 5V，则接上 4kΩ 负载后的输出电压为＿＿＿V。

(a)　　　　　　　　(b)　　　　　　　　(c)

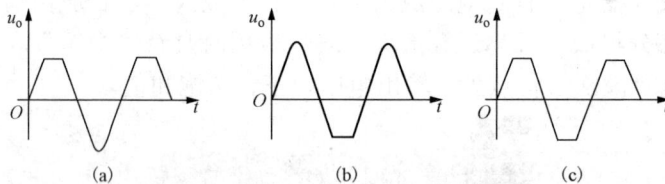

图 2.41　习题 2.1（8）输出波形

（11）放大电路带上负载后，直流负载线的斜率＿＿＿、电压放大倍数＿＿＿、输出电阻＿＿＿。

（12）静态工作点稳定电路中，若上偏置电阻 R_{B1} 减小，而三极管始终处于放大状态，则 I_B＿＿＿、I_C＿＿＿、U_{CE}＿＿＿。

（13）射极输出器是共＿＿＿电路，输出电压与输入电压相位＿＿＿，电压放大倍数≈＿＿＿、输入电阻＿＿＿、输出电阻＿＿＿。

（14）多级电压放大电路有＿＿＿＿＿＿、＿＿＿＿＿＿、＿＿＿＿＿＿三种耦合方式，其中阻容耦合只能放大＿＿＿＿＿信号且静态工作点相互＿＿＿＿＿。若要放大直流信号，则须采用＿＿＿＿耦合。

（15）阻容耦合放大电路加入不同频率的输入信号时，低频区电压放大倍数下降的主要原因是由于_____电容的存在；高频区电压放大倍数下降的主要原因是由于_____电容的存在。

（16）功率放大电路根据_____工作点位置不同，可分为_____类、_____类、_____类三种类型。其中失真最小的是_____类、最大的是_____类；管耗最小的是_____类、最大的是_____类。

（17）效率高且失真小的电路是_____功率放大电路，电路中的两个三极管，一个是_____型、一个是_____型，每个三极管工作_____周期。

（18）产生交越失真的原因是三极管具有_____电压。

（19）功率放大电路的作用是在_____的情况下，向负载提供最大输出_____。由于功率放大电路是大信号输入电路，因此不能用_____等效电路进行分析。

（20）输入信号为零，输出信号缓慢变化的现象称为_____。为抑制_____，直流放大器的第一级通常采用_____电路。

（21）阻容耦合多级电压放大电路中，前级的零漂电压不会被逐级放大的原因是耦合电容具有_____作用。

（22）由于零漂电压与_____有关，因此要在_____端比较零漂电压的大小。

（23）双端输出电路可以利用电路的_____性抑制零点漂移，单端输出电路可以利用_____极电阻抑制零点漂移。

（24）干扰信号属于_____（差模、共模）信号，A_{ud} 是_____电压放大倍数、A_{uc} 是_____电压放大倍数。A_{ud} 越大，说明电路放大有用信号能力越____；A_{uc} 越小，说明电路抑制干扰能力越____。

（25）共模抑制比 $K_{CMR}=$_____，A_{ud} 越大、A_{uc} 越小，则 K_{CMR} 越_____。

（26）运算放大器是具有_____放大倍数的_____放大器，一般由_____、_____、_____和偏置电路四个部分组成。对输入级的要求是：输入电阻_____、抑制零点漂移能力_____；对中间级的要求是：电压放大倍数_____，一般采用_____电路；对输出级的要求是：输出电阻_____、带负载能力_____。

（27）理想运算放大器在线性区工作时具有"虚短"特点，即 u_+_____（=、>、<）u_- 和"虚断"特点，即 $i_+=i_-\approx$_____。

（28）理想运算放大器在非线性区工作时，当 $u_+>u_-$ 时，输出_____饱和值；当 $u_+<u_-$ 时，输出_____饱和值。

2.2　在图 2.42 所示电路中，哪些可以实现正常的交流放大，哪些不能？

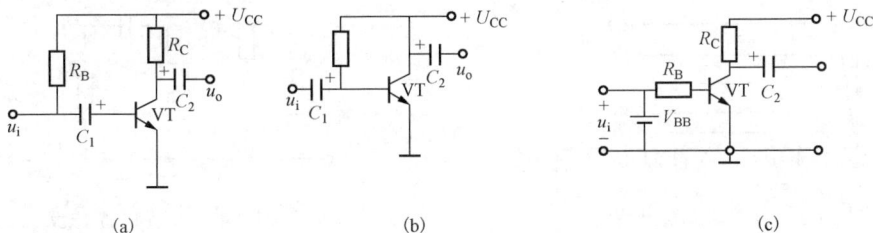

(a)　　　　　　　　　　　(b)　　　　　　　　　　　(c)

图 2.42　习题 2.2 电路

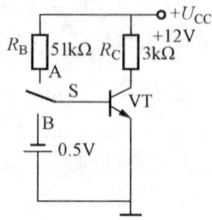

图 2.43　习题 2.3 电路

2.3　在图 2.43 所示电路中，已知 $\beta=50$，$U_{BE}=0.7\text{V}$，$U_{CES}=0.3\text{V}$。

（1）计算集电极饱和电流 I_{CS} 和基极饱和电流 I_{BS}。

（2）开关 S 接通 A 时的 I_B 和 I_C 值，此时三极管工作在哪个区域？

（3）为使三极管工作在放大区，在 $R_C=3\text{k}\Omega$ 时，R_B 应选多大？

（4）开关 S 接通 B 时，三极管工作在哪个区域？

2.4　电路如图 2.44 所示，三极管是 PNP 型管。

（1）标出 U_{CC} 和 C_1、C_2 的极性；

（2）设 $U_{CC}=-12\text{V}$，$R_C=3\text{k}\Omega$，$\beta=50$，如果要使 $I_{CQ}=1.5\text{mA}$，求电阻 R_B 的阻值；

（3）在调节静态工作点时，若不慎将 R_B 调到零，则对三极管有何影响？可以采取何种措施加以防止？

2.5　一个基本放大电路的输出特性如图 2.45 所示，设 $U_{CC}=12\text{V}$，$R_B=200\text{k}\Omega$，$R_C=2\text{k}\Omega$。

（1）在图中确定静态工作点 Q_0；

（2）若将 R_C 增大到 $4\text{k}\Omega$，则工作点 Q_0 移到何处？

（3）若将 R_B 减小到 $150\text{k}\Omega$，则工作点 Q_0 移到何处？

（4）若将 U_{CC} 增大到 16V，则工作点 Q_0 移到何处？

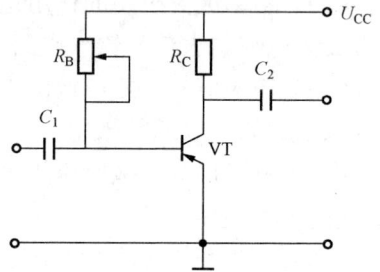

图 2.44　习题 2.4 电路

2.6　一个基本电压放大电路，已知 $U_{CC}=12\text{V}$，$R_B=500\text{k}\Omega$，$R_C=R_L=2\text{k}\Omega$，NPN 型硅管 $\beta=100$。

（1）计算静态工作点 I_{BQ}、I_{CQ} 和 U_{CEQ}；

（2）求三极管的输入电阻 r_{be}；

（3）画出放大电路的微变等效电路；

（4）求电压放大倍数、输入电阻和输出电阻。

2.7　在图 2.46 所示基本电压放大电路中，已知 $U_{CC}=12\text{V}$，$R_C=2\text{k}\Omega$，$R_B=100\text{k}\Omega$，$R_P=1\text{M}\Omega$，$\beta=100$，$U_{BE}=0.7\text{V}$。

（1）把 R_P 调到零时，求电路的静态工作点，此时三极管处于什么状态？

（2）把 R_P 调到最大时，求电路的静态工作点，此时三极管处于什么状态？

（3）若使 $U_{CEQ}=6\text{V}$，应将 R_P 调到何值？此时三极管处于什么状态？

（4）分别画出以上三种情况的输出波形。

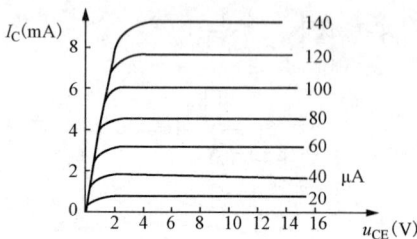

图 2.45　习题 2.5 输出特性

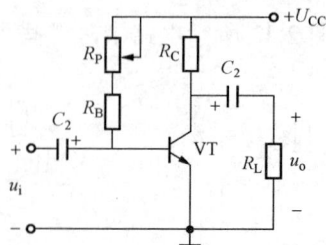

图 2.46　习题 2.7 电路

2.8　静态工作点稳定电路如图 2.47 所示，已知 $U_{CC}=12\text{V}$，$R_{B1}=20\text{k}\Omega$，$R_{B2}=10\text{k}\Omega$，$R_C=2\text{k}\Omega$，

R_E=1kΩ，R_L=2kΩ，β=50，U_{BE}=0.7V。

（1）计算静态工作点 I_{BQ}、I_{CQ} 和 U_{CEQ}；

（2）画微变等效电路；

（3）计算输入电阻、输出电阻和带负载时的电压放大倍数。

2.9 静态工作点稳定电路如图 2.48 所示，已知 U_{CC}=15V，R_{B1}=20kΩ，R_{B2}=10kΩ，R_C=2kΩ，R_L=2kΩ，R_E=1.5kΩ，R_s=0.5kΩ，β=50，U_{BE}=0.7V。试画微变等效电路，并求：

（1）静态工作点；

（2）空载时的电压放大倍数；

（3）负载时的电压放大倍数；

（4）考虑 R_s 影响并带负载时的电压放大倍数。

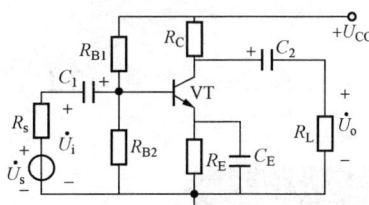

图 2.47 习题 2.8 电路　　　　　　图 2.48 习题 2.9 电路

2.10 两级阻容耦合放大电路如图 2.49 所示，用电路参数表示：

（1）各静态工作点；

（2）画微变等效电路；

（3）各级电压放大倍数及总电压放大倍数；

（4）放大电路的输入电阻和输出电阻。

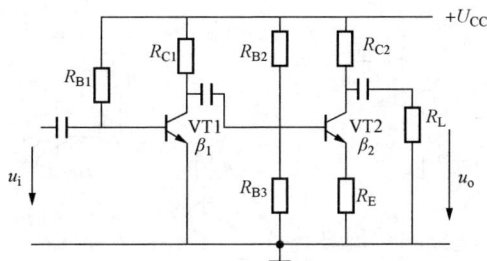

图 2.49 习题 2.10 电路

2.11 已知集成运算放大器的开环电压放大倍数为 80dB，最大输出电压 U_{om}=±12V，如果运算放大器的同相输入端接地，信号从反相端输入，设 u_i=0 时，u_o=0。试求：

（1）线性区的最大输入电压范围；

（2）u_i=−0.5mV，u_o=？

（3）u_i=1.3mV，u_o=？

（4）u_i=−1.5mV，u_o=？

第3章 电子电路中的反馈

【本章提要】

反馈在电子电路中有着广泛的应用。在放大电路中，利用负反馈可以稳定电路的静态工作点并改善放大电路的多项动态性能指标；利用正反馈可以构成波形发生电路（即振荡电路）。本章主要介绍反馈的基本概念、反馈的类型及判断方法，负反馈对放大电路性能的影响以及正反馈在振荡电路中的应用。

3.1 反馈的基本概念

学习目标

- 了解反馈的概念及反馈框图。
- 掌握正、负反馈，交、直流反馈的判断方法。

3.1.1 反馈的概念

反馈就是将放大电路的输出信号（电压或电流），通过一定形式的电路（称为反馈网络）送回到输入端的过程。根据反馈量对输入信号的影响，反馈有正、负反馈之分。从反馈的定义可知，要实现反馈，必须有一个连接输出回路与输入回路的反馈网络。

图 3.1（a）、（b）分别是基本电压放大电路和静态工作点稳定放大电路。

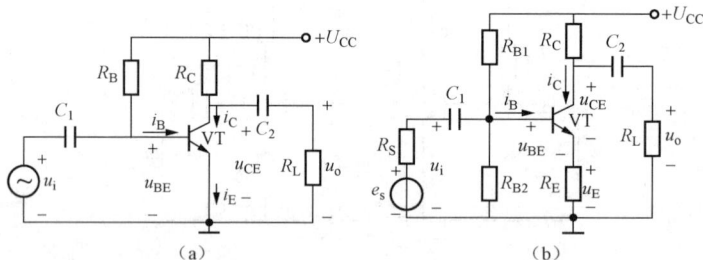

图 3.1 共射电压放大电路

（a）基本电压放大电路；（b）静态工作点稳定放大电路

在图 3.1（a）中，输入电压 $u_i=u_{BE}$，输出电压 $u_o=u_{CE}$，u_o 与 u_i 之间没有相互联系，可见，这个电路没有引入反馈。

在图 3.1（b）中，输入电压 $u_i=u_{BE}+u_E$，输出电压 $u_o=u_{CE}+u_E$，电压 u_E 既是输出的一部分，也是输入的一部分，可见 u_o 与 u_i 之间是有相互联系的，电阻 R_E 就是反馈元件，电压 u_E 就是反馈电压，可见，这个电路是引入反馈的。

图 3.2（a）是没有反馈的电路框图，也称为开环放大电路。图 3.2（b）是带有反馈的电

路框图，也称为闭环放大电路。图中，A 表示基本电压放大电路，F 表示反馈网络，x_i 为输入信号，x_o 为输出信号、x_F 为反馈信号。输入信号 x_i 和反馈信号 x_F 在 ⊖ 处比较，得出净输入信号 x_d。

若反馈信号 x_F 为正，则净输入信号 $x_d=x_i+x_F$，使放大电路的实际输入信号增加，输出信号 x_o 也增加，则电路引入的是正反馈；若反馈信号 x_F 为负，则净输入信号 $x_d=x_i-x_F$，使放大电路的实际输入信号减小，输出信号 x_o 也减小，则电路引入的是负反馈。

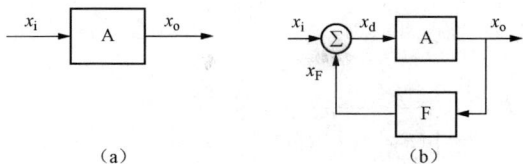

图 3.2　开环、闭环框图

（a）不带反馈；（b）带有反馈

3.1.2　正、负反馈的判断

瞬时极性法是判断电路中正、负反馈的基本方法。判断时首先给电路的输入端加一个对"地"为正的信号，用（+）表示，然后逐级判断电路中相关各点电位的变化情况，用（+）表示瞬时极性增大，用（−）表示瞬时极性减小。最后在输入回路比较反馈信号与输入信号的瞬时极性，判断净输入是增加还是减小，从而决定是正反馈还是负反馈。净输入减小的是负反馈，净输入增加的是正反馈。

在图 3.3（a）所示电路中，反馈元件 R_F 接在运算放大器的输出端与反相输入端之间，所以该电路存在反馈。设输入信号 u_i 对地瞬时极性为（+），输出信号 u_o 瞬时极性为（+），通过 R_F 得到的反馈信号 u_F 瞬时极性也为（+）。因为 u_i 与 u_F 是接在运算放大器的两个不同输入端上，所以净输入 $u_d=u_i-u_F$ 是减小的（若是开环，则净输入电压 $u_d=u_i$），可见电路引入的是负反馈。

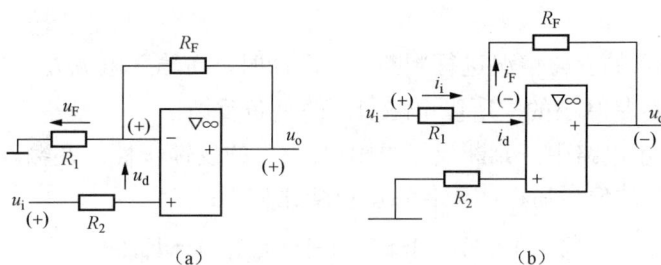

图 3.3　用瞬时极性法判断反馈极性

（a）输入信号与反馈信号不在同一端；（b）输入信号与反馈信号在同一端

在图 3.3（b）所示电路中，反馈元件 R_F 接在运算放大器的输出端与反相输入端之间，所以该电路存在反馈。假设输入信号 u_i 对地瞬时极性为（+），则输出信号 u_o 瞬时极性为（−），通过 R_F 得到的反馈信号瞬时极性也为（−）。由于反相输入端的电位高于输出端的电位，反馈电流的实际方向 i_F 如图所示，从而使净输入电流 $i_d=i_i-i_F$ 是减小的（若是开环，净输入电流 $i_d=i_i$），可见电路引入的是负反馈。

用瞬时极性法判断正、负反馈时需要注意以下两点：

（1）对于运算放大器组成的电路，输出与同相输入端的瞬时极性相同；与反相输入端的瞬时极性相反。对于由三极管组成的电路，当输入端基极电位瞬时极性为（+）时，发射极电位瞬时极性为（+），集电极电位瞬时极性为（−）。

（2）当输入信号与反馈信号不在同一点引入时，输入信号与反馈信号极性相同为负反馈、极性相反为正反馈；当输入信号与反馈信号在同一点引入时，输入信号与反馈信号极性相同为正反馈、极性相反为负反馈。

对于单级运算放大器来讲，如果反馈信号接在同相输入端，则为正反馈；反馈信号接在反相输入端，则为负反馈。

【例 3.1】 电路如图 3.4 所示，判断反馈极性。

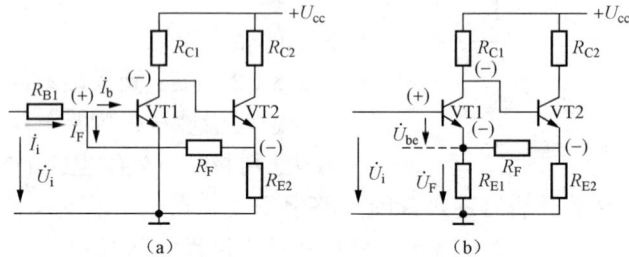

图 3.4 ［例 3.1］电路

解 在图 3.4（a）所示电路中，电阻 R_{E2} 引入的是本级反馈，电阻 R_F 引入的是级间反馈，本题判断电阻 R_F 引入的反馈极性。在输入端（VT1 的基极）加入瞬时极性为（+）的正弦信号后，相应各点电位变化如下（用相量表示）：

$$\dot{V}_{B1}(+) \to \dot{V}_{C1}(-) \to \dot{V}_{B2}(-) \to \dot{V}_{E2}(-) \to \dot{V}_{B1}(-)$$

由于输入信号与反馈信号在同一点引入，输入信号与反馈信号极性相反，所以电路引入的是负反馈。

也可以根据净输入的变化情况进行判断：无反馈时，净输入电流 $\dot{I}_b = \dot{I}_i$，有反馈时，净输入电流 $\dot{I}_b = \dot{I}_i - \dot{I}_F$，$\dot{I}_b$ 是减小的，所以电路引入的是负反馈。

在图 3.4（b）所示电路中，判断反馈电阻 R_F 引入的反馈极性。在输入端（VT1 的基极）加入瞬时极性为（+）的信号后，相应各点电位变化如下：

$$\dot{V}_{B1}(+) \to \dot{V}_{C1}(-) \to \dot{V}_{B2}(-) \to \dot{V}_{E2}(-) \to \dot{V}_{E1}(-)$$

由于输入信号与反馈信号不在同一点引入，输入信号与反馈信号极性相反，所以电路引入的是正反馈。

也可以根据净输入的变化情况进行判断：无反馈时，净输入电压 $\dot{U}_{be} = \dot{U}_i$，有反馈时，净输入电压 $\dot{U}_{be} = \dot{U}_i - (-\dot{U}_F) = \dot{U}_i + \dot{U}_F$，$\dot{U}_{be}$ 是增大的，所以电路引入的是正反馈。

3.1.3 直流反馈和交流反馈

如果反馈信号只含有直流成分，则称为直流反馈；如果反馈信号只含有交流成分，则称为交流反馈。在很多情况下，反馈信号中兼有两种成分，则称为交、直流反馈。直流负反馈可以稳定电路的静态工作点，交流负反馈可以改善放大电路的动态性能。

例如，在图 3.5 所示电路中，对直流而言，电容 C 相当于开路，R_2 和 R_3 串联后接在输出端和反相输入端之间，所以存在直流反馈。对交流而言，电容相当于短路，输出信号不能反馈到放大电路的输

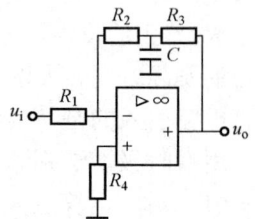

图 3.5 交直流反馈的判断

入端，不存在交流反馈，所以这条反馈支路仅引入直流负反馈。

思 考 题

1．如何区别开环电路和闭环电路？
2．用瞬时极性法判断正、负反馈时，当输入信号与反馈信号不在同一点引入时，怎样判断？
3．用瞬时极性法判断正、负反馈时，当输入信号与反馈信号不在同一点引入时，怎样判断？
4．分别试述直流反馈、交流反馈对电路的影响。

3.2 反馈电路的类型

学习目标

● 掌握反馈类型的判断方法。
● 理解负反馈四种组态的特点。

3.2.1 串联反馈和并联反馈

根据反馈电路与基本放大电路在输入端连接方式的不同，反馈有串联和并联两种类型，判断串联和并联反馈时，只需要关注输入信号与反馈信号在输入端的连接方式。如果反馈信号与输入信号连在同一点上，则为并联反馈，并联反馈时，反馈信号是以电流形式出现的；如果反馈信号与输入信号不连在同一点上，则为串联反馈，串联反馈时，反馈信号是以电压形式出现的。

【例 3.2】 对图 3.6 所示电路进行串联反馈和并联反馈判断。

解 在图 3.6（a）所示电路中，输入信号加在运算放大器的同相输入端，反馈信号加在运算放大器的反相输入端，由于输入信号与反馈信号不在同一个点上，所以是串联反馈。

在图 3.6（b）所示电路中，输入信号与反馈信号均加在运算放大器的反相输入端，是连在同一个点上的，所以是并联反馈。

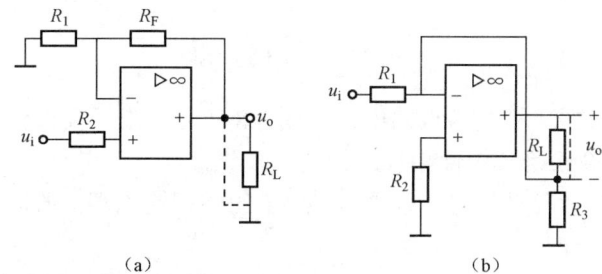

图 3.6 ［例 3.2］电路
（a）电压串联负反馈；（b）电流并联负反馈

3.2.2 电压反馈和电流反馈

根据反馈电路与基本放大电路在输出端连接方式的不同，反馈有电压和电流两种类型，判断电压和电流反馈时，只需要关注反馈信号在输出端的取样方式。如果反馈信号与输出电压成正比（$x_F=ku_o$），则称为电压反馈；如果反馈信号与输出电流成正比（$x_F=ki_o$），则称为电流反馈。按定义判断电压、电流反馈时，由于求反馈量与输出量的关系比较困难，一般采用交流短路法进行判断。即将负载电阻 R_L 短路（输出电压 $u_o=0$），如果反馈量依然存在（$x_F \neq ku_o$），则为电流反馈；如果反馈量消失（$x_F=ku_o$），则是电压反馈。

【例 3.3】 对图 3.6 所示电路进行电压反馈和电流反馈判断。

解 在图 3.6（a）所示电路中，若将负载电阻 R_L 短路（虚线所示），则反馈信号为 0，所以是电压反馈。

在图 3.6（b）所示电路中，若将负载电阻 R_L 短路（虚线所示），反馈信号依然存在，所以是电流反馈。

综合反馈从输出端的取样（电压、电流）及与输入端的连接方式（并联、串联），反馈有电压串联、电压并联、电流串联和电流并联四种组态，根据对电路静态和动态工作性能的具体要求，可以选用不同组态的反馈形式。

【例 3.4】 判断图 3.7 所示电路的反馈组态。

解 （1）正、负反馈判断。用瞬时极性法判断相关各点的电位如图 3.7 所示。由于反馈信号与输入信号不在同一个点引入，反馈信号与输入信号极性相同时，为负反馈。

（2）串联、并联反馈判断。由于输入信号 u_i 加在 VT1 的基极，反馈信号 u_F 加在 VT1 的射极，不在同一个点上，所以是串联反馈。

（3）电压、电流反馈判断。将负载 R_L 短路，即设 $u_o=0$，则 $u_F=0$，反馈消失，所以是电压反馈。

综上分析，该电路是电压串联负反馈。

【例 3.5】 判断图 3.8 所示电路的反馈组态。

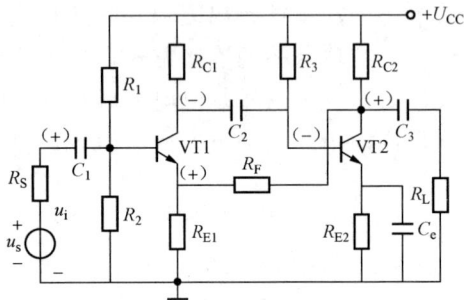

图 3.7 ［例 3.4］电路   图 3.8 ［例 3.5］电路

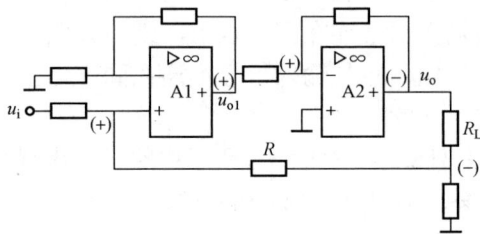

解 （1）正、负反馈判断。用瞬时极性法判断相关各点的电位如图 3.8 所示。由于反馈信号与输入信号在同一个点引入，反馈信号与输入信号极性相反时，为负反馈。

（2）串联、并联反馈判断。由于输入信号和反馈信号均加在运放 A1 的同相输入端，所以是并联反馈。

（3）电压、电流反馈判断。将负载 R_L 短路，则 $u_F \neq 0$，反馈依然存在，所以是电流反馈。

综上分析，该电路是电流并联负反馈。

思 考 题

1. 串联、并联反馈的判断应该从电路的输入端还是输出端入手？
2. 电压、电流反馈的判断应该从电路的输入端还是输出端入手？

3.3　负反馈对放大电路性能的影响

学习目标

- 理解开环、闭环、反馈系数、反馈深度的意义。
- 掌握负反馈在放大电路中的各种功用。
- 了解负反馈稳定输出信号的实质和过程。

3.3.1　开、闭环放大倍数的关系

图 3.9 所示是负反馈电路的框图，由于是负反馈，x_F 与 x_i 极性相反，所以净输入为

$$x_d = x_i - x_F \qquad (3\text{-}1)$$

放大电路的输出信号 x_o 与净输入信号 x_d 之比，称为开环放大倍数 A（也称为开环增益），即

$$A = \frac{x_o}{x_d} \qquad (3\text{-}2)$$

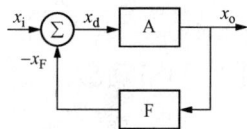

图 3.9　负反馈电路框图

反馈信号 x_F 与放大电路输出信号 x_o 之比，称为反馈系数 F，即

$$F = \frac{x_F}{x_o} \qquad (3\text{-}3)$$

放大电路的输出信号 x_o 与输入信号 x_i 之比，称为闭环放大倍数 A_F（也称为闭环增益），即

$$A_F = \frac{x_o}{x_i} \qquad (3\text{-}4)$$

由式（3-1）～式（3-4）可得

$$A_F = \frac{x_o}{x_i} = \frac{x_o}{x_d + x_F} = \frac{x_o}{x_d + AFx_d} = \frac{\frac{x_o}{x_d}}{1 + AF} = \frac{A}{1 + AF} \qquad (3\text{-}5)$$

式（3-5）表示，电路引入负反馈后，闭环放大倍数 A_F 减小了（1+AF）倍，其中（1+AF）称为反馈深度。（1+AF）越大，反馈越深，闭环放大倍数 A_F 就越小，（1+AF）是衡量反馈强弱程度的一个重要指标。

在深度负反馈时，即 1+$AF \gg$ 1，A_F 为

$$A_F = \frac{A}{1 + AF} \approx \frac{1}{F} \qquad (3\text{-}6)$$

式（3-6）说明，在深度负反馈时，闭环放大倍数只与反馈网络的参数有关，而反馈网络一般是由电阻、电容等元件构成的，参数本身的稳定性很好，因此，闭环放大倍数也可以非常稳定。

【例 3.6】 一个负反馈放大电路，已知开环电压放大倍数 A=100，反馈系数 F=0.09，输出电压 U_o=10V，求反馈深度 1+AF、闭环电压放大倍数 A_F、净输入电压 U_d、输入电压 U_i、反馈电压 U_F。

解　反馈深度　　　　　　　　　　1+AF=1+100×0.09=10

闭环电压放大倍数

$$A_F = \frac{A}{1+AF} = \frac{100}{10} = 10$$

净输入电压

$$U_d = \frac{U_o}{A} = \frac{10}{100} = 0.1(V)$$

输入电压

$$U_i = \frac{U_o}{A_F} = \frac{10}{10} = 1(V)$$

反馈电压 $U_F = U_i - U_d = 1 - 0.1 = 0.9$（V）或者，反馈电压 $U_F = FU_o = 0.09 \times 10 = 0.9$（V）

3.3.2 负反馈对放大电路性能的影响

放大电路引入负反馈后，虽然闭环放大倍数减小，但能从多方面提高放大电路的性能。

1. 提高放大倍数的稳定性

一般来讲，放大电路的开环放大倍数 A 受外界因数影响较大，是不稳定的。例如，在基本电压放大电路中，放大倍数与三极管的 β 值有关，而 β 值受温度影响较大；又如负载发生变化时，电压放大倍数 A 也要随之变化。引入负反馈后可以使闭环放大倍数趋于稳定。

放大倍数的稳定性可用放大倍数的相对变化量来衡量。

对式（3-5）中的 A 求导得

$$\frac{dA_F}{A_F} = \frac{1}{1+AF} \frac{dA}{A} \tag{3-7}$$

式（3-7）表明，引入负反馈后，虽然放大倍数下降了（$1+AF$）倍，但是其稳定性却提高了（$1+AF$）倍，并且（$1+AF$）越大，闭环放大倍数越稳定。

【例 3.7】 已知一个负反馈放大电路的开环电压放大倍数 $A=1000$，反馈系数 $F=0.05$，由于某种原因使 A 产生 $\pm 30\%$ 的变化，求闭环放大倍数 A_F 的相对变化量。

解 $\dfrac{dA_F}{A_F} = \dfrac{1}{1+AF} \dfrac{dA}{A} = \pm 30\% \times \dfrac{1}{1+1000 \times 0.05} = \pm 0.6\%$

由此可知，在 A 变化 $\pm 30\%$ 的情况下，A_F 只变换了 $\pm 0.6\%$，可见负反馈提高了闭环放大倍数的稳定性。

2. 稳定输出量

在图 3.9 所示的负反馈框图中，由于某种原因，使输出量 x_o 增大，引起的反馈过程如下：

$$x_o \uparrow \rightarrow x_F \uparrow \rightarrow x_d \downarrow \rightarrow x_o \downarrow$$

可见，电路引入负反馈后，能够稳定输出量。若要稳定输出电压，则需引入电压负反馈，若要稳定输出电流，则需引入电流负反馈。

3. 减小非线性失真

由于放大电路中含有非线性的三极管元件，即使输入信号是正弦波，输出信号有时也会产生非线性失真。在图 3.10（a）所示电路中，输入为正弦信号，而输出信号则正半周幅度大、负半周幅度小，出现非线性失真。

引入如图 3.10（b）所示的负反馈后，反馈信号的波形与输出波形相似，也是正半周大、负半周小，而使净输入信号变成正半周小、负半周大。放大电路对修正后的波形再进行放大，能使输出波形的正、负半周趋于一致。

应当指出，由于负反馈的引入，在减小非线性失真的同时，输出幅度必然降低。此外输入信号本身固有的失真，是不能用引入负反馈来改善的。

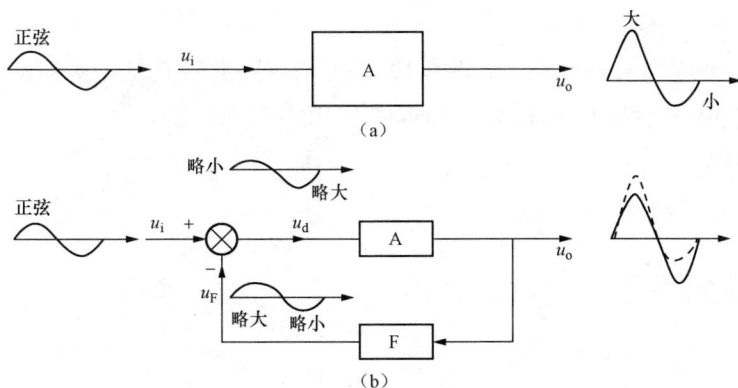

图 3.10　负反馈补偿非线性失真

（a）无反馈框图；（b）负反馈框图

4. 扩展通频带

阻容耦合放大电路，当信号在低频区和高频区时，其放大倍数均要下降，如图 3.11 所示。由于负反馈放大电路具有稳定放大倍数的作用，因此在低频区和高频区的放大倍数下降幅度

图 3.11　开环、闭环幅频特性

将减小，相当于通频带展宽了。从图中可见，有负反馈的通频带 $B_F = f_{HF} - f_{LF}$ 大于无负反馈的通频带 $B = f_H - f_L$。需要说明的是，通频带的扩展，也是以减小放大倍数为代价的。

5. 对输入电阻的影响

放大电路中引入负反馈后，对输入电阻的影响与串联反馈还是并联反馈有关。

（1）串联负反馈使输入电阻增大。图 3.12（a）所示是串联负反馈的框图。

图 3.12　负反馈对输入电阻的影响

（a）串联负反馈；（b）并联负反馈

由于净输入电压 $u_d = u_i - u_F$，则输入电压 $u_i = u_d + u_F$。串联反馈时，输入电流不变。

开环输入电阻为

$$r_i = \frac{u_d}{i_i}$$

闭环输入电阻为

$$r_{iF} = \frac{u_i}{i_i}$$

由于 $u_i > u_d$，所以 $r_{iF} > r_i$。

（2）并联负反馈使输入电阻减小。图3.12（b）所示是并联负反馈的框图。由于净输入电流 $i_d = i_i - i_F$，则输入电流 $i_i = i_d + i_F$。并联反馈时，输入电压不变。

开环输入电阻为

$$r_i = \frac{u_i}{i_d}$$

闭环输入电阻为

$$r_{iF} = \frac{u_i}{i_i}$$

由于 $i_i > i_d$，所以 $r_{iF} < r_i$。

6. 对输出电阻的影响

放大电路中引入负反馈后，对输出电阻的影响与电压反馈还是电流反馈有关。

（1）电压负反馈使输出电阻减小。放大电路的输出端对负载而言，可以等效成一个具有内阻的电压源，这个内阻就是放大电路的输出电阻。显然，输出电阻越小，输出电压越稳定。由于电压负反馈具有稳定输出电压的作用，因此，输出电阻减小。

（2）电流负反馈使输出电阻增大。放大电路的输出端对负载而言，也可以等效成一个具有内阻的电流源，这个内阻就是放大电路的输出电阻。显然，输出电阻越大，输出电流越稳定。由于电流负反馈具有稳定输出电流的作用，因此，输出电阻增大。

能力拓展

放大电路中引入负反馈的一般原则

从上述分析可知，引入负反馈可以改善和提高放大电路多方面的性能，因此在设计放大电路时，可以根据实际需要和目的，引入合适的负反馈。

（1）为了稳定电路的静态工作点，可引入直流负反馈；为了提高电路的动态性能，可引入交流负反馈；需要同时改善直流、交流性能时，可引入交、直流负反馈。

（2）需要稳定输出电压（减小输出电阻）或提高带负载能力，可引入电压负反馈；为了稳定输出电流（增大输出电阻），应引入电流负反馈。

（3）需要增大电路的输入电阻，可引入串联负反馈；需要减小电路的输入电阻，可引入并联负反馈。

【例3.8】 放大电路如图3.13所示，若要增大输入电阻并稳定输出电压。

（1）应加入何种形式的负反馈？

（2）画出反馈电路。

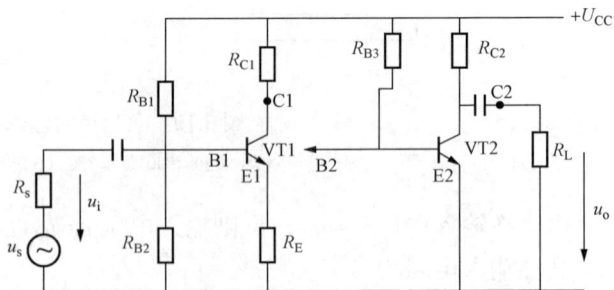

图3.13 ［例3.8］电路

解 （1）根据要求，需引入电压串联负反馈。

（2）由于是串联反馈，电阻 R_F 在输入端需连接在 E1 处；由于是电压反馈，电阻 R_F 在输出端需连接在 C2 处，由于是负反馈，B2 需与 C1 相连。

加入反馈后的电路如图3.14所示。

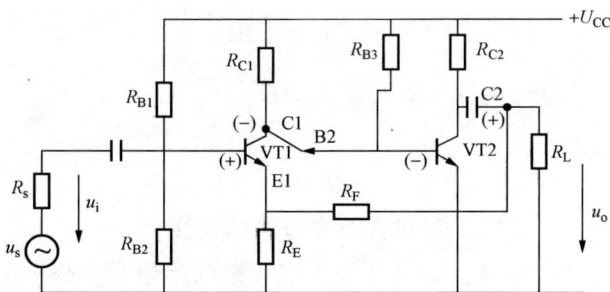

图 3.14 引入电压串联负反馈的电路

思 考 题

1．深度负反馈电路的闭环电压放大倍数为什么非常稳定？它与组成电路的各三极管的参数有关吗？

2．试述负反馈对放大电路性能的影响。

3．试述电路中引入负反馈的一般原则。

3.4 正弦波振荡电路简介

学习目标

- 了解振荡电路的功能、组成及振荡条件的含义。
- 了解正反馈在振荡电路中的作用。

3.4.1 振荡电路的基本概念

振荡电路是一种不需要输入信号，而能将直流电能转换为交流信号输出的电路。若输出的波形为正弦波，就称为正弦波振荡电路；若输出的波形为方波、三角波等，就称为非正弦波振荡电路。

1．振荡条件

振荡电路从结构上可以等效为一个没有输入信号的正反馈放大电路。在图 3.15 所示的正反馈框图中，输入信号 $\dot{X}_i$ 通过基本放大电路和反馈网络作用后，在反馈网络的输出端得到反馈信号 $+\dot{X}_F$，如果电路的条件能够使得 $\dot{X}_F$ 和 $\dot{X}_i$ 在大小和相位上一致，即使令外接输入信号 $\dot{X}_i=0$，通过反馈信号 $\dot{X}_F$ 也能使放大电路有稳定的电压 $\dot{X}_o$ 输出，等效框图如图 3.16 所示。

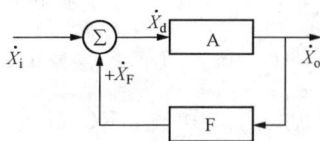

图 3.15 正反馈框图

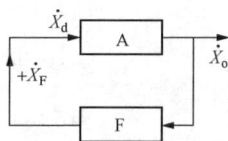

图 3.16 正反馈等效框图

由框图可知，产生振荡的条件是反馈信号与输入信号大小相等、相位相同。反馈信号为

$$\dot{X}_F = \dot{F}\dot{X}_o = \dot{F}\dot{A}\dot{X}_d$$

式中：$\dot{F}$ 为反馈系数；$\dot{A}$ 为基本放大器的放大倍数。

当 $\dot{X}_F = \dot{X}_d$ 时，有

$$\dot{A}\dot{F} = 1 \tag{3-8}$$

式（3-8）为电路的振荡条件，它包含两个方面的含义：

（1）幅值平衡条件：$\left|\dot{A}\dot{F}\right| = 1$，即开环放大倍数乘以反馈系数等于 1。

（2）相位平衡条件：$\varphi_A + \varphi_F = 2n\pi$（$n=0$，1，2，…），即基本放大电路的相位角与反馈网络的相位角之和等于 $2n\pi$，也就是说电路必须引入正反馈。

在这两个条件中，相位平衡条件是首先需要满足的，至于幅值条件，可以在满足相位平衡条件后，通过调整电路的参数来达到。

2．起振与稳幅

振荡电路最初的信号从何而来？当振荡电路接通直流电源时，电路中会产生扰动信号，它是一个非正弦信号，包含不同频率的正弦分量。通过选频网络后，只有一种频率的正弦信号满足相位平衡条件，这个信号通过正反馈被不断放大，最终使电路起振。那么，振荡电路的输出信号是否会越变越大？由于三极管是个非线性元件，当输出信号达到一定幅度后，三极管会进入截止区和饱和区，放大倍数会自动减小，从而限制了输出信号幅度的增大，直到满足 $\left|\dot{A}\dot{F}\right| = 1$ 的条件时，电路进入稳定工作状态。当然，放大电路的非线性也会导致输出波形产生失真，在实际应用中可采取一定的稳幅措施加以解决。

需要指出的是振荡电路在起振时要满足 $\left|\dot{A}\dot{F}\right| > 1$ 条件，稳定工作时要满足 $\left|\dot{A}\dot{F}\right| = 1$ 条件。

3．正弦波振荡电路的组成

（1）放大电路。对反馈信号进行放大。

（2）反馈网络。产生正反馈，使电路满足相位平衡条件。

（3）选频网络。使某一个频率的信号满足振荡条件，形成单一频率的输出信号。有的振荡电路反馈网络兼具选频网络的功能。

（4）稳幅电路。用于稳定输出波形的幅值并减小输出波形的失真。

根据选频网络组成元件的不同，有 RC 正弦波振荡电路、LC 正弦波振荡电路等类型。

3.4.2　RC 正弦波振荡电路分析

1．RC 串、并联电路的选频特性

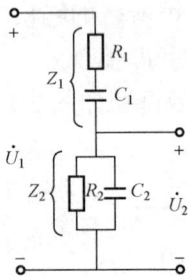

图 3.17　RC 串、并联电路

RC 串、并联电路如图 3.17 所示，这个电路在 RC 正弦波振荡电路中兼具选频网络和反馈网络两种功能。

RC 串、并联电路的频率特性图 3.18 所示，从幅频特性图 3.18（a）可知，当 $f = f_o$ 时，反馈系数 $\left|\dot{F}\right| = \dfrac{U_2}{U_1}$ 为最大，其值为 $\dfrac{1}{3}$，而且当频率 f 偏离 f_o 时，反馈系数急剧减小，可见，RC 串、并联电路具有选频特性。从相频特性图 3.18（b）可知，当 $f = f_o$ 时，相位角 $\varphi_F = 0°$，即输出电压 $\dot{U}_2$ 与输入电压 $\dot{U}_1$ 同相位。利用 RC 串、并联电路在 $f = f_o$ 的特点，可以把它作为

选频网络和反馈网络。

2. RC 正弦波振荡电路

图 3.19 是由运算放大器和 RC 串、并联电路构成的 RC 正弦波振荡电路，其中输出电压 u_o 是 RC 串、并联电路的输入信号，u_F 是 RC 串、并联电路的输出信号。由于在 $f = f_o$ 时 u_F 与 u_o 同相，因此满足正反馈的相位平衡条件。只要电阻 R_F 和 R' 组成的负反馈支路（无移相作用）的闭环放大倍数大于 3，电路就能对频率为 f_o 的正弦信号产生最强的放大效果，并通过起振和稳幅过程，使电路输出一个频率为 f_o 的正弦波形。

若 $R_1 = R_2 = R$，$C_1 = C_2 = C$，则振荡频率 $f_o = \dfrac{1}{2\pi RC}$。

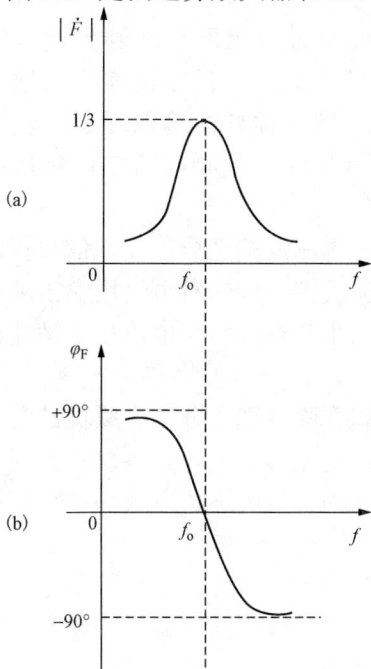

图 3.18 RC 串、并联电路的频率特性

（a）幅频特性；（b）相频特性

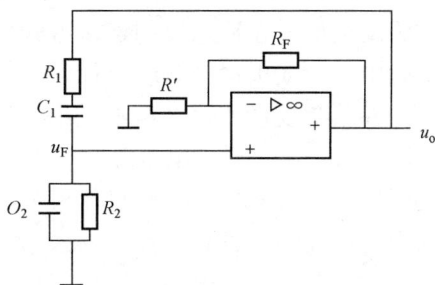

图 3.19 RC 正弦波振荡电路

RC 正弦波振荡器特点是电路简单，容易起振，但调节频率不方便，振荡频率不高，一般适用于 $f_o < 1\text{MHz}$ 的场合。

能力拓展

【例 3.9】 判断图 3.20 所示电路是否满足振荡电路的相位平衡条件。

解 正、负反馈判断过程如下：

$\dot{V}_{B1}(+) \rightarrow \dot{V}_{C1}(-) \rightarrow \dot{V}_{B2}(-) \rightarrow \dot{V}_{C2}(+) \rightarrow \dot{V}_{E1}(+)$，由于电路引入的是负反馈，因此不满足振荡电路的相位平衡条件。

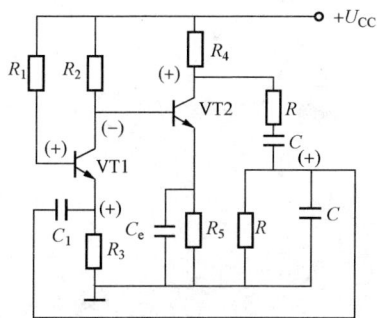

图 3.20 ［例 3.9］电路

思 考 题

1. 试述正弦波振荡电路中反馈网络的作用。
2. 试述正弦波振荡电路中选频网络的作用。它一般由什么元件组成？
3. 调节哪些参数可以改变输出波形的振荡频率？
4. 如图 3.19 所示电路中，分别引入了什么反馈？各起什么作用？

本章小结

（1）反馈就是将放大电路的输出信号（电压或电流）通过反馈网络送回到输入端的过程。根据反馈量对输入信号的影响，反馈有正、负反馈之分。正反馈使净输入增大，输出信号增大，电路工作不稳定，但可以构成振荡电路。负反馈使净输入减小，输出信号减小，但可以改善放大电路的静态和动态性能。瞬时极性法是判断电路正、负反馈的常用方法。

（2）按照反馈信号在输出端的取样方式，有电压反馈和电流反馈之分。反馈信号正比于输出电压的是电压反馈；反馈信号正比于输出电流的是电流反馈。判断时可采用输出端交流短路法。电压负反馈能稳定输出电压，减小输出电阻，提高带负载能力；电流负反馈能稳定输出电流，提高输出电阻。

（3）按照反馈信号在输入端的连接方式，有串联反馈和并联反馈之分。串联反馈时，反馈信号总是以电压形式出现；并联反馈时，反馈信号总是以电流形式出现。串联负反馈使输入电阻增加，并联负反馈使输入电阻减小。综合反馈网络在输入端的连接方式和在输出端的取样方式，反馈有电压串联、电压并联、电流串联和电流并联四种组态。

（4）按照反馈信号本身的交、直流成分，有直流反馈和交流反馈之分。反馈信号中只有直流成分的为直流反馈；只有交流成分的为交流反馈；交、直流成分同时存在的为交、直流反馈。直流负反馈可以稳定电路的静态工作点，交流负反馈使电压放大倍数减小，但能稳定电压放大倍数，展宽通频带，减小非线性失真，改变放大电路的输入、输出电阻。

（5）正弦波振荡电路一般由放大电路、选频网络、反馈网络和稳幅环节四个部分组成，产生正弦波振荡的条件是：

$\left|\dot{A}\dot{F}\right|=1$（幅值平衡条件）；

$\varphi_A+\varphi_F=2n\pi$（相位平衡条件），即振荡电路必须是正反馈形式。

习　题

3.1　填空题

（1）使净输入信号增大的反馈是_____反馈，使净输入信号减小的反馈是_____反馈，使输出信号减小的反馈是_____反馈，使输出信号增大的反馈是_____反馈。

（2）反馈信号中只有直流成分的是_____反馈，只有交流成分的是_____反馈，交、直流成分都有的是_____反馈。为稳定电路的静态工作点可引入直流_____反馈，为提高放大倍数的稳定性可引入交流_____反馈。

（3）串联负反馈使输入电阻_____，并联负反馈使输入电阻_____。

（4）电压负反馈能稳定输出_____，并使输出电阻_____；电流负反馈能稳定输出_____，并使输出电阻_____。

（5）为稳定输出电压并提高输入电阻，应引入_____负反馈，为稳定输出电流并提高输入电阻，应引入_____负反馈，为提高放大电路带负载的能力并减小输入电阻应引入_____负反馈。

（6）正弦波振荡电路引入的是交流_____反馈，电路的起振条件是_____，电路稳幅振荡的条件是_____。

（7）深度负反馈的条件是_____，闭环电压放大倍数 $A_F \approx$ _____。

（8）若一个放大电路的闭环放大倍数 A_F 仅与反馈网络的参数有关，则电路引入的是____
_____负反馈。

3.2　一个负反馈放大电路，已知开环电压放大倍数 $A=60\text{dB}$，反馈系数 $F=0.099$，输入电压 $U_i=0.1\text{V}$。求闭环电压放大倍数 A_F、输出电压 U_o、反馈电压 U_F、净输入电压 U_d；若 $\dfrac{\mathrm{d}A}{A}=\pm10\%$，求 $\dfrac{\mathrm{d}A_F}{A_F}$。

3.3　一个负反馈放大电路，已知开环电压放大倍数 $A=100$，反馈系数 $F=0.09$，输出电压 $U_o=6\text{V}$，求反馈深度 $1+A_F$、闭环电压放大倍数 A_F、净输入电压 U_d、输入电压 U_i、反馈电压 U_F。

3.4　判断图 3.21 所示电路的反馈极性和反馈类型（电阻 R_F 引入的反馈）。

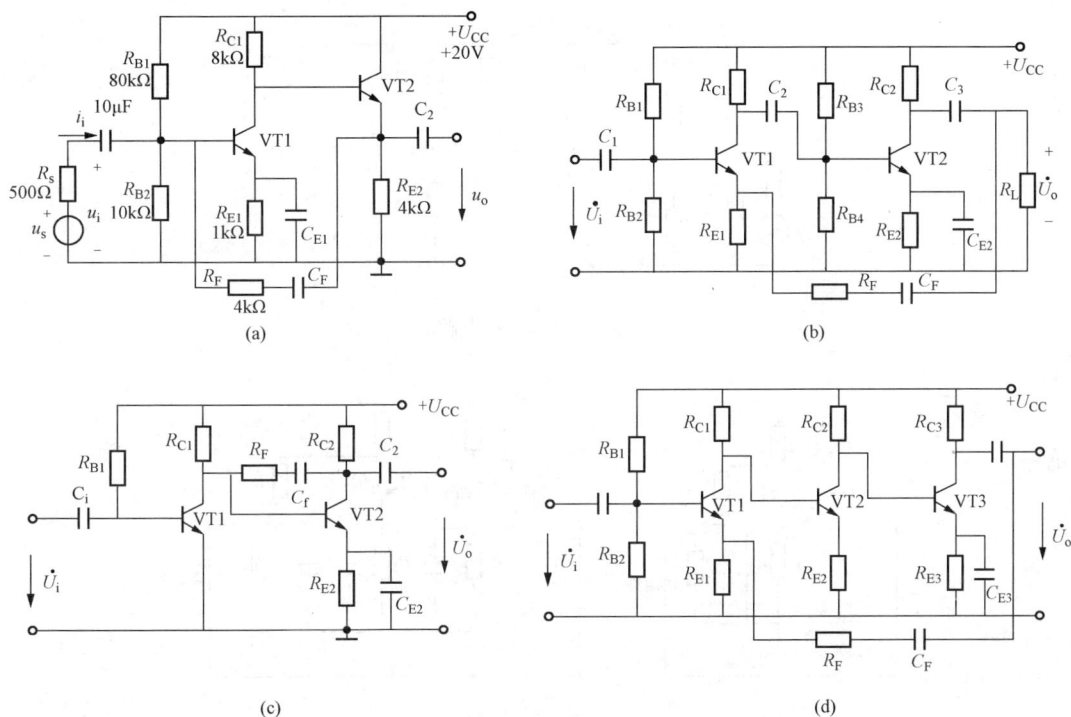

图 3.21　习题 3.4 电路

3.5　判断图 3.22 所示电路的反馈极性和反馈类型（电阻 R_F、R_{F1} 引入的反馈）。

3.6　电路如图 3.23 所示，根据要求画出正确的负反馈电路。

（1）稳定输出电流并增大输入电阻。

（2）稳定输出电压并减小输入电阻。

3.7　判断图 3.24 所示电路是否满足振荡电路的相位平衡条件。

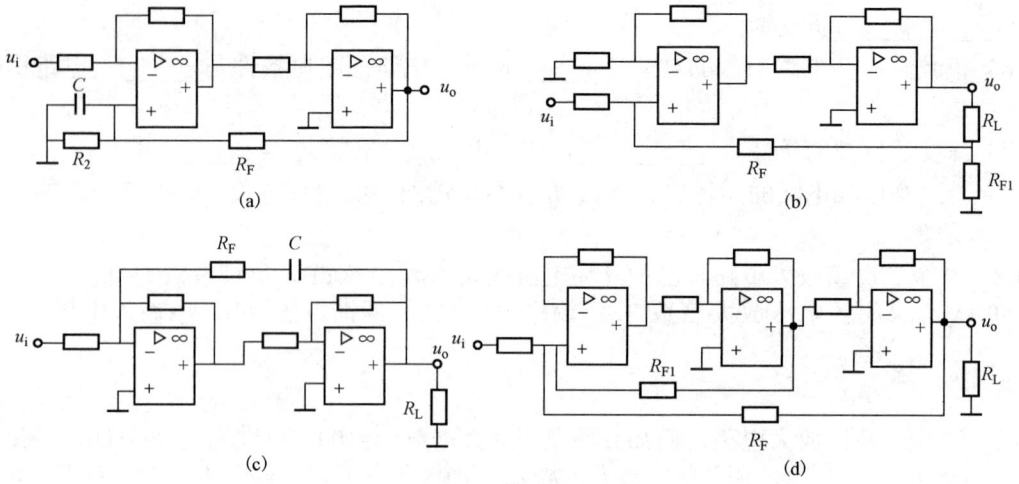

图 3.22　习题 3.5 电路

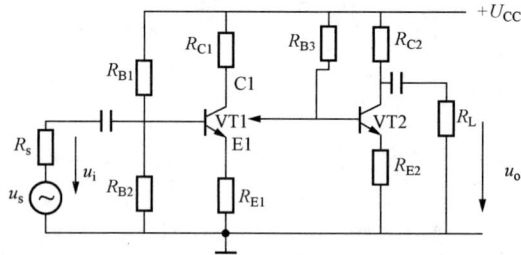

图 3.23　习题 3.6 电路

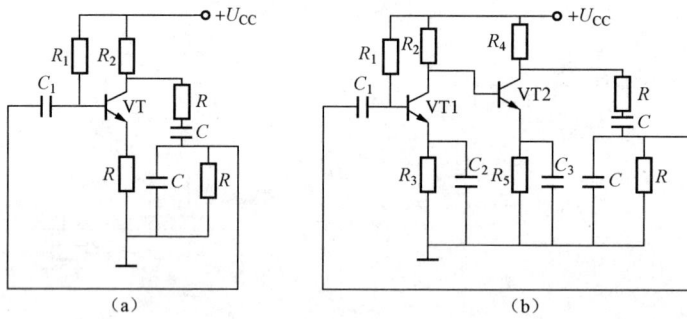

图 3.24　习题 3.7 电路

第4章 集成运算放大器的应用

【本章提要】

集成运算放大器的应用包括线性和非线性两个方面，本章主要介绍运算放大器线性应用和非线性应用的条件、典型线性应用电路（比例运算电路，加、减法运算电路，微、积分运算电路）的特点和功能、常用非线性应用电路（电压比较器、波形发生器）的工作原理。最后介绍集成运算放大器的选择原则和使用时应注意的问题。

4.1 集成运算放大器的线性应用

学习目标

- 掌握集成运算放大器线性应用的条件。
- 理解"虚短""虚断"及"虚地"的概念。
- 掌握典型运算电路的功能及作用。

4.1.1 运算放大器线性应用的条件

由于实际运算放大器的各项性能指标与理想运算放大器非常接近，因此在分析运算放大器构成的各种应用电路时，把它当作理想运算放大器对待，所产生的误差在工程上是允许的。在第3章中，已介绍过理想运算放大器线性应用时具有"虚短"和"虚断"两个特点，那么，需要符合什么条件，理想运算放大器才能工作在线性状态？由于运算放大器的开环电压放大倍数很高，即使输入毫伏级以下的信号，也会使输出电压处于饱和值。因此要使运算放大器工作在线性状态，必须引入深度负反馈，以减小运算放大器的净输入信号，保证输出电压在线性范围内变化。

4.1.2 比例运算电路

将输入信号按比例进行放大的电路称为比例运算电路，有反相输入和同相输入两种形式。

1. 反相比例运算电路

反相比例运算电路如图4.1所示，输入信号 u_i 从反相端输入，R_1 是输入电阻，R_F 是反馈电阻，R 是平衡电阻，用于消除输入失调电流带来的误差，一般取 $R=R_1 /\!/ R_F$。通过分析可知，该电路是电压并联负反馈放大电路。

在图4.1所示电路中，由于 $i_+=0$（"虚断"），则 $u_-=u_+$（"虚短"）$=i_+R=0$。把 $u_-=u_+=0$ 的现象称为"虚地"，"虚地"是反相输入放大电路的重要特征。

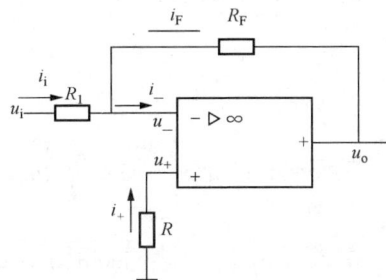

图4.1 反相比例运算电路

$$i_i = \frac{u_i - u_-}{R_1} = \frac{u_i}{R_1} , \quad i_F = \frac{u_- - u_o}{R_F} = -\frac{u_o}{R_F}$$

由于 $i_- = 0$（"虚断"），则 $i_i = i_F$。

所以
$$u_o = -\frac{R_F}{R_1} u_i$$

闭环电压放大倍数为

$$A_{uF} = \frac{u_o}{u_i} = -\frac{R_F}{R_1} \tag{4-1}$$

式（4-1）表明，输出电压与输入电压成比例运算关系，式中的负号表示 u_o 与 u_i 反向。由于闭环电压放大倍数 A_{uF} 仅与电阻 R_1、R_F 的阻值有关，而与运算放大器本身的参数无关，可见，电路引入了深度负反馈。只要 R_1 和 R_F 的阻值足够精确，就可以保证比例运算的精度和稳定性，这也是具有深度负反馈电路的显著优点。

改变式（4-1）中 R_1 和 R_F 的阻值，就可以改变 A_{uF} 的大小。当 $R_F = R_1$ 时，$A_{uF} = -1$，$u_o = -u_i$，这种情况下的反相比例运算电路称为反相器。

2. 同相比例运算电路

同相比例运算电路如图 4.2 所示，输入信号 u_i 从同相端输入，R_F 是反馈电阻，R 是平衡电阻，一般取 $R = R_1 /\!/ R_F$。通过分析可知，该电路是电压串联负反馈放大电路。

根据运算放大器工作在线性区的"虚短""虚断"特点，可得

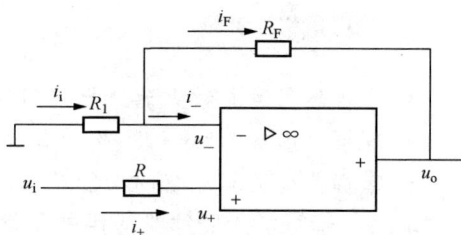

图 4.2　同相比例运算电路

$$i_+ = 0 , \quad u_- = u_+ = -i_+ \times R + u_i = u_i$$
$$i_i = \frac{0 - u_-}{R_1} = \frac{-u_i}{R_1} , \quad i_F = \frac{u_- - u_o}{R_F} = \frac{u_i - u_o}{R_F}$$

由于 $i_- = 0$，即 $i_i = i_F$。

所以 $u_o = \left(1 + \frac{R_F}{R_1}\right) u_i$。

闭环电压放大倍数为

$$A_{uF} = \frac{u_o}{u_i} = 1 + \frac{R_F}{R_1} \tag{4-2}$$

需要注意的是 $u_o = \left(1 + \frac{R_F}{R_1}\right) u_i$ 只在 $u_+ = u_i$ 时成立，若 $u_+ \neq u_i$，则 $u_o = \left(1 + \frac{R_F}{R_1}\right) u_+$。

由式（4-2）可知，同相比例运算电路输出电压与输入电压同相位，且闭环电压放大倍数 A_{uF} 仅与电阻 R_1、R_F 的阻值有关，而与运算放大器本身的参数无关，可见电路引入的也是深度负反馈。

在图 4.2 中，若 $R_1 \to \infty$（断路）或 $R_F = 0$（短路），由式（4-2）可知，闭环电压放大倍数 $A_{uF} = 1$，

即输出电压 u_o 与输入电压 u_i 大小相等且同相，这种情况下的同相比例运算电路也称为电压跟随器，电路如图 4.3 所示，其功能与射极输出器类似，但由于电路具有深度串联电压负反馈的特点，因此输入电阻更高，常用在多级放大电路的第一级，以提高电路的实际输入电压；输出电阻更低，常用在多级放大电路的最末级，以提高电路的带负载能力。

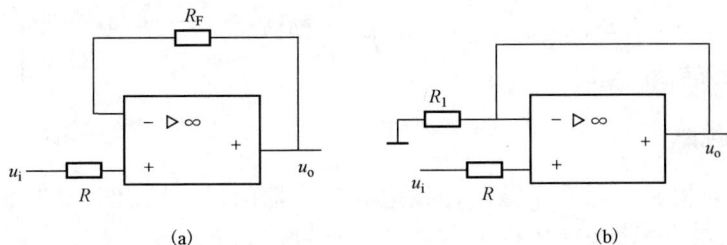

图 4.3　电压跟随器

（a）$R_1 \to \infty$；（b）$R_F = 0$

【例 4.1】　电路如图 4.4 所示，已知 $R_1 = 10\text{k}\Omega$，$R_F = 50\text{k}\Omega$，输入电压 $u_i = 0.5\text{V}$，试求输出电压 u_o。

解　第一级是电压跟随器，第二级是反相比例运算电路，且第一级的输出电压 u_{o1} 是第二级的输入电压，因此

$$u_{o1} = u_i = 0.5\text{V}$$

$$u_o = -\frac{R_F}{R_1} u_{o1} = -\frac{50}{10} \times 0.5 = -2.5(\text{V})$$

🎓 知识拓展

电流、电压转换电路

在工业控制仪表中，常常需要将电压信号与电流信号进行相互转换。图 4.5 所示的反相比例运算电路，能够实现电流—电压的线性转换。

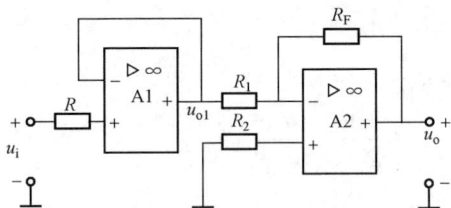

图 4.4　[例 4.1] 电路

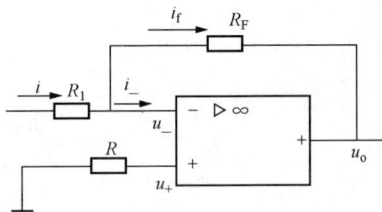

图 4.5　电流—电压转换电路

由图 4.5 可知：$u_- = u_+ = 0$，输入电流 $i = i_F$，$u_- - u_o = i_F R_F$，则输出电压为

$$u_o = -i_F R_F = -i R_F$$

上式表明了输出电压 u_o 与输入电流 i 之间的线性转换关系，即电流信号可以转换成电压信号。

图 4.6 所示的同相比例运算电路，能够实现电压—电流的线性转换。

由图 4.6 可知：负载电阻 R_L 接在反馈支路中，由于 $u_- = u_+ = u_i$，输入电流 $i = \dfrac{0 - u_-}{R_1} = \dfrac{-u_i}{R_1}$，则输出电流为

$$i_o = i = -\frac{u_i}{R_1}，\text{且与负载电阻 } R_L \text{ 无关}$$

上式表明了输出电流 i_o 与输入电压 u_i 之间的线性转换关系，即电压信号可以转换成电流信号。

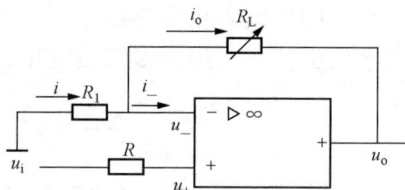

图 4.6 电压—电流转换电路

能力拓展

【例 4.2】 在同相比例运算电路中，设运算放大器的最大输出电压为 ±12V，电阻 $R_1 = 10\text{k}\Omega$，$R_F = 90\text{k}\Omega$，输入电压 $u_i = 0.4\text{V}$，试求下列四种情况下的输出电压 u_o。

（1）正常；

（2）电阻 R_1 因虚焊造成开路；

（3）电阻 R_F 因虚焊造成开路；

（4）电阻 R_F 被短路。

解 （1）正常时，$u_o = \left(1 + \dfrac{R_F}{R_1}\right) u_i = \left(1 + \dfrac{90}{10}\right) \times 0.4 = 4(\text{V})$。

（2）电阻 R_1 因虚焊造成开路时，$u_o = u_- = u_+ = 0.4\text{V}$。

（3）电阻 R_F 因虚焊造成开路时，运算放大器工作在非线性状态，$u_o = +12\text{V}$。

（4）电阻 R_F 被短路时，$u_o = u_- = u_+ = 0.4\text{V}$。

4.1.3 加法运算电路

输出电压与若干个输入电压之和成比例关系的运算电路称为加法运算电路，有反相输入和同相输入两种方式，图 4.7 所示是反相输入加法运算电路，图中的三个输入电压都从反相端输入。

根据运算放大器工作在线性区的"虚短""虚断"特点，可得

$$i_- = 0，\text{ 即 } i_F = i_1 + i_2 + i_3$$
$$i_+ = 0，\text{ 即 } u_- = u_+ = i_+ R_3 = 0$$

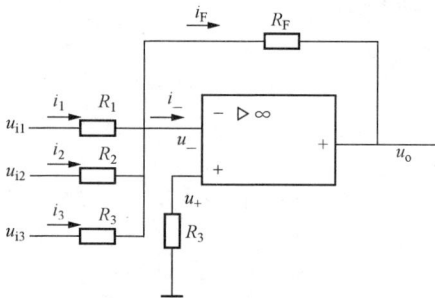

图 4.7 反相加法运算电路

因此
$$i_F = i_1 + i_2 + i_3 = \frac{u_{i1} - u_-}{R_1} + \frac{u_{i2} - u_-}{R_2} + \frac{u_{i3} - u_-}{R_3} = \frac{u_- - u_o}{R_F}$$

$$u_o = -\left(\frac{R_F}{R_1} u_{i1} + \frac{R_F}{R_2} u_{i2} + \frac{R_F}{R_3} u_{i3}\right) \tag{4-3}$$

由式（4-3）可知，输出电压 u_o 反映了三个输入电压相加的结果，即电路实现了加法运算。

4.1.4 减法运算电路

减法运算电路如图 4.8 所示，图中两个输入信号，一个加在反相输入端，一个加在同相输入端。

从电路图可知，减法运算电路是由反相比例和同相比例两种运算电路组合而成的，利用叠加原理可得：

令 $u_{i2}=0$，电路是反相比例运算电路，根据式（4-1）可得

$$u_{o1} = -\frac{R_F}{R_1}u_{i1}$$

令 $u_{i1}=0$，电路是同相比例运算电路，根据式（4-2）可得

$$u_{o2} = \left(1+\frac{R_F}{R_1}\right)\times u_+ = \left(1+\frac{R_F}{R_1}\right)\times\frac{R_3}{R_2+R_3}u_{i2}$$

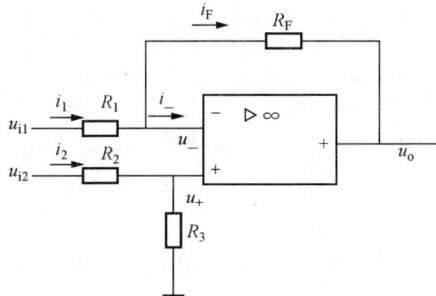

图 4.8　减法运算电路

则输出电压为

$$u_o = u_{o1}+u_{o2} = \left(1+\frac{R_F}{R_1}\right)\times\frac{R_3}{R_2+R_3}u_{i2}-\frac{R_F}{R_1}u_{i1} \tag{4-4}$$

当 $R_1=R_2$，$R_F=R_3$ 时，式（4-4）为

$$U_o = \frac{R_F}{R_1}(u_{i2}-u_{i1}) \tag{4-5}$$

即输出电压由两个输入电压之差（$u_{i2}-u_{i1}$）决定，故该电路称为减法运算电路。

【例 4.3】 在图 4.8 所示减法运算电路中，已知 $R_1=R_2=10\text{k}\Omega$，$R_3=R_F=30\text{k}\Omega$，输入电压 $u_{i1}=10\text{mV}$，$u_{i2}=20\text{mV}$，试求输出电压 u_o。

解法一　用叠加原理计算

令 $u_{i2}=0$，让 u_{i1} 单独作用，则

$$u_{o1}=-(R_F/R_1)u_{i1}=-(30/10)u_{i1}=-3\times10=-30\text{mV}$$

令 $u_{i1}=0$，让 u_{i2} 单独作用，则

$$u_+ = \frac{R_3}{R_2+R_3}u_{i2}=15\text{mV}$$

$$u_{o2} = \left(1+\frac{R_F}{R_1}\right)u_+ = \left(1+\frac{30}{10}\right)\times15 = 4\times15 = 60(\text{mV})$$

$$u_o=u_{o1}+u_{o2}=-30+60=30（\text{mV}）$$

解法二　用式（4-5）计算

由于 $R_1=R_2=10\text{k}\Omega$，$R_3=R_F=30\text{k}\Omega$，则

$$u_o = \frac{R_F}{R_1}(u_{i2}-u_{i1}) = \frac{30}{10}\times(20-10) = 30(\text{mV})$$

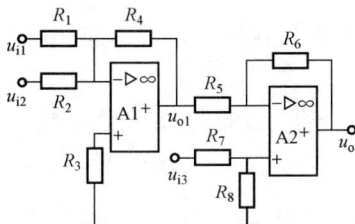

图 4.9　［例 4.4］电路

【例 4.4】 两级运算电路如图 4.9 所示，已知输入信号分别为 $u_{i1}=0.5\text{V}$，$u_{i2}=-2\text{V}$，$u_{i3}=1\text{V}$，$R_1=20\text{k}\Omega$，$R_2=50\text{k}\Omega$，$R_3=13\text{k}\Omega$，$R_4=100\text{k}\Omega$，$R_5=R_7=30\text{k}\Omega$，$R_6=R_8=60\text{k}\Omega$，试求输出电压 u_o。

解　第一级是反相加法运算电路，输出电压为

$$u_{o1} = -\left(\frac{R_4}{R_1}u_{i1}+\frac{R_4}{R_2}u_{i2}\right) = -\left[\frac{100}{20}\times0.5+\frac{100}{50}\times(-2)\right] = 1.5(\text{V})$$

第二级是减法运算电路，且满足 $R_5=R_7$，$R_6=R_8$，输出电压为

$$u_o = \frac{R_6}{R_5}(u_{i3}-u_{o1}) = \frac{60}{30}(1-1.5) = -1(\text{V})$$

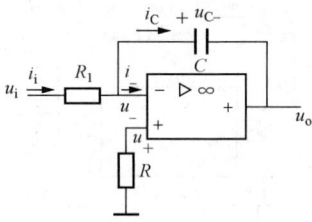

图 4.10　积分运算电路

4.1.5　积分运算电路

积分运算电路如图 4.10 所示，与反相比例运算电路相比，用电容 C 代替电阻 R_F 作为反馈元件。

根据运算放大器工作在线性区的"虚短""虚断"特点，可得

$$i_- = 0，即 i_i = i_C$$
$$i_+ = 0，即 u_- = u_+ = i_+R = 0$$
$$i_i = \frac{u_i - u_-}{R_1} = \frac{u_i}{R_1} = i_C$$
$$u_o = -u_C = -\frac{1}{C}\int_{t_0}^{t} i_C \mathrm{d}t = -\frac{1}{R_1C}\int_{t_0}^{t} u_i \mathrm{d}t + u_C\big|_{t_0} \tag{4-6}$$

式（4-6）表明，输出电压与输入电压的积分有关，故称为积分运算电路，$u_C\big|_{t_0}$ 是电容在 t_0 时刻的电压值。

若输入 u_i 为直流电压 U，且电容初始电压为零，可得到

$$u_o = -\frac{U}{R_1C}t$$

可见 u_o 与时间 t 成线性关系，输出波形如图 4.11 所示，最后达到负饱和值 $-U_{om}$。

若输入电压 u_i 为方波，积分电路的输出波形 u_o 为三角波，如图4.12所示。可见积分电路除了进行积分运算外，还具有波形的变换功能。

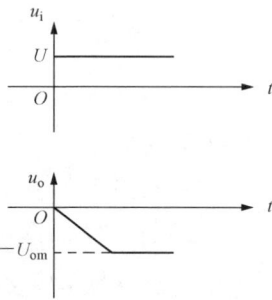

图 4.11　u_i 为直流电压时的输出波形

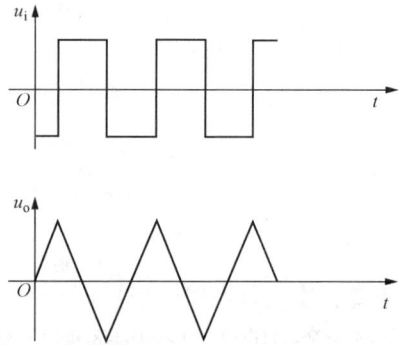

图 4.12　u_i 为方波时的输出波形

4.1.6　微分运算电路

微分运算电路如图 4.13 所示，与反相比例运算电路相比，用电容 C 代替电阻 R_1。

根据运算放大器工作在线性区的"虚短""虚断"结论可得

$$i_- = 0，即 i_C = i_F$$
$$i_+ = 0，即 u_- = u_+ = i_+R = 0$$

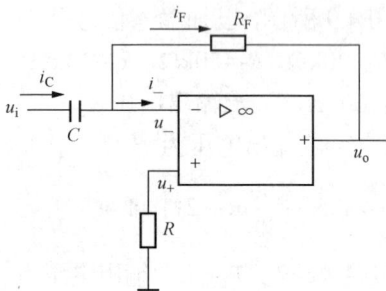

图 4.13　微分运算电路

$$u_o = -i_F R_F = -i_C R_F = -R_F C \frac{\mathrm{d}u_i}{\mathrm{d}t} \tag{4-7}$$

式（4-7）表明，输出电压与输入电压的微分有关，故称为微分运算电路。

📖 知识拓展

试求图 4.14 中 u_o 与 u_i 的关系。

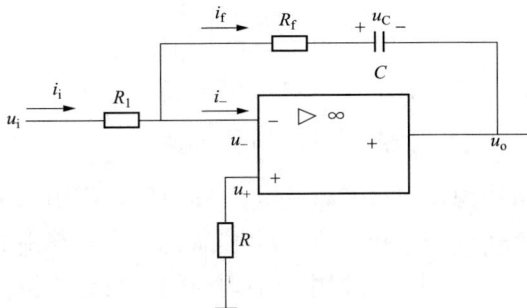

图 4.14　PI 调节器

从图中可知，$u_- - u_o = i_f R_f + u_c$

$$= i_f R_f + \frac{1}{C}\int i_f dt$$

$i_i = i_f = \dfrac{u_i - u_-}{R_1} = \dfrac{u_i}{R_1}$，可得

$$u_o = -\left(\frac{R_f}{R_1}u_i + \frac{1}{R_1 C}\int u_i\, dt\right)$$

由上式可知，图 4.14 电路是反相比例运算电路与积分运算电路的组合，也称为比例—积分调节器（简称 PI 调节器），这种电路在自动控制系统中有着广泛地应用。

🔧 能力拓展

【例 4.5】 用运算放大器实现下列输出、输入关系，设反馈电阻 R_F=16kΩ。

（1）$u_o = -(2u_{i1} + 4u_{i2} - 8u_{i3})$

（2）$u_o = +(-2u_{i1} - 4u_{i2} + 8u_{i3})$

解 （1）用运算放大器实现 $u_o = -(2u_{i1} + 4u_{i2} - 8u_{i3})$ 时，需用一个反相器和一个反相加法器。

反相器中的输入电阻与 R_F 相等。加法器中的输入电阻计算如下

$$\frac{R_F}{R_1} = 2 , \quad R_1 = \frac{16}{2} = 8\text{k}\Omega$$

$$\frac{R_F}{R_2} = 4 , \quad R_2 = \frac{16}{4} = 4\text{k}\Omega$$

$$\frac{R_F}{R_3} = 8 , \quad R_3 = \frac{16}{8} = 2\text{k}\Omega$$

电路如图 4.15 所示。

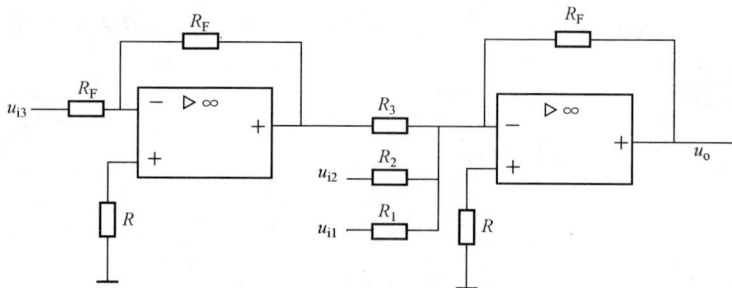

图 4.15 ［例 4.5］电路

（2）用运算放大器直接实现 $u_o = +(-2u_{i1} - 4u_{i2} + 8u_{i3})$ 时，需用三个反相器和一个反相加法器。若把负号提出，则 $u_o = -(2u_{i1} + 4u_{i2} - 8u_{i3})$，仅需用一个反相器和一个反相加法器，电路与图 4.15 相同。可见，在电路设计的过程中，有时对输出表达式做一定的变换，可以减少运算放大器的使用数量。

【例 4.6】 电路如图 4.16 所示。

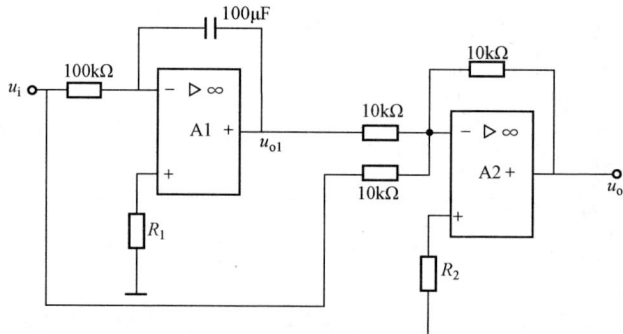

图 4.16 ［例 4.6］电路

（1）试写出输出、输入关系式。

（2）若 $u_i = 1V$，电容器的初始电压为零，求输出电压到达 0V 所需的时间。

解 （1）第一级为积分运算电路，输出电压为

$$u_{o1} = -\frac{1}{RC}\int u_i dt = -\frac{1}{100 \times 10^3 \times 100 \times 10^{-6}}\int u_i dt = -0.1\int u_i dt$$

第二级为反相加法运算电路，输出电压为

$$u_o = -\left(\frac{10}{10}u_{o1} + \frac{10}{10}u_i\right) = 0.1\int u_i dt - u_i$$

（2）当 $u_i = 1V$ 时，$u_o = 0.1t - 1$。

设 t_1 时刻 u_o 达到 0V，可求得

$$t_1 = 10s$$

思 考 题

1.运算放大器线性应用电路引入的是什么反馈？其闭环电压放大倍数为什么只与外接电

阻有关?

2．"虚地"与"虚短"有什么区别? 仅在什么情况下会出现?

3．试述积分电路和微分电路在波形转换方面的应用。

4.2　集成运算放大器的非线性应用

学习目标

- 理解集成运算放大器非线性应用的条件。
- 掌握单值和滞回电压比较器的工作原理。
- 了解方波、三角波发生器的特点和功能。

4.2.1　运算放大器非线性应用的条件

由于运算放大器的开环电压放大倍数 A_{ud} 是非常高的,在开环或正反馈条件下,按照公式 $u_o=A_{ud}u_i=A_{ud}(u_+-u_-)$ 可以知道,只要 u_+ 稍大于 u_-,输出就是正向饱和电压 $+U_{om}$(或称输出高电平 U_{oH}),反之,如果 u_- 稍大于 u_+,输出就是反向饱和电压 $-U_{om}$(或称输出低电平 U_{oL}),由于输出电压与输入电压不成线性关系,因此把运算放大器工作在开环或正反馈的状态,称为运算放大器的非线性应用。显然,"虚短"的概念不再适用,而"虚断"原则仍然成立。

4.2.2　电压比较器

1．单值电压比较器

单值电压比较器具有比较两个电压大小的功能,并由输出的高、低电平反映比较结果。电路如图 4.17 所示,其中 U_R 为参考电压。

图 4.17　单值电压比较器

(a) 反相输入;(b) 同相输入

图 4.17 (a) 中的输入电压 u_i 加在反相输入端,当 $u_i<U_R$ 时, $u_o=+U_{om}=U_{oH}$;当 $u_i>U_R$ 时, $u_o=-U_{om}=U_{oL}$,输出电压与输入电压之间的关系可用电压传输特性表示,对应的电压传输特性如图 4.18 (a) 所示。

图 4.17 (b) 中的输入电压 u_i 加在同相输入端,当 $u_i<U_R$ 时, $u_o=-U_{om}=U_{oL}$;当 $u_i>U_R$ 时, $u_o=+U_{om}=U_{oH}$。

对应的电压传输特性如图 4.18 (b) 所示。

比较器的输出电压从一个电平翻转到另一个电平时对应的输入电压值称为阈值电压或门限电压,用符号 U_{TH} 表示。对于图 4.17 (a)、(b) 所示电路而言,

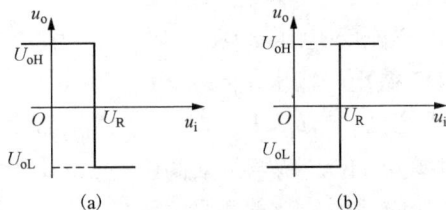

图 4.18　电压传输特性

(a) 反相输入;(b) 同相输入

$U_{TH}=U_R$。由于只有一个阈值电压，这样的比较器称为单值电压比较器。如果参考电压 $U_R=0$，称为过零电压比较器。利用电压比较器可以将正弦波或非正弦波变换为方波。

【例 4.7】 图 4.19（a）所示为反相输入过零比较器，试画传输特性并根据输入波形画输出波形。

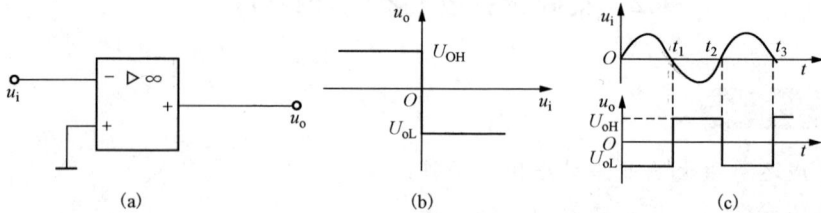

图 4.19　［例 4.7］电路和波形

（a）电路；（b）传输特性；（c）输出波形

解　当 $u_i < U_R = 0$ 时，$u_o = +U_{om} = U_{oH}$；

当 $u_i > U_R = 0$ 时，$u_o = -U_{om} = U_{oL}$。

传输特性如图 4.19（b）所示，输出波形如图 4.19（c）所示。可见电压比较器具有波形变换的作用，并且能把输入的模拟量转换为高、低电平，即数字量输出。

能力拓展

【例 4.8】 分析图 4.20（a）所示电路的工作原理。图中参考电压 $U_{RH} > U_{RL}$。

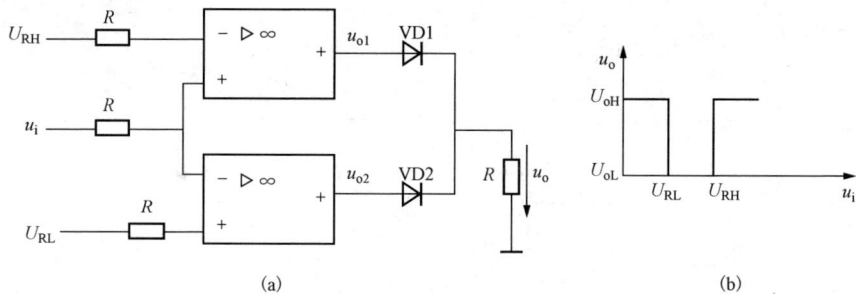

图 4.20　［例 4.8］电路和波形

（a）电路；（b）传输特性

解　当输入电压 $u_i < U_{RL}$ 时，u_{o1} 为低电平 U_{oL}，二极管 VD1 截至；u_{o2} 为高电平 U_{oH}，二极管 VD2 导通，输出 $u_o = u_{o2} = U_{oH}$。

当输入电压 $u_i > U_{RH}$ 时，u_{o1} 为高电平 U_{oH}，二极管 VD1 导通；u_{o2} 为低电平 U_{oL}，二极管 VD2 截止，输出 $u_o = u_{o1} = U_{oH}$。

当 $U_{RL} < u_i < U_{RH}$ 时，u_{o1}、u_{o2} 都为低电平，VD1、VD2 均截止，输出 $u_o = 0$。传输特性如图 4.20（b）。所示，从图中可见，该电路具有鉴别输入电压是否在两个规定电平之间的功能。实际应用中，当被测量（温度、压力等）超出规定范围，发出提示信号。

2. 滞回电压比较器

单值电压比较器灵敏度高，但抗干扰能力差，如果输入信号因受干扰在阀值电压附近波动时，输出电压将会发生不应该出现的变化，从而使执行机构（如继电器、电动机等）产生错误操作。解决方法是采用滞回电压比较器，电路如图 4.21 所示，从图中可见，电阻 R_F 引入的是电压串联正反馈，因此滞回电压比较器也是工作在非线性状态。输出端所接的双向稳压管起限幅作用。

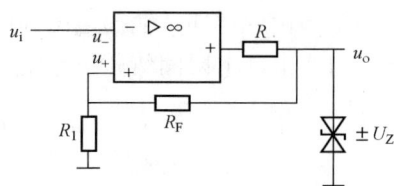

图 4.21　滞回电压比较器

电路中，输出电压 $u_o = \pm U_Z$；u_i 从反相端输入，且 $u_i = u_-$。

同相端的电位为

$$u_+ = \frac{R_1}{R_1 + R_F} u_o = \pm \frac{R_1}{R_1 + R_F} U_Z \qquad (4\text{-}8)$$

若令 $u_i = u_- = u_+$，求出的 u_i 即为阈值电压，因此

当 $u_o = +U_Z$ 时，得到上限阈值电压 U_{TH1} 为

$$U_{TH1} = +\frac{R_1}{R_1 + R_F} U_Z \qquad (4\text{-}9)$$

当 $u_o = -U_Z$ 时，得到下限阈值电压 U_{TH2} 为

$$U_{TH2} = -\frac{R_1}{R_1 + R_F} U_Z \qquad (4\text{-}10)$$

显然，$U_{TH1} > U_{TH2}$。

设某一瞬时 $u_o = +U_Z$，此时同相端的电位 $u_+ = U_{TH1} = +\dfrac{R_1}{R_1 + R_F} U_Z$，当输入电压 $u_i = u_-$ 增大到 $u_i \geq u_+ = U_{TH1}$ 时，输出电压转变为 $u_o = -U_Z$，此时同相端的电位 $u_+ = U_{TH2} = -\dfrac{R_1}{R_1 + R_F} U_Z$。当输入电压 $u_i = u_-$ 减小到 $u_i \leq u_+ = U_{TH2}$ 时，输出电压转变为 $u_o = +U_Z$，此时同相端的电位 $u_+ = U_{TH1} = +\dfrac{R_1}{R_1 + R_F} U_Z$。电压传输特性如图 4.22 所示。

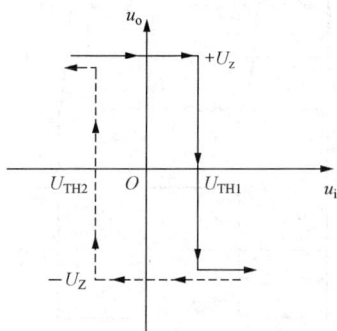

图 4.22　电压传输特性

从电压传输特性可知，输入电压 u_i 从小于 U_{TH2} 逐渐增大到 U_{TH1} 时，电路翻转，输出 $-U_Z$；u_i 从大于 U_{TH1} 逐渐减小到 U_{TH2} 时，电路再翻转，输出 $+U_Z$；而 u_i 在 U_{TH1} 和 U_{TH2} 之间时，电路输出保持原状态。把两个阈值电压之差定义为回差电压，用 ΔU_{TH} 表示，即

$$\Delta U_{TH} = U_{TH1} - U_{TH2} = 2U_Z \frac{R_1}{R_1 + R_F} \qquad (4\text{-}11)$$

正是由于回差电压的作用，滞回电压比较器才具有很好的抗干扰能力。

【例 4.9】　滞回电压比较器如图 4.21 所示，已知 R_1=10kΩ，R_F=20kΩ，运算放大器的最大输出电压 U_{oM}=±6V。

（1）计算上、下限阈值电压；

（2）画传输特性曲线；

（3）根据输入电压，画输出电压 u_o 的波形。

解　由题意知，输出电压高电平 $U_{oH}=+6V$，低电平 $U_{oL}=-6V$。

（1）上、下限阈值电压分别为

$$U_{TH1} = U_{oH}\frac{R_1}{R_1+R_F} = +6\times\frac{10}{10+20} = +2(V)$$

$$U_{TH2} = U_{oL}\frac{R_1}{R_1+R_F} = -6\times\frac{10}{10+20} = -2(V)$$

（2）传输特性如图 4.23（a）所示。

（3）输出电压 u_o 波形如图 4.23（b）所示。

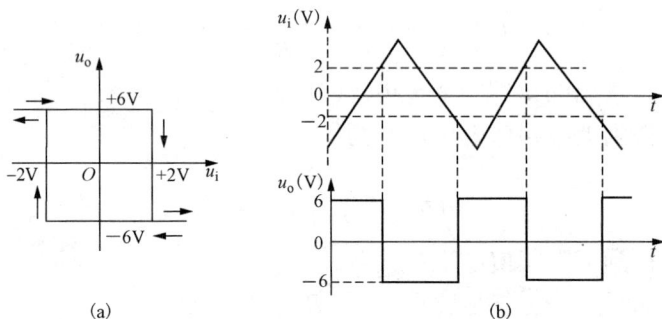

图 4.23　［例 4.9］电路

（a）传输特性；（b）波形

可见，滞回电压比较器也具有波形变换的功能，可以将输入的三角波转换为方波输出。［例 4.9］中，如果输入信号 u_i 为图 4.24（a）所示波形，电路的输出波形将是如图 4.24（b）所示矩形波。

从波形图可见，虽然图 4.24（a）所示的输入波形中存在干扰信号，但由于滞回比较器存在回差电压，只要干扰信号不超过回差电压 ΔU_{TH}，则对输出波形不会产生影响，因此电路具有很好的抗干扰能力。把不规则的输入波形变换为矩形波的过程，也称为波形的"整形"。

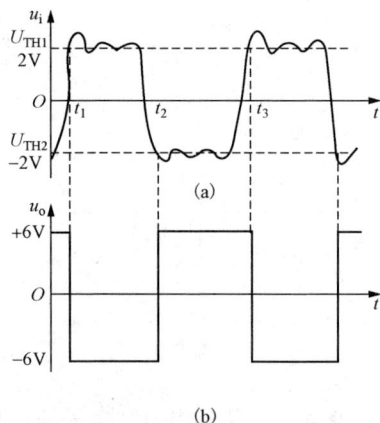

图 4.24　有干扰信号的波形

能力拓展

【例 4.10】　滞回电压比较器如图 4.25 所示，求：

（1）上、下限阈值电压。

（2）画传输特性。

解　在有参考电压 U_R 时，同相端的电位为

$$u_+ = U_R\frac{R_F}{R_1+R_F} \pm U_Z\frac{R_1}{R_1+R_F} \qquad (4-12)$$

当 $u_o=+U_Z$ 时，得到上限阈值电压为

$$U_{TH1} = U_R\frac{R_F}{R_1+R_F} + U_Z\frac{R_1}{R_1+R_F} \qquad (4-13)$$

当 $u_o=-U_Z$ 时，得到下限阈值电压为

$$U_{TH2}=U_R\frac{R_F}{R_1+R_F}-U_Z\frac{R_1}{R_1+R_F}\qquad(4\text{-}14)$$

且 $U_{TH1}>U_{TH2}$，当输入电压 $u_i\geqslant U_{TH1}$ 时，电路翻转而输出 $-U_Z$；当输入 $u_i\leqslant U_{TH2}$ 时，电路再次翻转并输出 $+U_Z$；当 $U_{TH2}<u_i<U_{TH1}$ 时，输出 u_o 保持原状态。传输特性如图 4.26 所示。

图 4.25　[例 4.10] 电路　　　　　图 4.26　[例 4.10] 电压传输特性

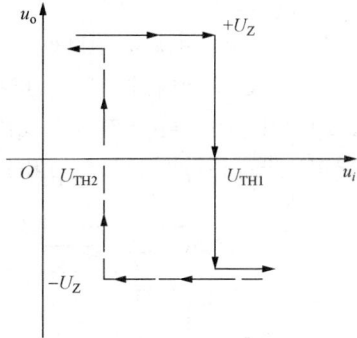

思 考 题

1．电压比较器可以把输入波形转换为什么波形输出？
2．滞回电压比较器的阈值电压与哪些参数有关？
3．为什么滞回电压比较器有很好的抗干扰能力？

4.3　非正弦波发生器

学习目标

- 掌握方波发生器的工作原理。
- 掌握三角波发生器的工作原理。

4.3.1　方波发生器

方波发生器可以在没有输入信号的情况下，产生频率、幅值一定的方波输出信号，电路如图 4.27（a）所示。从图中可见，它是由滞回电压比较器和 RC 串联电路构成的，通过 RC 电路的充、放电，实现输出状态的自动转换。

从图中可知，同相端的电位为

$$u_+=\pm\frac{R_1}{R_1+R_2}U_Z$$

当 $u_o=+U_Z$ 时，得到上限阈值电压为

$$U_{TH1}=+\frac{R_1}{R_1+R_2}U_Z$$

当 $u_o=-U_Z$ 时，得到下限阈值电压为

$$U_{TH2} = -\frac{R_1}{R_1 + R_2}U_Z$$

反相端的电位 $u_- = u_C$，且随电容的充、放电发生变化。

方波发生器工作原理分析如下：设电容上的初始电压 $u_C = 0$，输出电压 $u_o = +U_Z$，则 $u_+ = U_{TH1}$，u_o 通过 R 对电容 C 充电，u_C 按指数曲线上升。在 t_1 时刻，电容电压 $u_- = u_C = U_{TH1}$，电路发生翻转，输出电压 u_o 由 $+U_Z$ 变为 $-U_Z$，同时 u_+ 也从 U_{TH1} 变为 U_{TH2}。由于此时电容电压 $u_C = U_{TH1} > u_o = -U_Z$，电容通过 R 进行放电，而后反向充电，电容电压 u_C 按指数曲线下降。在 t_3 时刻，电容电压 $u_- = u_C = U_{TH2}$，输出电压又发生翻转，使 $u_o = +U_Z$。如此周期性地变化，在输出端就可以得到方波信号，u_C 和 u_o 的波形如图 4.27（b）所示。

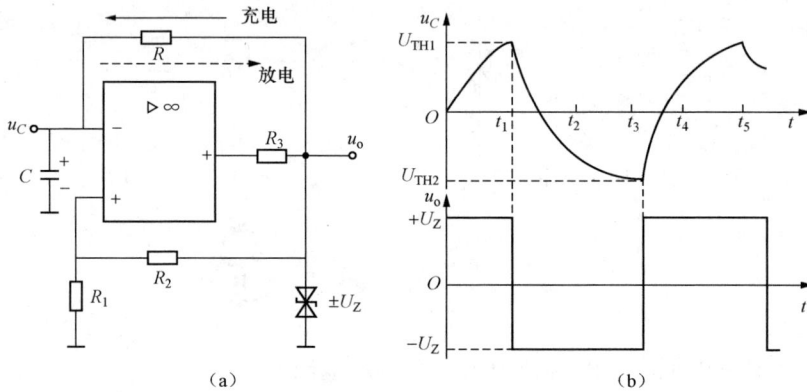

图 4.27　方波发生器

（a）电路；（b）波形

从波形图可见，阈值电压越高或电容充放电越慢，输出方波的周期越大。由于 R_1、R_2 决定阈值电压大小，R、C 决定充放电时间，因此方波周期与 R_1、R_2、R、C 四个参数有关，计算公式为

$$T = 2RC\ln\left(1 + 2\frac{R_1}{R_2}\right) \tag{4-15}$$

由式（4-15）可知，调整电路参数 R_1、R_2、R_3 和 C 的数值就可以改变输出方波信号的周期。

4.3.2　三角波发生器

三角波发生器如图 4.28（a）所示，它由滞回电压比较器和积分电路构成，其中 A1 同相端电位 u_{1+} 由前、后级输出电压共同决定，其值为

$$u_{1+} = u_{o1}\frac{R_1}{R_1 + R_2} + u_o\frac{R_2}{R_1 + R_2} \tag{4-16}$$

因 $u_{1-} = 0$，当 $u_{1+} > 0$ 时，$u_{o1} = +U_Z$，电容 C 充电，u_o 线性下降；当 $u_{1+} < 0$ 时，$u_{o1} = -U_Z$，电容 C 放电，u_o 线性上升。

工作原理分析如下：

设 $t = 0$ 时，$u_{C(0)} = 0$，则 $u_o = u_C = 0$。

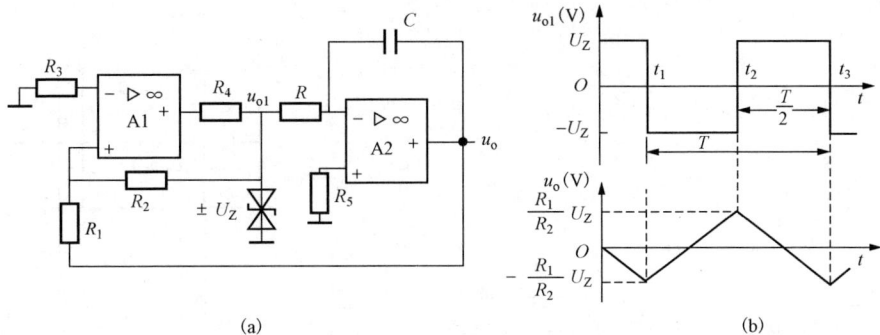

图 4.28　三角波发生器

（a）电路；（b）波形

设 $t=0$ 时，$u_{o1}=+U_Z$，则 $u_{1+}>0$。

在 $t=0\sim t_1$ 期间，电容 C 充电，u_o 线性下降，u_{1+} 也随之减小；在 t_1 时刻，$u_{1+}=0$，电压比较器发生翻转，u_{o1} 立即从 $+U_Z$ 变到 $-U_Z$。由式（4-16）可求得比较器翻转时的 u_o 值。

$$u_{1+}=+U_Z\frac{R_1}{R_1+R_2}+u_o\frac{R_2}{R_1+R_2}=0$$

则
$$u_o=-\frac{R_1}{R_2}U_Z$$

即当 u_o 下降到 $-\dfrac{R_1}{R_2}U_Z$ 时，u_{o1} 才能从 $+U_Z$ 变为 $-U_Z$。

在 $t=t_1\sim t_2$ 期间，$u_{o1}=-U_Z$，$u_{1+}<0$，电容 C 放电，u_o 线性上升，u_{1+} 也随之增大，在 t_2 时刻，$u_{1+}=0$，电压比较器发生翻转，u_{o1} 立即从 $-U_Z$ 变到 $+U_Z$。由式（4-16）可求得比较器翻转时的 u_o 值。

$$u_{1+}=-U_Z\frac{R_1}{R_1+R_2}+u_o\frac{R_2}{R_1+R_2}=0$$

则
$$u_o=+\frac{R_1}{R_2}U_Z$$

即当 u_o 上升到 $+\dfrac{R_1}{R_2}U_Z$ 时，u_{o1} 才能从 $-U_Z$ 变为 $+U_Z$。

如此周期性地变化，A1 输出的是方波电压 u_{o1}，幅值为 U_Z，A2 输出的是三角波电压 u_o，幅值为 $\dfrac{R_1}{R_2}U_Z$，波形如图 4.28（b）所示。

方波和三角波的周期为

$$T=4\frac{R_1}{R_2}RC \tag{4-17}$$

由式（4-17）可知，该电路产生的方波和三角波的周期与 R_1、R_2、R 及 C 有关，一般先调节 R_1 或 R_2，使三角波的幅值满足要求后，再调节 R 或 C，以调节方波和三角波的周期。

能力拓展

分析图 4.29（a）所示电路的工作原理。

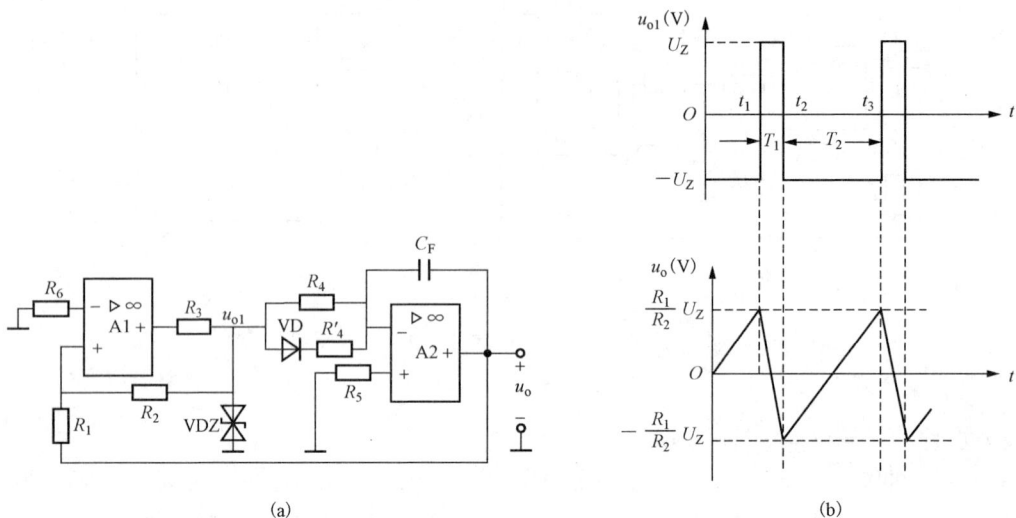

图 4.29　电路及波形

（a）电路；（b）波形

在图 4.29 中，由于二极管 VD 的作用，当 $u_{o1}=+U_Z$ 时，充电时间常数 $\tau=(R_4 /\!/ R_4')C$；当 $u_{o1}=-U_Z$ 时，放电时间常数 $\tau'=R_4C$，可见 $\tau<\tau'$，使得输出波形上升时间大于下降时间，从而形成锯齿波，波形如图 4.29（b）所示，这样的电路也称为锯齿波发生器。

思 考 题

1．分析方波发生器中引入的反馈形式。

2．分析方波发生器中电容 C 的大小对输出波形周期的影响。

3．三角波发生器中，A1、A2 各由什么是路构成？

4.4　运算放大器使用时应注意的问题

学习目标

- 了解运算放大器使用时调零和消振的目的和方法。
- 掌握运算放大器使用时的保护措施。

4.4.1　调零和消振的目的和方法

（1）调零。

运算放大器由于失调电压和失调电流的存在，输入为零时输出往往不为零。对于内部无自动调零措施的运算放大器可以通过外接调零电路进行调零。调零方法有两种，一种是在没有输入的情况下调零，即将运算放大器的两个输入端接"地"，调节调零电位器，使输出电压为零。另一种是在有输入的情况下调零，即按已知输入信号计算输出电压，然后将实际输出电压值调整到计算值。

（2）消振。

由于运算放大器内部包含多个三极管，受三极管极间电容等参数的影响，电路很容易产生自激振荡而无法正常工作。为此，可通过外接 RC 电路达到消振的目的。电路是否已消振，可将输入端接"地"，用示波器观察输出端有无自激振荡信号进行判断。目前由于集成电路工艺水平的提高，有些运算放大器内部已设置消振元件，因此，不需要进行外部消振。

4.4.2　运算放大器的保护

（1）输入端保护。

当运算放大器的输入端所加信号过高时，会损坏输入级的三极管。为此，在输入端接入反向并联的二极管如图 4.30 所示，从而将输入电压限制在二极管的正向压降以下。

（2）输出端保护。

为防止输出电压过大，损坏输出级的三极管，可在输出端接入双向稳压管，把 u_o 限制在 $-U_Z \sim +U_Z$ 范围内，以达到保护输出端的目的。其中，U_Z 是稳压管的稳压值，电阻 R 起限流作用，电路如图 4.31 所示。

（3）电源端保护。

为防止正、负电源接反，可在电源端串联二极管，利用二极管的单向导电性实现保护功能，电路如图 4.32 所示。

【例 4.11】　电路如图 4.33（a）、（b）所示，试求输出电压 U_o。

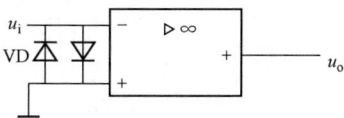

图 4.30　输入端保护　　　　图 4.31　输出端保护　　　　图 4.32　电源端保护

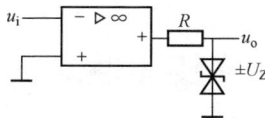

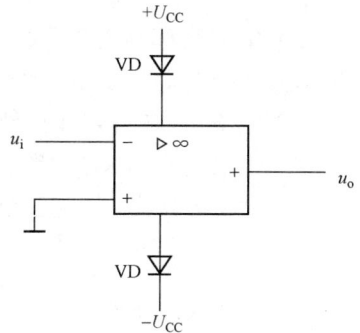

解　图 4.33（a）所示是反相比例运算电路，输出端所接双向稳压管可以对输出电压进行限幅。

$u_o = -(R_F/R_1)u_i = -(100/10)\times0.6 = -6(V)$，因稳压管作用，输出电压 $u_o = -5V$，

图 4.33（b）所示是同相比例运算电路，因输入端二极管的限幅作用，使实际输入电压为 0.7V。

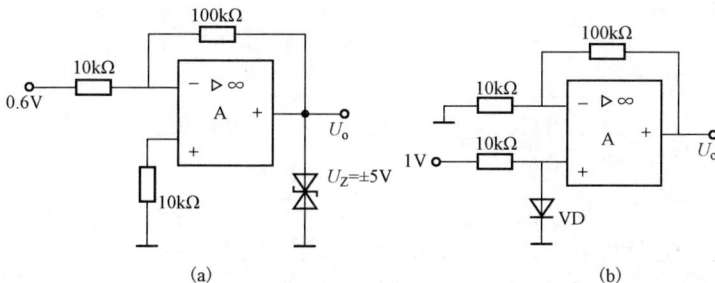

图 4.33　［例 4.11］电路

$u_o = (1+R_F/R_1)u_+ = (1+100/10)\times0.7 = 7.7(V)$。

思 考 题

1. 使用运算放大器时为什么要调零？
2. 为什么要对运算放大器的输入端和输出端进行保护？实际电路中是怎样实现的？

本章小结

（1）集成运算放大器线性应用的条件是引入负反馈，具有"虚短"和"虚断"特点。集成运算放大器非线性应用的条件是开环或引入正反馈，具有"虚断"和输出正、负饱和值的特点。

（2）集成运算放大器线性应用电路包括比例运算电路，加、减法运算电路，微、积分运算电路等，掌握每种运算电路的结构特点并能计算多级运算电路的输出电压是本章的重点。

（3）集成运算放大器非线性应用电路包括电压比较器和波形发生器。电压比较器能够把模拟信号转换为高、低电平输出的数字信号。单值电压比较器只有一个阈值电压，抗干扰能力差；滞回电压比较器有两个阈值电压，抗干扰能力强。方波发生器和三角波发生器通常是由滞回电压比较器和 RC 电路构成的，电路的振荡周期取决于电路的参数。

（4）为使运算放大器能安全、可靠地工作，需要设置输入端、输出端及电源端的保护措施。

习 题

4.1　填空题

（1）运算放大器线性应用的条件是＿＿＿＿＿＿，非线性应用的条件是＿＿＿＿＿＿。

（2）"虚地"是指 u_+＿＿＿u_-＿＿＿，它是运算放大器＿＿＿＿输入形式电路中所具有的。

（3）比例运算电路中的闭环电压放大倍数，由电阻 R_1 和 R_F 的阻值决定，这样的电路引入的是＿＿＿＿＿负反馈。

（4）为使输出电压与输入电压大小相等、相位相反，可采用＿＿＿＿比例运算电路，电阻 R_1＝＿＿＿＿ R_F。

（5）为使输出电压与输入电压大小相等、相位相同，可采用＿＿＿＿比例运算电路，电阻 R_1＝＿＿＿＿或电阻 R_F＝＿＿＿＿。

（6）电容 C 作为反馈元件的是＿＿＿＿运算电路，可以把输入的方波信号转换为三角波输出的是＿＿＿＿运算电路。

（7）单值电压比较器工作在＿＿＿＿＿状态，滞回电压比较器工作在＿＿＿＿＿状态。具有＿＿＿＿＿电压是滞回电压比较器抗干扰能力强的原因。

（8）不需要＿＿＿信号，可以产生方波输出的电路称为方波＿＿＿＿。改变 U_Z 的大小，可以改变输出方波的＿＿＿＿；改变 C 的大小，可以改变输出方波的＿＿＿＿。

（9）在如图 4.28 所示三角波发生器电路中，改变电阻 R_1、R_2 的大小不仅对输出波形的

_____产生影响，还会对输出波形的_____产生影响。

4.2　电路如图 4.34 所示，写出电路名称并求输出电压 u_o。

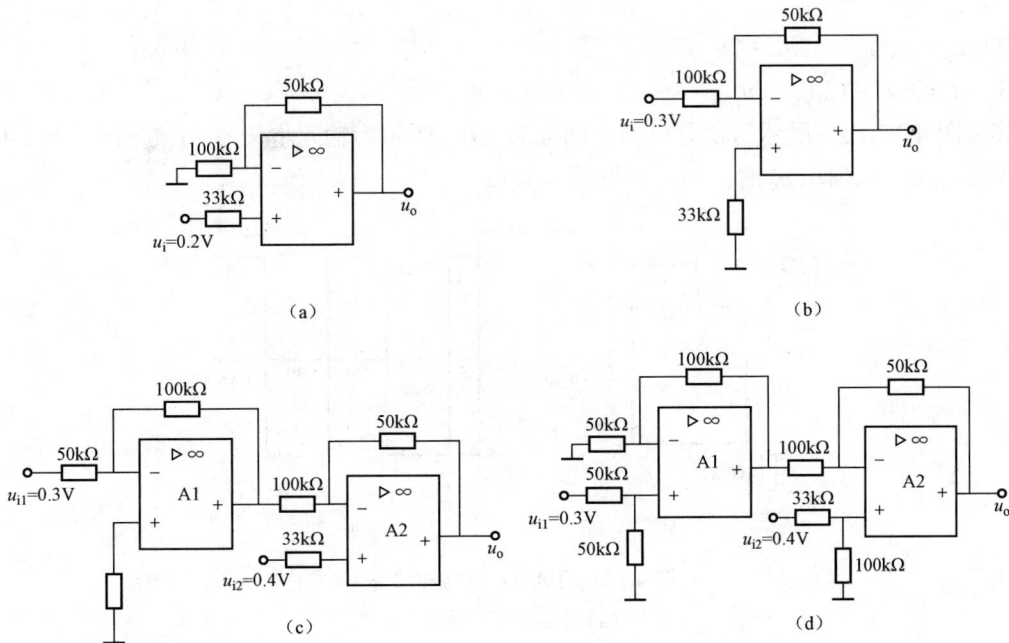

（a）　　　　　　　　　　　　（b）

（c）　　　　　　　　　　　　（d）

图 4.34　习题 4.2 电路

4.3　在图 4.35 所示电路中，试求输出电压与输入电压的关系。

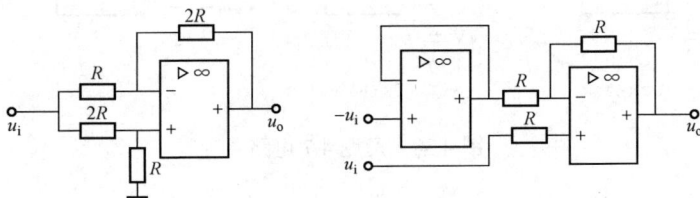

图 4.35　习题 4.3 电路

4.4　电路如图 4.36 所示，（1）指出 A1、A2、A3 分别为何种单元电路？（2）写出 u_o 与 u_{i1}、u_{i2} 之间的关系式。

图 4.36　习题 4.4 电路

4.5 用运算放大器实现下列电路，设反馈电阻 R_F=24kΩ。要求：画出电路并确定所用电阻的阻值。

（1）$u_o = 4u_{i1} - 6u_{i2}$

（2）$u_o = -(8u_{i1} - 12u_{i2} + 2u_{i3})$

（3）$u_o = 8u_{i1} - 12u_{i2} - 2u_{i3}$

4.6 图 4.37（a）所示为积分电路，图 4.37（b）所示为输入电压 u_i 的波形图，当 t=0 时，输出电压 u_o=0，试画出 u_o 的波形，并标明其幅度。

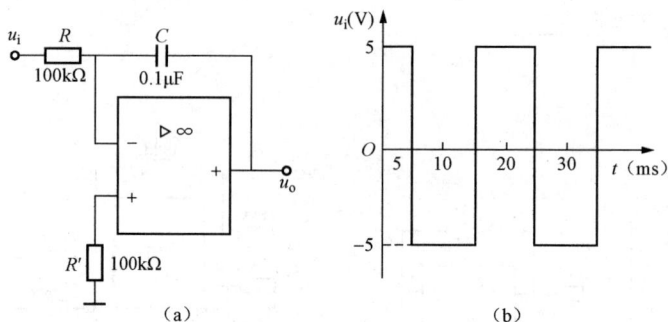

图 4.37 习题 4.6 电路和波形

（a）电路；（b）波形

4.7 画出图 4.38 所示电路的电压传输特性曲线。

图 4.38 习题 4.7 电路

4.8 滞回电压比较器的传输特性如图 4.39（a）所示，输入信号波形如图 4.39（b）所示，试画输出信号的波形。

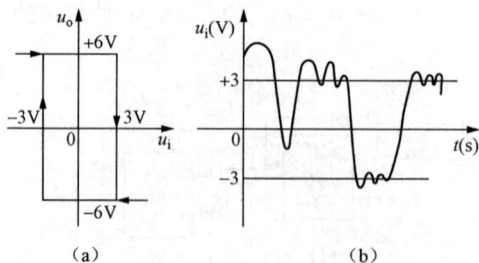

图 4.39 习题 4.8 电路和波形

（a）电路；（b）波形

4.9 求图 4.40 所示电路的阈值电压，并画出传输特性和输出波形。

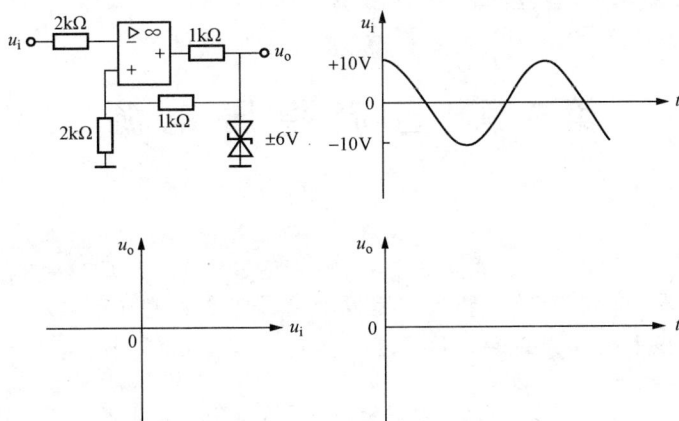

图 4.40　习题 4.9 电路和波形

4.10　电压比较器电路如图 4.41（a）、（b）所示，分别求出阈值电压并画传输特性。

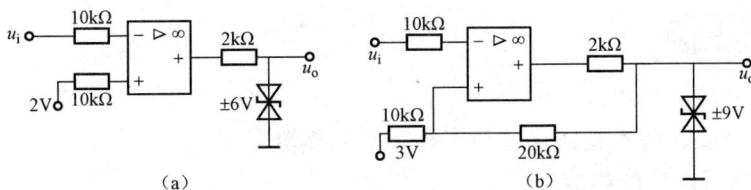

（a）　　　　　　　　　　　　（b）

图 4.41　习题 4.10 电路

4.11　在图 4.27（a）所示方波发生器电路中，已知 $U_Z=\pm 8\text{V}$，$R_2=200\text{k}\Omega$，$R_1=600\text{k}\Omega$，$C=0.05\mu\text{F}$。

（1）求电容电压 u_C 的最大值；

（2）电阻 R 为何值时，输出方波的周期为 0.05s。

4.12　在图 4.42 所示方波发生器电路中，（1）若电容 C 保持不变，要使 u_o 的频率增大，应该调解什么参数？怎样调解？（2）其他参数不变，若 R_3 的阻值下降，则阈值电压和输出波形周期会如何变化？（3）其他参数不变，若 R_2 的阻值下降，则阈值电压和输出波形周期会如何变化？

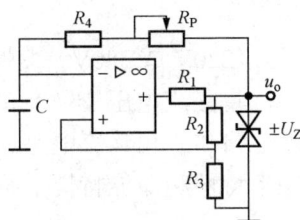

图 4.42　习题 4.12 电路

第5章 直流稳压电源

【本章提要】

直流稳压电源一般有变压、整流、滤波和稳压四个主要环节构成。本章首先介绍整流、滤波和稳压电路的组成和工作原理，然后介绍串联型稳压电路和集成稳压电路的特点、功能和应用。

5.1 单相整流电路

🔍 **学习目标**

- 了解整理电路的作用。
- 掌握单相半波、桥式整流电路的工作原理和参数计算。

5.1.1 直流稳压电源的组成

虽然目前很多电器设备使用的都是交流电，但也有些设备必须使用直流电，如直流电动机等。获得直流电的方法除了采用直流发电机外，目前广泛使用的是将交流电通过变压、整流、滤波、稳压四个环节转换为直流电，图 5.1 所示是直流稳压电源的框图和对应的波形图。

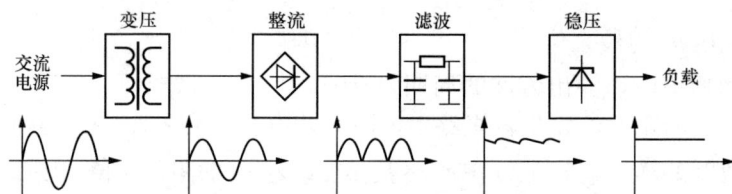

图 5.1 直流稳压电源的框图和对应的波形

各环节功能如下：

变压：将电网提供的工频交流电压（220V 或 380V）变换为符合整流电路需要的交流电压。

整流：利用二极管的单向导电性，将交流电压变换为单方向脉动的直流电压，根据交流电的相数，整流电路可分为单相整流电路和三相整流电路。

滤波：利用电容、电感元件的频率特性和储能特性，抑制整流后脉动电压的交流分量，减小输出电压的脉动程度。

稳压：减小电网电压波动及负载变化对输出电压的影响，使输出直流电压稳定。

思 考 题 📖

试述整流电路、滤波电路、稳压电路的作用。

5.1.2 单相半波整流电路

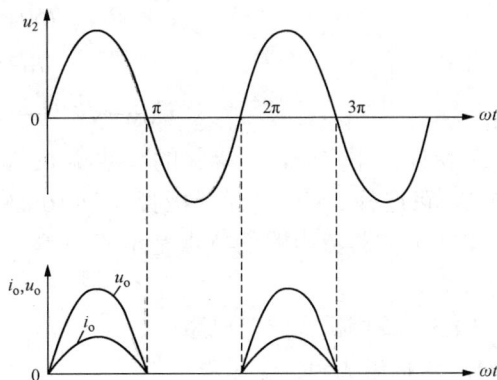

1. 电路组成和工作原理

图 5.2 所示是单相半波整流电路。变压器 T 将电网的正弦交流电压 u_1 变为 u_2, 设

$$u_2 = \sqrt{2}\,U_2 \sin \omega t \tag{5-1}$$

式中: U_2 为变压器二次交流电压的有效值。

在 u_2 的正半周, 二极管 VD 因承受正向电压而导通, 产生输出电流 i_o。若不计二极管正向导通电压, 则输出电压 u_o 等于 u_2, 即

$$u_o = u_2 = \sqrt{2}\,U_2 \sin \omega t \ (0 \leqslant \omega t \leqslant \pi)$$

在 u_2 的负半周, 二极管 VD 因承受反向电压而截止, 输出电流 $i_o = 0$, 输出电压 $u_o = 0$, 波形如图 5.3 所示。

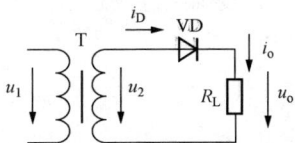

图 5.2 单相半波整流电路   图 5.3 半波整流电路电压与电流波形

从波形图可见, 半波整流电路能把输入的正弦交流电压变换为单方向脉动 (方向不变、大小变化) 的直流电压。

2. 输出直流电压、电流计算

输出直流电压 (也称平均电压) 是指一个周期内脉动电压的平均值。半波整流电路的输出直流电压为

$$
\begin{aligned}
U_o &= \frac{1}{2\pi} \int_0^{2\pi} \sqrt{2}\,U_2 \sin \omega t \,\mathrm{d}(\omega t) \\
&= \frac{1}{2\pi} \int_0^{\pi} \sqrt{2}\,U_2 \sin \omega t \,\mathrm{d}(\omega t) \\
&= \frac{\sqrt{2}}{\pi} U_2 \\
&= 0.45 U_2
\end{aligned} \tag{5-2}
$$

输出直流电流为

$$I_o = \frac{U_o}{R_L} = \frac{0.45 U_2}{R_L} \tag{5-3}$$

3. 整流二极管的选择

由于通过二极管的电流 I_D 与负载电流 I_o 相等, 故选用二极管时, 其最大正向平均电流为

$$I_F \geqslant I_D = I_o \tag{5-4}$$

由于二极管截止时承受的最大反向电压 U_{DM} 等于变压器二次电压的最大值, 即

$$U_{DM} = \sqrt{2}\,U_2$$

因此，选择二极管时，其最大反向工作电压为

$$U_{RM} \geqslant U_{DM} = \sqrt{2}\, U_2 \qquad\qquad (5\text{-}5)$$

【例 5.1】 单相半波整流电路如图 5.2 所示，已知负载电阻 $R_L=750\Omega$，变压器二次电压有效值 $U_2=10V$，求 U_o、I_o、I_D、U_{DM}，并选择二极管型号。

解 $U_o=0.45U_2=0.45\times10=4.5$（V）

$$I_o=\frac{U_o}{R_L}=\frac{4.5}{750}=0.006\,(A)=6(mA)$$

$$I_D=I_o=6mA$$

$$U_{DM}=\sqrt{2}\,U_2=\sqrt{2}\times10=14.1（V）$$

为保证使用安全，二极管的参数 I_F 应大于（1.5～2）I_D，U_{RM} 应大于（1.5～2）U_{DM}。查表 A-1，可选择 2AP4 整流二极管（$I_F=16mA$，$U_{RM}=50V$）。

单相半波整流电路的特点是电路简单，所用二极管少，但是输出直流电压较小，且波形脉动较大。

5.1.3 单相桥式整流电路

1. 电路组成和工作原理

单相桥式整流电路如图 5.4（a）所示，由四只二极管和负载组成，电路也可以画成图 5.4（b）、（c）的形式。

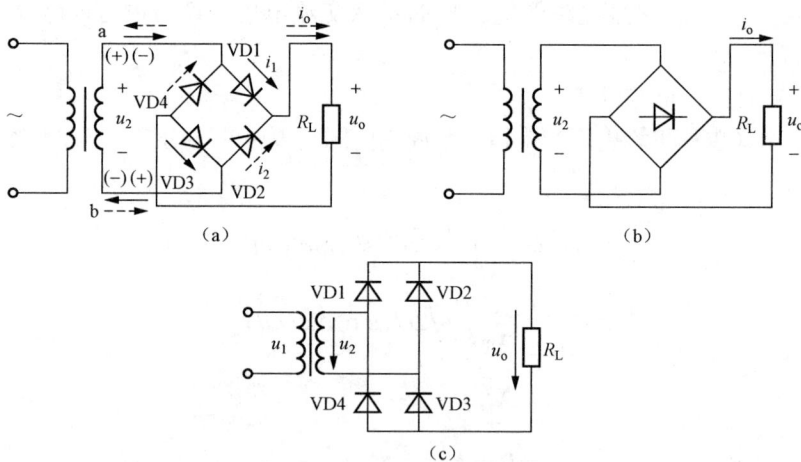

图 5.4 单相桥式整流电路

设 $u_2=\sqrt{2}\,U_2\sin\omega t$。在 u_2 的正半周，a^+,b^- 二极管 VD1、VD3 承受正向电压而导通，二极管 VD2、VD4 承受反向电压而截止，电路中的电流 i_1 如图中实线箭头所示，即 $a^+ \to VD1 \to R_L \to VD3 \to b^-$，输出电流由上而下流过负载，产生输出电压 u_o，若不计二极管的正向电压，则 $u_o=u_2$。

在 u_2 的负半周，a^-,b^+ 二极管 VD2、VD4 承受正向电压而导通，二极管 VD1、VD3 承受反向电压而截止，电路中的电流 i_2 如图中虚线箭头所示，即 $b^+ \to VD2 \to R_L \to VD4 \to a^-$，输出电流仍由上而下流过负载，产生输出电压 u_o，若不计二极管的正向电压，则 $u_o=-u_2$。输出电压、电流波形如图 5.5 所示。

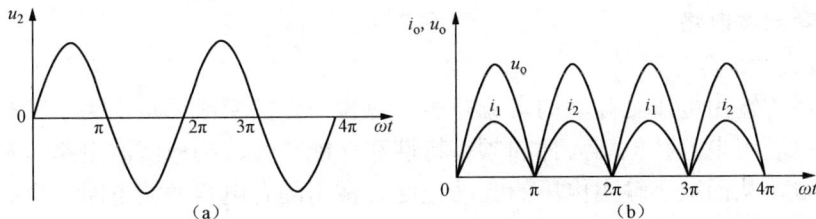

图 5.5 桥式整流电路的电压与电流波形

2. 输出直流电压、电流计算

从输出电压波形可见，桥式整流电路的输出直流电压是半波整流电路的两倍，即

$$U_o = 0.9U_2 \tag{5-6}$$

输出直流电流为

$$I_o = \frac{U_o}{R_L} = \frac{0.9U_2}{R_L} \tag{5-7}$$

3. 整流二极管的选择

由于桥式整流电路中，每个二极管只导通半个周期，因此通过每个二极管的电流是输出电流的一半，即

$$I_{D1} = I_{D2} = I_{D3} = I_{D4} = \frac{1}{2}I_o \tag{5-8}$$

选择二极管时，其最大正向平均电流为

$$I_F \geqslant I_D = \frac{1}{2}I_o \tag{5-9}$$

由于每个截止二极管承受的最大反向电压为

$$U_{DM} = \sqrt{2}U_2$$

选择二极管时，其最高反向工作电压为

$$U_{RM} \geqslant U_{DM} = \sqrt{2}\,U_2 \tag{5-10}$$

单相桥式整流电路的特点是输出直流电压较大，且波形脉动较小。

思 考 题

1. 试述单相半波整流电路中二极管的选用原则。
2. 试述单相桥式整流电路中二极管的选用原则。
3. 如果上述两个整流电路的输出电压、电流都相同，那么选用的二极管型号是否也相同？

5.2 滤 波 电 路

学习目标

- 掌握电容滤波电路的分析方法和参数计算。
- 了解电感滤波电路、复式滤波电路的工作原理。

5.2.1 电容滤波电路

1. 电路组成和工作原理

由于整流后的输出电压是脉动的直流电压，包含一定的交流分量，为了获得比较平滑的直流电压，可以利用电容、电感元件的频率特性和储能特性，构成滤波电路，抑制整流后电压中的交流分量，从而减小输出电压的脉动程度。常用的有电容滤波电路、电感滤波电路和复式滤波电路。

图 5.6（a）所示是半波整流电容滤波电路，其中，滤波电容 C 与负载电阻 R_L 相并联。

设电容上的初始电压为零，在 u_2 正半周，$0 \leqslant \omega t \leqslant \dfrac{\pi}{2}$ 期间，二极管 VD 导通，这时，除了电流 i_o 通过负载，产生输出电压 u_o 外，还有一个电流 i_C 给电容 C 充电，产生电容电压 u_C，此时电容的作用是储存能量。若不计二

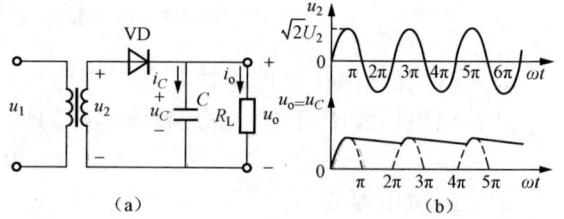

图 5.6　半波整流电容滤波电路

（a）电路；（b）波形

极管的正向电压，则 $u_o=u_C=u_2$。当电容电压达到最大值 $\sqrt{2}U_2$ 后，u_2 和 u_C 都开始减小。其中 u_2 按正弦规律变化，u_C 按指数规律变化，当 $u_2<u_C$ 时，二极管 VD 因承受反向电压而截止，此时电容通过负载电阻释放储存的能量，产生输出电压。在 u_2 的下一个正半周，只有当 $u_2>u_C$ 时，二极管才会重新导通。输出波形如图 5.6（b）中实线所示，与没有电容滤波的虚线波形相比，输出电压的脉动程度显著减小，且输出电压的平均值显著增大。

图 5.7（a）所示是桥式整流电容滤波电路，由于在一个周期内，电容充、放电各两次，其输出波形更加平滑，波形如图 5.7（b）所示。

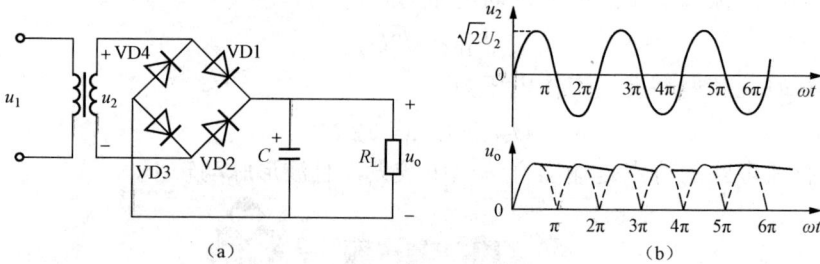

图 5.7　桥式整流电容滤波电路

（a）电路；（b）输出波形

2. 滤波电容及输出电压计算

电容滤波电路的效果与放电时间常数 $\tau=R_LC$ 有关，τ 越大，放电过程越缓慢，负载上的电压越平滑，输出电压的平均值也越高。因此电容滤波电路一般用在负载电阻 R_L 较大（负载电流较小）的场合。为了获得满意的滤波效果，可按下式选择滤波电容的容量。

半波整流电容滤波电路

$$R_LC \geqslant (3 \sim 5)T \qquad\qquad (5\text{-}11)$$

桥式整流电容滤波电路

$$R_LC \geqslant (3 \sim 5)T/2 \qquad\qquad (5\text{-}12)$$

式中：T 为输入正弦交流电压的周期。

输出直流电压可按下式计算。

半波整流电容滤波电路

$$U_o = U_2 \qquad\qquad (5\text{-}13)$$

桥式整流电容滤波电路

$$U_o = 1.2U_2 \qquad\qquad (5\text{-}14)$$

电容器的耐压一般取（1.5～2）U_2。

3. 整流二极管的选择

半波整流电容滤波电路

$$I_F \geqslant I_D = I_o，\quad U_{RM} \geqslant U_{DM} = 2\sqrt{2}\,U_2 \qquad\qquad (5\text{-}15)$$

桥式整流电容滤波电路

$$I_F \geqslant I_D = \frac{1}{2}I_o，\quad U_{RM} \geqslant U_{DM} = \sqrt{2}\,U_2 \qquad\qquad (5\text{-}16)$$

电容滤波电路输出电压高，滤波效果好，缺点是整流二极管将承受较大冲击电流，当负载电阻较小且变动较大时，输出特性变差。电容滤波电路适用于要求输出电压较高、负载电阻较大的场合。

5.2.2 电感滤波电路

图 5.8 所示是桥式整流电感滤波电路，滤波电感 L 与负载电阻 R_L 相串联，电感滤波电路一般用在负载电阻较小（负载电流较大）的场合，其特点是二极管承受的冲击电流较小。

由于整流后的脉动电压中包含直流分量和交流分量，而电感元件的直流电阻很小，交流阻抗很大，因此感抗和电阻分压的结果是：交流分量基本都在电感元件上，直流分量基本都在电阻元件上，即通过电感滤波后，负载上获得的基本上都是直流电压，从而使得输出波形趋于平滑，波形如图 5.9 所示。在理想条件下，$U_o = 0.9U_2$。

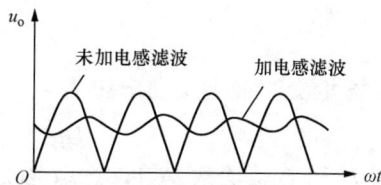

图 5.8 电感滤波电路

图 5.9 电感滤波电路

🎓 知识拓展

复式滤波电路

为了进一步减小输出电压的脉动，得到更好的滤波效果，可以用电容元件和电感元件组成复式滤波电路，如图 5.10（a）、（b）所示。

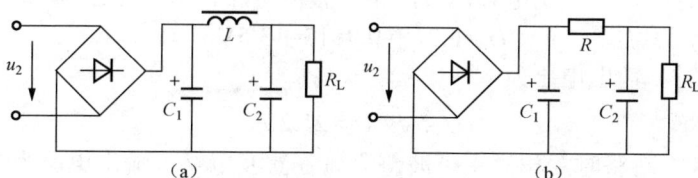

图 5.10 复式滤波电路

在图 5.10（a）所示电路中，由于电容 C_1 的直流电阻很大，交流阻抗很小，电感 L 的直流电阻很小，交流阻抗很大，因此感抗和容抗分流的结果是：脉动电流中的直流分量几乎都在电感 L 上，交流分量几乎都在电容 C_1 上。第一次滤波后的电压再通过电容 C_2 进一步滤波，使输出电压变得更加平滑。图 5.10（b）所示电路中，用电阻 R 代替电感 L，在负载电阻较大时，也能起到很好的滤波效果。

能力拓展

【例 5.2】 桥式整流电容滤波电路如图 5.7（a）所示，已知 f=50Hz，U_2=15V，R_L=300Ω。试求：

（1）输出直流电压和电流。

（2）选择整流二极管和滤波电容。

（3）电容断路时的输出电压。

（4）负载开路时的输出电压。

（5）二极管 VD1 断路时的输出电压。

（6）二极管 VD1 和电容 C 均断路时的输出电压。

（7）若二极管 VD1 短路，电路会出现什么问题？

解（1）输出直流电压为

$$U_o=1.2U_2=1.2\times15=18V$$

输出直流电流为

$$I_o=\frac{U_o}{R_L}=\frac{18}{300}=60mA$$

（2）通过二极管的电流为

$$I_D=\frac{1}{2}I_o=30mA$$

二极管承受的最大反向电压为

$$U_{DM}=\sqrt{2}\,U_2=\sqrt{2}\times15=21.2V$$

根据 I_D 和 U_{DM} 查表 A-1，选取 2CZ52B（I_F=100mA，U_{RM}=50V）整流二极管四只。由式（5-12）可得

$$C\geqslant\frac{5T}{2R_L}=\frac{5\times0.02}{2\times300}\approx167\mu F$$

电容耐压为

$$U_C=2U_2=2\times15=30V$$

选用电容量 200μF、耐压 30V 的电解电容一只。

（3）电容断路时，相当于无电容滤波的桥式整流电路，输出电压为

$$U_o=0.9U_2=0.9\times15=13.5V$$

（4）负载开路时，输出电压为

$$U_o=\sqrt{2}\,U_2=21.2V$$

（5）二极管 VD1 断路时，相当于半波整流电容滤波电路，输出电压为

$$U_o=U_2=15V$$

（6）二极管 VD1 和电容 C 均断路时，相当于半波整流电路，输出电压为
$$U_o=0.45U_2=0.45\times15=6.75\text{V}$$

（7）若二极管 VD1 短路，在 u_2 负半周时，二极管 VD1、VD2 与变压器二次侧直接形成回路，短路电流将烧毁变压器和二极管。

思 考 题

1．电容滤波和电感滤波分别应用在什么场合？与负载如何连接？

2．试述电容 C 的大小对滤波电路的影响。

3．总结半波整流电路（有电容、无电容）、桥式整流电路（有电容、无电容）的二极管选择原则。

5.3　稳 压 电 路

学习目标

- 了解稳压电路的功能和设计步骤。
- 掌握串联型稳压电路的工作原理和输出电压调节方法。
- 了解集成稳压电路的分类和三端集成稳压器的应用。

5.3.1　稳压电路及工作原理

由于整流、滤波后的输出电压往往会随电网电压的波动和负载的改变而变化，给电路的正常工作带来一定影响。因此在整流、滤波电路后，必须采取稳压措施，以获得稳定的直流输出电压。

在第 1 章中，已介绍过稳压管的正、反向伏安特性，稳压管工作在反向击穿状态时，反向电流 I_Z 在较大范围内变化，稳压管的电压 U_Z 却变化很小，稳压电路正是基于这个特点而实现稳定输出电压功能的。

在图 5.11 所示的整流、滤波、稳压电路中，稳压管 VDZ 与负载电阻相并联，起稳定输出电压的作用。由于稳压管工作在稳压状态时，I_Z 必须满足
$$I_{Zmin}<I_Z<I_{Zmax} \tag{5-17}$$
因此，限流电阻 R 的大小将直接影响到稳压电路的工作情况。

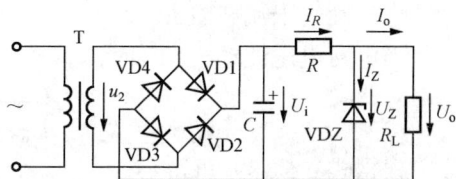

图 5.11　稳压管稳压电路

稳压管正常工作的限定条件，对应了以下两种状态：

（1）整流、滤波后的输入电压 U_i 最大，负载电流 I_o 最小，这时流过稳压管的电流最大，但不能大于 I_{Zmax}，即

$$I_Z=\frac{U_{imax}-U_Z}{R}-I_{omin}<I_{Zmax}$$

（2）整流、滤波后的输入电压 U_i 最小，负载电流 I_o 最大，这时流过稳压管的电流最小，但不能小于 I_{Zmin}，即

$$I_Z = \frac{U_{imin} - U_Z}{R} - I_{omax} > I_{Zmin}$$

因此，限流电阻 R 的范围为

$$\frac{U_{imax} - U_Z}{I_{Zmax} + I_{omin}} < R < \frac{U_{imin} - U_Z}{I_{Zmin} + I_{omax}} \tag{5-18}$$

能力拓展

【例 5.3】 设计一个稳压电路。已知 U_o=12V，负载电流的变化范围为 0～6mA，电网电压波动范围为±10%。

稳压电路的设计步骤如下：

（1）确定输入电压 U_i。

$$U_i = (2\sim3)U_o \tag{5-19}$$

（2）选择稳压管 VDZ。

稳压管的参数可按下式选择

$$U_Z = U_o \tag{5-20}$$
$$I_{Zmax} = (2\sim3)I_{omax} \tag{5-21}$$

（3）确定限流电阻 R。

用式（5-18）可确定限流电阻 R 的阻值。

解

（1）确定输入电压。

$$U_i = (2\sim3)U_o = (2\sim3) \times 12 = 24\sim36V$$

取 U_i=30V

（2）选择稳压管。

$$U_Z = U_o = 12V$$
$$I_{Zmax} = (2\sim3)I_{omax} = (2\sim3) \times 6 = 12\sim18mA$$

查表 A-2，选择稳压管 2CW60（U_Z=11.5～12.5V，I_{Zmin}=5mA　I_{Zmax}=19mA）。

（3）确定限流电阻 R。

当电网电压波动±10%时，有

$$U_{imax} = 1.1U_i = 1.1 \times 30 = 33V$$
$$U_{imin} = 0.9U_i = 0.9 \times 30 = 27V$$

根据式（5-18）可得

$$\frac{U_{imax} - U_Z}{I_{Zmax} + I_{omin}} < R < \frac{U_{imin} - U_Z}{I_{Zmin} + I_{omax}}$$

$$\frac{33-12}{19+0} < R < \frac{27-12}{5+6}$$

$$1.1k\Omega < R < 1.36k\Omega$$

取标称值 R=1.2kΩ。

5.3.2 串联型稳压电路

1. 电路组成和工作原理

前面介绍的稳压管稳压电路，输出电压不能调节，输出电流较小。而串联型稳压电路能很好地克服这个缺点。图 5.12 所示是串联型稳压电路的框图，它由采样环节、基准环节、放大环节和调整环节四个主要部分组成，典型电路如图 5.13 所示。

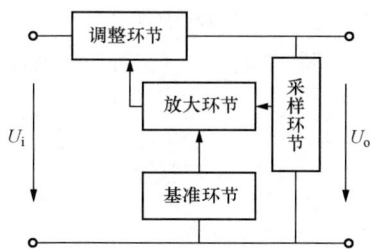

图 5.12 串联型稳压电路的框图

在图 5.13 中，采样环节由电阻 R_1、R_P、R_2 组成的分压电路构成，其中，采样电压 U_f 正比于输出电压 U_o；基准环节由稳压管 VDZ 和限流电阻 R_3 构成，提供一个稳定的基准电压；放大环节由三极管 VT2 和电阻 R_4 构成，对发射结电压的变化进行放大；调整环节由三极管 VT1 承担，通过调整 VT1 管的集—射极电压，达到稳定输出电压的目的。

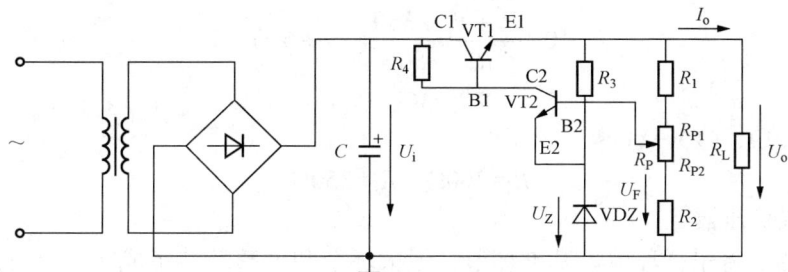

图 5.13 串联型稳压电路

当电网电压波动或负载变化，引起输出电压增大时，电路的稳压过程为

$U_i \uparrow$（或 $R_L \uparrow$）$\rightarrow U_o \uparrow \rightarrow U_F \uparrow \rightarrow U_{BE2} \uparrow$（$=U_F \uparrow -U_Z$ 固定）$\rightarrow I_{B2} \uparrow \rightarrow I_{C2} \uparrow \rightarrow U_{R4} \rightarrow U_{B1} \downarrow \rightarrow$ $U_{BE1} \downarrow$（$=U_{B1} \downarrow -U_o \uparrow$）$\rightarrow I_{B1} \downarrow \rightarrow I_{C1} \downarrow \rightarrow U_{CE1} \uparrow \rightarrow U_o \downarrow$

反之，若 U_o 减小，通过电路的调节功能，可以使 U_o 增大，以达到稳定输出电压的目的。

2. 输出电压调节

在图 5.13 所示电路中，$U_{B2}=U_F=U_{BE2}+U_Z$。

$$U_{B2}= \frac{R_{P2}+R_2}{R_1+R_P+R_2}U_o = U_{BE2}+U_Z$$

所以

$$U_o= \frac{R_1+R_P+R_2}{R_{P2}+R_2}(U_{BE2}+U_Z) \qquad (5\text{-}22)$$

由式（5-22）可知，串联型稳压电路的输出电压与电位器 R_P 的阻值有关，调节电位器 R_P 的大小，即可改变输出电压 U_o。

当 R_P 的滑动触点移至最上端时，$R_{P2}=R_P$，输出电压最小，即

$$U_o= \frac{R_1+R_P+R_2}{R_P+R_2}(U_{BE2}+U_Z)$$

当 R_P 的滑动触点移至最下端时，$R_{P2}=0$，输出电压最大，即

$$U_o= \frac{R_1+R_P+R_2}{R_2}(U_{BE2}+U_Z)$$

能力拓展

【例 5.4】 在图 5.13 所示的串联型稳压电路中，设 $U_{BE2}=0.7$V，稳压值 $U_Z=6.3$V，电阻

R_2=350Ω。若要求输出电压 U_o 的调节范围为 10～20V，求电阻 R_1 和电位器 R_P 的阻值。

解　根据式（5-22）可知，当 R_P 在最下端（R_{P2}=0）时，可获得最大输出电压 20V，即

$$U_o= \frac{R_1+R_P+R_2}{R_2}(U_{BE2}+U_Z)$$

$$20= \frac{R_1+R_P+350}{350}(0.7+6.3)$$

$$R_1+R_P=13R_2 \tag{1}$$

当 R_P 在最上端（R_{P2}=R_P）时，可获得最小输出电压 10V，即

$$U_o= \frac{R_1+R_P+R_2}{R_P+R_2}(U_{BE2}+U_Z)$$

$$10= \frac{R_1+R_P+350}{R_P+350}(0.7+6.3)$$

$$7R_1=3(R_2+R_P) \tag{2}$$

解方程组（1）、（2），可得

$$R_1=300Ω，\ R_P=350Ω$$

5.3.3　集成稳压器

集成稳压器是将采样环节、基准环节、放大环节和调整环节集成在一个芯片内，按引出端的不同，可分为三端固定式、三端可调式等，集成稳压器具有保护功能齐全、可靠性高、使用方便等优点，应用日益广泛。

常用的三端固定式集成稳压器有 W78×× 系列（输出正电压）和 W79×× 系列（输出负电压），引出端如图 5.14 所示。其中，W78×× 系列，1 为输入端，2 为输出端，3 为公共端；W79×× 系列，1 为公共端，2 为输出端，3 为输入端。输出电压有 5、9、12V 等多种规格，型号后的两位数字表示输出的稳压值。如 W7805，表示输出正 5V 电压。

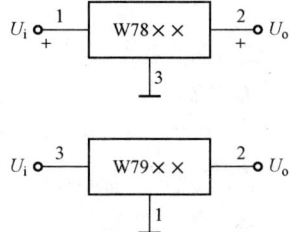

图 5.14　三端集成稳压器

图 5.15 所示是可以同时输出正、负电压的双向稳压电路，输出的正、负电压均为 9V。

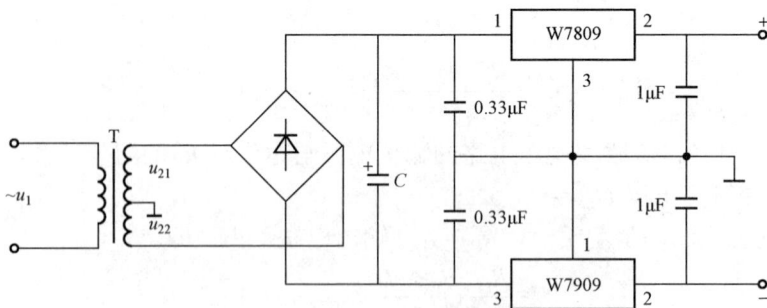

图 5.15　输出正、负电压的双向稳压电路

为了提高输出电压，可以在公共端接入稳压管，如图 5.16 所示。图中，若 U_Z=5V，则输出电压 U_o=9+5=14V。

📖 **知识拓展**

【例 5.5】　分析图 5.17 所示电路的工作原理。

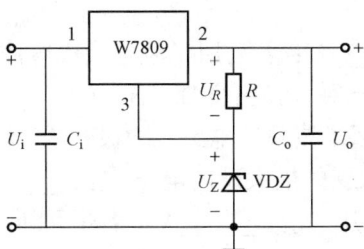

图 5.16　提高输出电压的电路

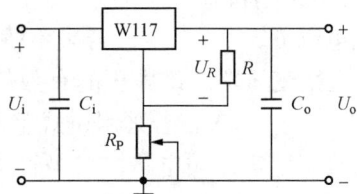

图 5.17　输出电压可调的集成稳压器

解　W117 为输出正电压的三端可调集成稳压器，电阻 R 一般取 240Ω，U_R 为 1.25 的基准电压，R_P 为调节输出电压的电位器，在忽略调整端的电流时，输出电压

$$U_o = U_R + \frac{U_R}{R}R_P = \left(1 + \frac{R_P}{R}\right)U_R = \left(1 + \frac{R_P}{R}\right) \times 1.25$$

取 $R_P = 4.8\text{k}\Omega$，当 $R_P = 0$ 时，输出电压 $U_o = 1.25\text{V}$；当 $R_P = 4.8\text{k}\Omega$ 时，输出电压 $U_o = 26\text{V}$

可见，U_o 的可调范围为 $1.25 \sim 26\text{V}$。

思 考 题

1．分析串联型稳压电路的稳压过程，尤其是三极管 VT1 和 VT2 的作用。

2．如何从三端集成稳压器的管脚判断 W78 系列和 W79 系列？

本 章 小 结

（1）直流稳压电源一般由变压、整流、滤波和稳压四个环节构成。

（2）利用二极管的单向导电性，将交流电压变换为单方向脉动的直流电压，称为整流。单相整流电路有半波和桥式两种主要形式，掌握输出直流电压 、电流的计算并能正确选择二极管是分析和设计整流电路的基础。

（3）利用电容、电感元件的频率特性和储能特性，抑制整流后脉动电压中的交流分量，减小输出电压的脉动程度，称为滤波。电容滤波电路适用于负载电阻较大（负载电流较小）的场合；电感滤波电路适用于负载电阻较小（负载电流较大）的场合。电容滤波电路对整流二极管有较大的冲击电流，而电感滤波冲击电流较小。

（4）稳压电路可以减小电网电压波动及负载变化对输出电压的影响，使输出直流电压稳定。串联型稳压电路由采样环节、基准环节、放大环节和调整环节四个部分构成，输出电压可以在一定范围内调节，适用于稳压精度要求较高的场合。三端集成稳压器有输出固定式和输出可调式等类型，了解三端集成稳压器的型号和功能是实际应用的基础。

习 题

5.1　填空题

（1）直流稳压电源由＿＿＿＿＿、＿＿＿＿＿、＿＿＿＿＿、＿＿＿＿＿四个部分组成。

（2）已知变压器二次电压的有效值 U_2=50V，若采用半波整流电路，输出直流电压 U_o=_____V；若采用桥式整流电路，输出直流电压 U_o=_____V；若采用半波整流电容滤波电路，输出直流电压 U_o=_____V；若采用桥式整流电容滤波电路，输出直流电压 U_o=_____V。

（3）已知变压器二次电压的有效值 U_2=50V，若采用半波整流电路，二极管承受的最大反向电压 U_{DM}=_____V，若采用桥式整流电路，二极管承受的最大反向电压 U_{DM}=_____V，若采用半波整流电容滤波电路，二极管承受的最大反向电压 U_{DM}=_____V，若采用桥式整流电容滤波电路，二极管承受的最大反向电压 U_{DM}=_____V。

（4）已知负载上的直流电流 I_o=100mA，若采用半波整流电路，通过二极管的电流 I_D=_____mA，若采用桥式整流电路，通过二极管的电流 I_D=_____mA。

（5）电容滤波电路中的电容与负载相_____联，适用于负载电阻_____的场合，放电时间常数越大，输出波形脉动越_____。

（6）电感滤波电路中的电感与负载相_____联，适用于负载电阻_____的场合。

（7）对二极管产生较大冲击电流的是_____滤波电路，对二极管产生较小冲击电流的是_____滤波电路。

（8）如果通过稳压管的反向电流小于 I_{Zmin}，则稳压管工作在_____状态，这时稳压管_____稳压作用。

（9）串联型稳压电路由_____、_____、_____、_____四个环节构成。

（10）三端集成稳压器 W7809 输出_____电压_____V，W7909 输出____电压_____V。

5.2　一个半波整流电路，已知 f=50Hz，U_o=45V，R_L=100Ω。试选择二极管的型号。若 f、U_o、R_L 不变，而采用半波整流电容滤波电路，试选择二极管的型号和滤波电容的规格。

5.3　一个桥式整流电容滤波电路，已知 U_2=90V，求下列几种情况时的输出电压 U_o。

（1）正常工作；（2）负载断路；（3）电容断路；（4）一个二极管断路。

5.4　一个桥式整流电路，已知 f=50Hz，U_2=100V，R_L=100Ω。试求（1）输出直流电压和电流；（2）选择二极管的型号。若 f、U_2、R_L 不变，而采用桥式整流电容滤波电路，试求

（1）输出直流电压和电流；（2）选择二极管的型号和滤波电容规格。

5.5　一个桥式整流电容滤波电路，已知 U_2=40V，试判断以下几种情况时，电路是否发生故障？并分析故障原因。

（1）U_o=48V；（2）U_o=36V；（3）U_o=40V；（4）U_o=18V；（5）U_o=56.6V。

5.6　电路如图 5.18 所示，已知变压器二次电压 $u_2=10\sqrt{2}\sin\omega t$V，稳压值 U_Z=4V，$R=R_L$。试求下列几种情况的输出电压 U_{AB}，并画输出波形。

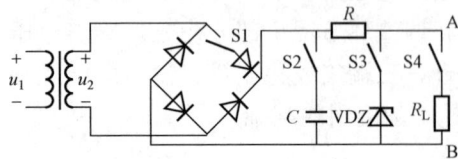

图 5.18　习题 5.6 电路

（1）S1、S2、S3 打开，S4 闭合；

（2）S1、S2 闭合，S3、S4 打开；

（3）S1、S4 闭合，S2、S3 打开；

（4）S1、S2、S4 闭合，S3 打开；

（5）S1、S2、S3、S4 全部闭合。

5.7　在图 5.13 所示的串联型稳压电路中，已知稳压值 U_Z=8.3V，U_{BE2}=0.7V，电阻 $R_1=R_2$= 5kΩ，电位器 R_P 的调整范围为 0～5kΩ，试求输出电压的变化范围。

5.8　在图 5.19 所示稳压电路中，已知输入电压 U_i=20V，稳压值 U_Z=10V，负载电阻 R_L=1.5kΩ，I_{Zmax}=20mA。试问（1）若将稳压管 VDZ 接反，后果如何？（2）若限流电阻 R=0，后果如何？（3）限流电阻 R=300Ω 时能否起到限流作用？（4）为使稳压管正常工作，限流电阻 R 至少为多大？

5.9　在图 5.20 所示电路中，试求输出电压的可调范围。

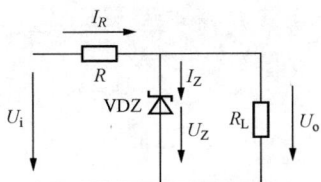

图 5.19　习题 5.8 电路

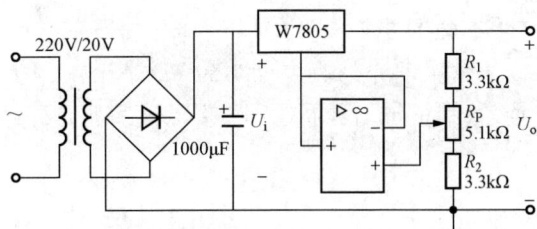

图 5.20　习题 5.9 电路

5.10　试设计一个稳压电路，已知输入为 220V、50Hz 的正弦交流电压，输出直流电压为 15V，最大输出电流为 500mA，采用桥式整流电容滤波电路和三端集成稳压器（输入、输出电压差为 3V）。（1）画出电路；（2）确定变压器的变压比；（3）选择整流二极管、滤波电容和三端集成稳压器。

第6章 数字电路基础

【本章提要】

本章主要介绍数字电路的基本知识、常用数制的表示方法及相互转换、基本逻辑门电路的符号和逻辑关系以及逻辑函数的公式化简法和卡诺图化简法。

6.1 数字电路概述

学习目标

- 了解数字电路的基本知识。
- 了解三极管的开关特性。

6.1.1 数字电路的基本知识

工程上把电信号分为模拟信号和数字信号两大类。模拟信号是指在时间和数值上都连续变化的信号，如图 6.1（a）所示，处理模拟信号的电路称为模拟电路。数字信号是指在时间和数值上不连续变化的信号，如图 6.1（b）所示，处理数字信号的电路称为数字电路。

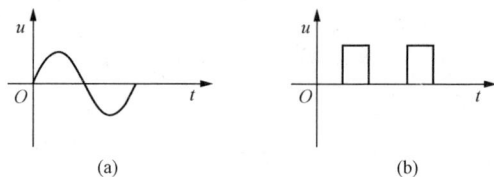

图 6.1 模拟信号和数字信号

（a）模拟信号；（b）数字信号

在数字电路中，输入、输出信号只有两种取值：高电平或低电平，常采用"1"和"0"两个数字来表示。它们不具有数量大小的含义，只表示两种相反的状态，如三极管的截止与饱和，灯泡的亮与暗等。数字电路具有抗干扰能力强、功耗低、可靠性高、便于集成等优点。

6.1.2 三极管的开关特性

在数字电路中，二极管、三极管都作为开关使用。二极管的导通，相当于开关的闭合；二极管的截止，相当于开关的打开。三极管具有放大、截至、饱和三种状态，在模拟电路中，三极管工作在电流放大状态，而在数字电路中三极管工作在截止和饱和这两种状态。在图 6.2（a）中，只要输入电流 I_B 足够大，可使三极管处于饱和状态，电压 $U_{CE} \approx 0$，相当于开关的闭合，如图 6.2（b）所示。若输入电压 $u_i = 0$，三极管处于截止状态，电流 $I_C \approx 0$，相当于开关的打开，如图 6.2（c）所示。

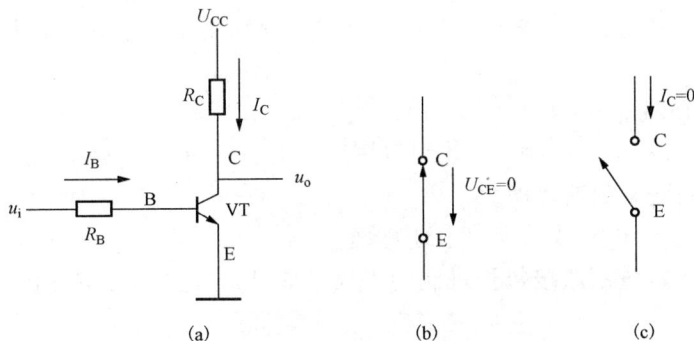

图 6.2 三极管的开关特性

（a）三极管；（b）相当于开关闭合；（c）相当于开关打开

思 考 题

1．二极管当开关使用时，调整什么量可以控制它的打开和闭合？

2．三极管当开关使用时，调整什么量可以控制它的打开和闭合？

6.2 不同进制数的相互转换

学习目标

- 掌握常用数制的表示方法及相互转换。
- 了解二—十进制码的含义及编码特点。

6.2.1 常用不同进制数的特点

1．十进制数

十进制是以 10 为计数基数，每一位用 0～9 十个数字中的一个表示，进位规则是"逢十进一"。

十进制数 2653 可展开成：$2 \times 10^3 + 6 \times 10^2 + 5 \times 10^1 + 3 \times 10^0$。

其中：每位的位权分别为 10^3、10^2、10^1、10^0。

上述表示方法，也可扩展到小数，十进制数 7.16 可表示为：$7 \times 10^0 + 1 \times 10^{-1} + 6 \times 10^{-2}$。对于一个十进制数来说，小数点左边的数码，位权依次为 10^0、10^1、$10^2 \cdots$，右边的数码，位权分别为 10^{-1}、10^{-2}、$10^{-3} \cdots$，任何一个十进制数所表示的数值，等于其各位加权系数之和。

2．二进制数

在数字电路中广泛采用的是二进制数，二进制是以 2 为计数基数，每一位用 0、1 两个数字中的一个表示，进位规则是"逢二进一"。

例如：$[1101]_2 = [1101]_B = 1 \times 2^3 + 1 \times 2^2 + 0 \times 2^1 + 1 \times 2^0$。

式中的下标 2 表示二进制数，也可以用字母 B 来表示。

3．十六进制数

十六进制是以 16 为计数基数，每一位用 0、1、2、3、4、5、6、7、8、9、A、B、C、

D、E、F 十六个数字中的一个表示，其中 10～15 分别用 A～F 表示，进位规则是"逢十六进一"。

例如：$[351]_{16}=[351]_H=3\times16^2+5\times16^1+1\times16^0$。

式中的下标 16 表示十六进制数，也可以用字母 H 来表示。

6.2.2 常用不同进制数的转换

1. 二进制数、十六进制数转换为十进制数

将二进制数、十六进制数按每种进制的"权"展开，并求出各位加权系数之和，就可得到相应的十进制数。

【例 6.1】 分别将$[8A]_{16}$、$[1110]_2$、$[101.11]_2$转换为十进制数。

解　$[8A]_{16} = [8A]_H = 8\times16^1 + 10\times16^0 = [138]_{10}$

$[1110]_2=[1110]_B=1\times2^3+1\times2^2+1\times2^1+0\times2^0=[14]_{10}$

$[101.11]_2=1\times2^2+0\times2^1+1\times2^0+1\times2^{-1}+1\times2^{-2}=5.75$

2. 十进制数转换为二进制数、十六进制数

将十进制数转换为二进制数时，对于整数部分采用"除 2 取余，由低到高"法，对于小数部分采用"乘 2 取整，由高到低"法。

【例 6.2】 将$[75]_{10}$转换成二进制数。

解　$2\underline{|75}\cdots\cdots$ 余 1 ←低位

$2\underline{|37}\cdots\cdots$ 余 1

$2\underline{|18}\cdots\cdots$ 余 0

$2\underline{|9}\cdots\cdots$ 余 1

$2\underline{|4}\cdots\cdots$ 余 0

$2\underline{|2}\cdots\cdots$ 余 0

$2\underline{|1}\cdots\cdots$ 余 1 ←高位

　　0

即$[75]_{10} =[1001011]_2$

【例 6.3】 将$[27.75]_{10}$转换为二进制数。

解　第一步：将整数部分 27 转换为二进制数。

$2\underline{|27}\cdots\cdots$ 余 1 ←低位

$2\underline{|13}\cdots\cdots$ 余 1

$2\underline{|6}\cdots\cdots$ 余 0

$2\underline{|3}\cdots\cdots$ 余 1

$2\underline{|1}\cdots\cdots$ 余 1 ←高位

　0

即$[27]_{10}=[11011]_2$

第二步：将小数部分 0.75 转换为二进制数。

$0.75\times2=1.5\cdots\cdots$ 取整 1 ←高位

$0.5\times2=1 \cdots\cdots$ 取整 1 ←低位

即$[0.75]_{10}=[0.11]_2$

所以$[27.75]_{10}=[11011.11]_2$

3.　二进制数转换为十六进制数

从小数点开始分别向左、向右每 4 位一组，每组都相应转换为一位十六进制数（最后不足 4 位可加 0 使其足位）。

【例 6.4】　将二进制数 $[1001011]_2$ 转换为十六进制数。

解　二进制数　　100　1011
　　　　　　　　　　　 ↓　　 ↓
　　十六进制数　　 4　　　 B

即 $[1001011]_2 = [4B]_{16}$

【例 6.5】　将二进制数 $[111.111]_2$ 转换为十六进制数。

解　二进制数　　111. 1110
　　　　　　　　　　　 ↓　　 ↓
　　　十六进制数　　 7　　　 E

即 $[111.111]_2 = [7.E]_{16}$

4.　十六进制数转换为二进制数

将十六进制数中的每一位转换为相应的 4 位二进制数。

【例 6.6】　将 $[5A]_{16}$ 转换为二进制数。

解　十六进制数　 5　　　 A
　　　　　　　　　　 ↓　　　 ↓
　　　二进制数　　 101　　 1010

即 $[5A]_{16} = [1011010]_2$

6.2.3　常用编码

用数字、文字、符号等表示特定对象的过程称为编码。在数字电路中，最常用的编码方式是二—十进制码（简称 BCD 码）。二—十进制码是用四位二进制数表示十进制中的一个数（0～9），且逢十进一。由于四位二进制数可以表示十六种状态，从中取出十个状态可以有很多编码方案，表 6.1 给出了几种常用的 BCD 码，其中 8421 码是有权码，8421 是指编码中各位的位权分别是 8、4、2、1。

表 6.1　　　　　　　　　　　　　　　**常见的几种 BCD 编码**

十进制数	8421 编码	5421 编码	2421 编码	余 3 码	格雷码
0	0000	0000	0000	0011	0000
1	0001	0001	0001	0100	0001
2	0010	0010	0010	0101	0011
3	0011	0011	0011	0110	0010
4	0100	0100	0100	0111	0110
5	0101	1000	1011	1000	0111
6	0110	1001	1100	1001	0101
7	0111	1010	1101	1010	0100
8	1000	1011	1110	1011	1100
9	1001	1100	1111	1100	1000

将十进制数转换为 BCD 码只需将十进制数中的每一位用四位二进制数表示即可。例如 $[38]_{10} = [00111000]_{8421BCD}$，下标表示该数为 8421 编码方式的二一十进制码。

能力拓展

【例 6.7】 比较 $[26]_{10}$、$[17]_{16}$、$[10100]_2$ 的大小。

解 把不同进制数转换成十进制数，再进行比较。

$[17]_{16} = 1 \times 16^1 + 7 \times 16^0 = 23$

$[10100]_2 = 1 \times 2^4 + 1 \times 2^2 = 20$

所以 $[26]_{10} > [17]_{16} > [10100]_2$

【例 6.8】 将二进制数 $[100110]_2$ 转换为 8421BCD 码。

解 由于只有十进制的数能与 BCD 码相互转换，因此先要把二进制数→十进制数→8421BCD。

$[100110]_2 = [38]_{10} = [00111000]_{8421BCD}$

【例 6.9】 将十进制数 $[26]_{10}$ 分别用 8421BCD 码、5421BCD 码、2421BCD 码、余 3 码和格雷码表示。

解 由表 6-1 可知

$[26]_{10} = [00100110]_{8421BCD} = [00101001]_{5421BCD} = [00101100]_{2421BCD} = [01011001]_{余3码}$

$\qquad = [00110101]_{格雷码}$

思 考 题

1. 若要表示 50 个状态，需要几位二进制代码？
2. 8421BCD 码的"权"是如何体现的？

6.3 基 本 门 电 路

学习目标

- 掌握基本门电路的逻辑关系、符号及真值表。
- 了解二极管与门电路、或门电路及三极管非门电路的工作原理。
- 掌握复合门电路的逻辑关系、符号及真值表。

数字电路中的基本门电路包括与门电路、或门电路和非门电路，这三种电路分别可以实现"与""或""非"三种逻辑关系，其他复杂的逻辑关系可以通过这三种基本逻辑关系来实现。

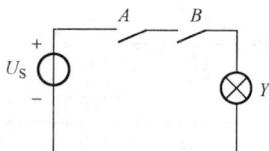

图 6.3 与逻辑关系

6.3.1 与逻辑和与门电路

与逻辑的定义是：所有条件同时满足时结果才成立。以图 6.3 为例，若把开关的打开、闭合作为条件，灯泡的亮、暗作为结果，显然，只有在开关 A、B 同时闭合时，灯泡 Y 才会亮。

与逻辑关系可用逻辑函数 $Y = A \cdot B = AB$ 来表示，其中变量 A、B 只有"0""1"两种取值，分别表示开关的打开和闭合。

图 6.4（a）所示是由二极管构成的与门电路，由图可知，输入信号中只要有一个为低电平"0"，输出就为低电平；只有输入信号都为高电平"1"时，输出才为高电平，可见输出与输入之间满足与逻辑的关系。与门电路的逻辑符号如图 6.4（b）所示。

把输入变量的所有取值与对应的结果列成表格，就得到真值表（真值表中只有 0 和 1 两种取值，分别表示两种相反的状态），两变量与门电路（可有多个输入端）的真值表如表 6.2 所示。

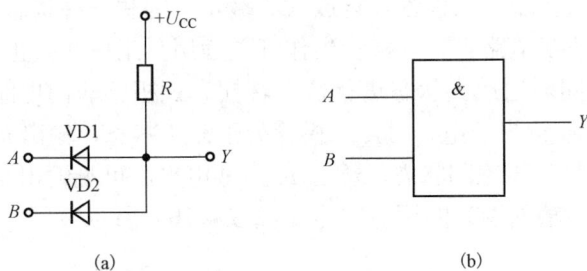

图 6.4 二极管与门电路及逻辑符号
（a）电路；（b）逻辑符号

表 6.2	与 门 真 值 表	
A	B	Y
0	0	0
0	1	0
1	0	0
1	1	1

6.3.2 或逻辑和或门电路

或逻辑的定义是：所有条件中只要有一个满足时结果就成立。以图 6.5 为例，若把开关的打开、闭合作为条件，灯泡的亮、暗作为结果，显然，开关 A、B 只要有一个闭合，灯泡 Y 就会亮。

或逻辑关系可用逻辑函数 $Y=A+B$ 来表示。

图 6.6（a）所示是由二极管构成的或门电路，由图可知，输入信号中只要有一个为高电平"1"，输出就为高电平；只有输入信号都为低电平"0"时，输出才为低电平，可见输出与输入之间满足或逻辑的关系。或门电路的逻辑符号如图 6.6（b）所示，两变量或门电路（可有多个输入端）的真值表如表 6.3 所示。

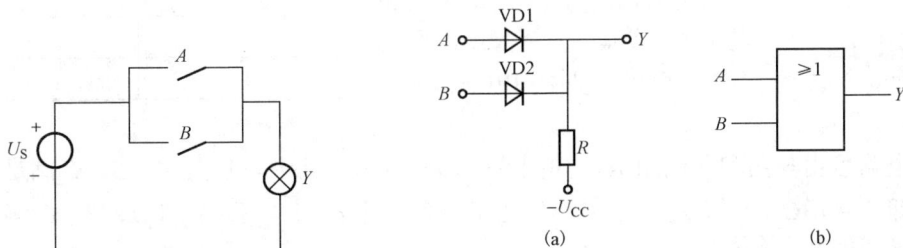

图 6.5 或逻辑关系

图 6.6 二极管或门电路及逻辑符号
（a）电路；（b）逻辑符号

6.3.3 非逻辑和非门电路

如果条件与结果的状态总是相反，则这样的逻辑关系称为非逻辑关系。以图 6.7 为例，开关 A 闭合（为"1"）时，灯泡 Y 暗（为"0"）；开关 A 打开（为"0"）时，灯泡 Y 亮（为"1"），可见条件与结果总是出现相反的状态，非逻辑关系可用逻辑函数 $Y = \overline{A}$ 来表示。

表6.3　　　　　或门真值表

A	B	Y
0	0	0
0	1	1
1	0	1
1	1	1

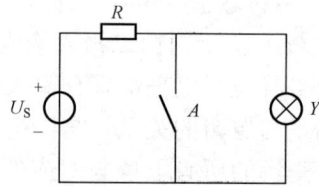

图6.7　非逻辑关系

在数字电路中，非逻辑关系可用三极管来实现。三极管具有放大、截止、饱和三种状态。在模拟电路中，三极管工作在放大状态。在数字电路中，三极管当作开关使用，工作在截止、饱和两种状态，并且截止状态和饱和状态之间通过放大状态进行快速转换。三极管非门电路（又称反相器）如图6.8（a）所示。当输入信号 u_i 为低电平时，三极管处于截止状态，输出 u_o 为高电平；当输入信号 u_i 为高电平时，三极管处于饱和状态，输出 u_o 为低电平，可见输出与输入满足非逻辑的关系。非门电路（只有一个输入端）的逻辑符号如图6.8（b）所示。

图6.8　三极管非门电路及逻辑符号

（a）电路；（b）逻辑符号

非逻辑的真值表如表6.4所示。

6.3.4　复合逻辑门电路

数字电路中的复合逻辑门电路包括与非门、或非门和异或门，分别可以实现"与非""或非"及"异或"逻辑关系，这三种复合逻辑门电路都可以由基本门电路构成。

表6.4　　非门真值表

A	Y
0	1
1	0

1. 与非门电路

与非门电路可由与门和非门组成，如图6.9（a）所示，其中，Y_1 与 A、B、C 满足"与"逻辑关系，即 $Y_1=ABC$；Y 与 Y_1 满足"非"逻辑关系，即 $Y=\overline{Y_1}$，则 Y 与 A、B、C 满足"与非"逻辑关系，即 $Y=\overline{ABC}$。

与非门也有专门的产品，逻辑符号如图6.9（b）所示，三变量与非门真值表如表6.5所示。

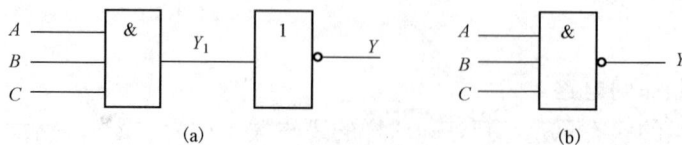

图6.9　与非门电路及逻辑符号

（a）与非门电路；（b）逻辑符号

表 6.5			与 非 门 真 值 表				
A	B	C	Y	A	B	C	Y
0	0	0	1	0	1	0	1
0	0	1	1	0	1	1	1
1	0	0	1	1	1	0	1
1	0	1	1	1	1	1	0

2. 或非门电路

或非门电路可由或门和非门组成，如图 6.10（a）所示，其中，Y_1 与 A、B、C 满足"或"逻辑关系，即 $Y_1=A+B+C$；Y 与 Y_1 满足"非"逻辑关系，即 $Y=\overline{Y_1}$，则 Y 与 A、B、C 满足"或非"逻辑关系，即 $Y=\overline{A+B+C}$。或非门也有专门的产品，逻辑符号如图 6.10（b）所示，三变量或非门真值表如表 6.6 所示。

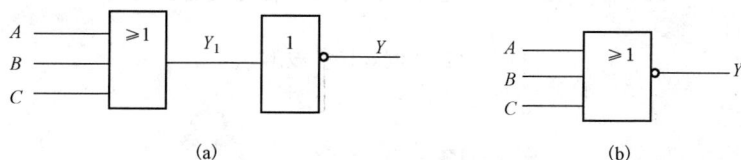

图 6.10 或非门电路及逻辑

（a）或非门电路；（b）逻辑符号

表 6.6			或 非 门 真 值 表				
A	B	C	Y	A	B	C	Y
0	0	0	1	1	0	0	0
0	0	1	0	1	0	1	0
0	1	0	0	1	1	0	0
0	1	1	0	1	1	1	0

3. 异或门

"异或"逻辑关系为 $Y=A\overline{B}+\overline{A}B=A\oplus B$，逻辑符号如图 6.11 所示，异或门只有两个输入端，真值表如表 6.7 所示。

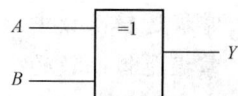

图 6.11 异或门逻辑符号

表 6.7		异 或 门 真 值 表			
A	B	Y	A	B	Y
0	0	0	1	0	1
0	1	1	1	1	0

从真值表可见异或门电路的特点是输入相同为 0，相异为 1。

【例 6.10】 输入信号 A、B、C 波形如图 6.12 所示，试分别画出与非门、或非门的输出波形。

解　根据与非门"有 0 得 1，全 1 得 0"和或非门"有 1 得 0，全 0 得 1"的特点，画出输出波形，如图 6.12 所示。

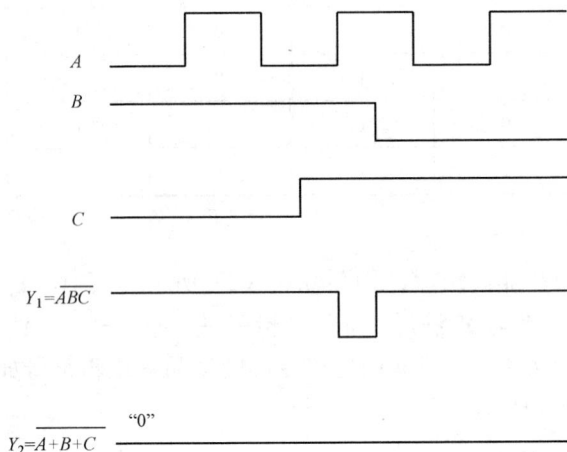

图 6.12　［例 6.10］波形

思　考　题

1. 如果有六个输入变量，真值表中应该有多少个状态？
2. 画出用基本门电路构成的异或门电路。

6.4　逻辑函数的公式化简法

学习目标

- 了解逻辑函数的常用表示方法。
- 掌握逻辑函数中的基本公式。
- 掌握逻辑函数中的基本定律。
- 掌握逻辑函数的公式化简法。

从以下例题可以说明逻辑函数化简的重要性和必要性。

用基本门电路实现逻辑函数 $Y = ABC + A\overline{B}\,\overline{C} + AB\overline{C} + A\overline{B}C$ 时，若不进行化简，需要用两个非门、四个与门和一个或门。若进行化简，则 $Y=A$，输出 Y 直接与输入信号 A 相连即可。可见，对逻辑函数进行化简后，使完成同样逻辑功能的电路变得更为简单，从而可以提高电路可靠性并降低成本和功耗。

逻辑函数的化简方法有公式法和卡诺图法两种。

6.4.1　逻辑函数的运算法则

1．基本公式

$A+0=A$　　　　　$A \cdot 0 = 0$

$A+1=1$　　　　　$A \cdot 1 = A$

$$A + \overline{A} = 1 \qquad\qquad A \cdot \overline{A} = 0$$
$$A + A = A \qquad\qquad A \cdot A = A$$
$$\overline{\overline{A}} = A$$

【例 6.11】　化简 $Y = \overline{AB} + CD + AB$。

解　由于 $\overline{AB} + AB = 1$

所以 $Y = \overline{AB} + CD + AB = 1 + CD = 1$

2．基本定律

（1）分配率

$$A(B+C) = AB + AC$$

（2）吸收率

$$A + AB = A$$

证明：$A + AB = A(1 + B) = A$

$$A + \overline{A}B = A + B$$

证明：$A + B = 1 \cdot (A + B) = (A + \overline{A})(A + B) = A + AB + \overline{A}B = A + \overline{A}B$

【例 6.12】　化简逻辑函数 $Y = \overline{A + B} + BC(A + B)$。

解　$Y = \overline{A + B} + BC(A + B) = \overline{A + B} + BC\overline{\overline{A + B}}$

利用吸收率可得

$$Y = \overline{A + B} + BC$$

（3）摩根定律

$$\overline{A + B} = \overline{A} \cdot \overline{B} \qquad\qquad \overline{A \cdot B} = \overline{A} + \overline{B}$$

【例 6.13】　用真值表验证摩根定律。

解　将输入变量 A、B 的所有取值分别代入公式的左、右两边，若计算结果相同，说明等式成立。

A	B	$\overline{A+B}$	$\overline{A}\,\overline{B}$		A	B	$\overline{AB}$	$\overline{A} + \overline{B}$
0	0	1	1		0	0	1	1
0	1	0	0		0	1	1	1
1	0	0	0		1	0	1	1
1	1	0	0		1	1	0	0

摩根定律对于三个、四个输入变量均成立，若有 A、B、C 三个输入变量，则摩根定律形式为

$$\overline{A + B + C} = \overline{A} \cdot \overline{B} \cdot \overline{C} \qquad\qquad \overline{ABC} = \overline{A} + \overline{B} + \overline{C}$$

6.4.2　逻辑函数的公式化简法

利用基本公式和基本定律化简逻辑函数的方法称为公式化简法。

1．并项法

利用公式 $A + \overline{A} = 1$ 进行化简。

【例 6.14】　化简下列逻辑函数

$$Y = ABC + AB\overline{C} + A\overline{B}$$

解　$Y = ABC + AB\overline{C} + A\overline{B} = AB(C + \overline{C}) + A\overline{B} = AB + A\overline{B} = A$

2. 吸收法

利用公式 $A+\overline{A}B = A+B$ 和 $A+AB = A$ 进行化简。

【例 6.15】 化简下列逻辑函数

$$Y = \overline{A} + AC + B\overline{C}D$$

$$Y = AD + A\overline{D} + AB + \overline{A}C + BD$$

解 $Y = \overline{A} + AC + B\overline{C}D = \overline{A} + C + B\overline{C}D = \overline{A} + C + BD$

解 $Y = AD + A\overline{D} + AB + \overline{A}C + BD = A(D + \overline{D} + B) + \overline{A}C + BD = A + \overline{A}C + BD = A + C + BD$

3. 配项法

利用公式 $B = B(A + \overline{A})$，进行化简。

【例 6.16】 化简下列逻辑函数

$$Y = AB + \overline{A}C + BC$$

解 $Y = AB + \overline{A}C + BC = AB + \overline{A}C + BC(A + \overline{A}) = AB + \overline{A}C + ABC + \overline{A}BC = AB(1 + C) + \overline{A}C(1 + B) = AB + \overline{A}C$

4. 加项法

利用 $A+A=A$ 进行化简。

【例 6.17】 化简下列逻辑函数

$$Y = ABC + \overline{A}BC + AB\overline{C} + A\overline{B}C$$

解 $Y = ABC + \overline{A}BC + AB\overline{C} + A\overline{B}C$

$= ABC + \overline{A}BC + AB\overline{C} + A\overline{B}C + ABC + ABC = BC(A + \overline{A}) + AB(\overline{C} + C) + AC(\overline{B} + B) = BC + AB + AC$

能力拓展

【例 6.18】 证明 $\overline{\overline{A}\overline{B} + \overline{A}B} = AB + \overline{A}\overline{B}$。

解 根据摩根定律 $\overline{A\overline{B} + \overline{A}B} = \overline{A\overline{B}} \cdot \overline{\overline{A}B} = (\overline{A} + B)(A + \overline{B}) = AB + \overline{A}\overline{B}$

【例 6.19】 化简逻辑函数 $Y = A\overline{B} + B\overline{C} + \overline{B}C + \overline{A}B$。

解 $Y = A\overline{B} + B\overline{C} + \overline{B}C + \overline{A}B$。

$= A\overline{B}(C + \overline{C}) + (A + \overline{A})B\overline{C} + \overline{B}C + \overline{A}B$

$= A\overline{B}C + A\overline{B}\overline{C} + AB\overline{C} + \overline{A}B\overline{C} + \overline{B}C + \overline{A}B$

$= (A + 1)\overline{B}C + A\overline{C}(\overline{B} + B) + \overline{A}B(\overline{C} + 1)$

$= \overline{B}C + A\overline{C} + \overline{A}B$

【例 6.20】 化简逻辑函数 $Y = ABC + \overline{A}B\overline{C} + CD + B\overline{D} + ABD$。

解 $Y = ABC + \overline{A}B\overline{C} + CD + B\overline{D} + ABD$

$= ABC + \overline{A}B\overline{C} + CD + B(\overline{D} + AD)$

$= ABC + \overline{A}B\overline{C} + CD + B(\overline{D} + A)$

$= ABC + \overline{A}B\overline{C} + CD + B\overline{D} + AB$

$= AB(C + 1) + \overline{A}B\overline{C} + CD + B\overline{D}$

$= AB + \overline{A}B\overline{C} + CD + B\overline{D}$

$= B(A + \overline{A}\overline{C}) + CD + B\overline{D}$

$$= B(A + \overline{C}) + CD + B\overline{D}$$

$$= AB + B\overline{C} + CD + B\overline{D}$$

$$= AB + B(\overline{C} + \overline{D}) + CD$$

$$= AB + B\overline{C}\overline{D} + CD$$

$$= AB + B + CD$$

$$= B + CD$$

思 考 题

1. 试述逻辑函数化简的重要性。
2. 理解吸收法和加项法在逻辑函数化简中的应用。

6.5 逻辑函数的卡诺图化简法

学习目标

- 了解卡诺图的组成特点。
- 掌握卡诺图的化简原则。
- 掌握逻辑函数的卡诺图化简法。

逻辑函数的表示方法有真值表、逻辑表达式、逻辑电路和卡诺图四种。卡诺图是逻辑函数的图形表示方法，它以发明者美国贝尔实验室的工程师卡诺（Kar-naugh）而命名。用公式法化简逻辑函数时除了要掌握基本公式和基本定律外，还需要一定的技巧。由于用卡诺图法化简逻辑函数有一定的规律可循，因此应用时会更简单和直观。

6.5.1 卡诺图

1. 逻辑函数的最小项

在 n 个变量的逻辑函数中，如果一个乘积项中包含了所有的变量（n 个），而且每个变量只是以原变量或反变量的形式出现一次，这样的乘积项就称为 n 个变量的一个最小项。若有 A、B、C 三个逻辑变量，共有 $2^3=8$ 个最小项，即 $\overline{A}\overline{B}\overline{C}$、$\overline{A}\overline{B}C$、$\overline{A}B\overline{C}$、$\overline{A}BC$、$A\overline{B}\overline{C}$、$A\overline{B}C$、$AB\overline{C}$、$ABC$。为了表达方便，最小项还可用十进制编号对应，如最小项 $\overline{A}\overline{B}C$ 对应 001，记为 m_1，最小项 $AB\overline{C}$ 对应 110，记为 m_6。每一个最小项，只有唯一的一组取值可使它的值为 1，其他任何取值，它的值均为 0。对于三变量 A、B、C 来讲，最小项 $A\overline{B}\overline{C}$ 只有唯一的一组取值 100 可使它的值为 1。

2. 逻辑相邻项

如果两个最小项中只有一个变量的形式是互反的，则这两个最小项也称为逻辑相邻项。$\overline{A}\overline{B}C$ 和 $\overline{A}BC$ 就是逻辑相邻项，而 $\overline{A}\overline{B}C$ 和 $AB\overline{C}$ 就不是逻辑相邻项。

3. 卡诺图的组成

卡诺图的组成特点是：把逻辑相邻项放在位置相邻的小方格中。两变量的卡诺图有 $2^2=4$ 个最小项，其卡诺图如图 6.13 所示。

卡诺图的左上角标注了变量 A 和 B，卡诺图的左面标出了变量 A 的两种取值 0 和 1，上

面标出了变量 B 的两种取值 0 和 1，每个小方格对应着一个最小项。三变量的卡诺图有 $2^3=8$ 个最小项，其卡诺图如图 6.14 所示，其中变量 B、C 的取值是 00、01、11、10，之所以 11 在前，10 在后，是为了把逻辑相邻项放在位置相邻的小方格中。

四变量的卡诺图有 $2^4=16$ 个最小项，其卡诺图如图 6.15 所示。

图 6.13　二变量卡诺图

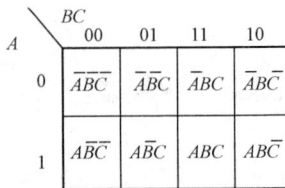

图 6.14　三变量卡诺图

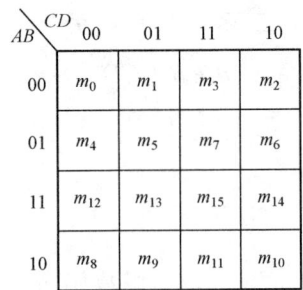

图 6.15　四变量卡诺图

6.5.2　逻辑函数与卡诺图的转换

1. 真值表转换为卡诺图

【例 6.21】　已知三变量逻辑函数的真值表如表 6.8 所示，试画出卡诺图。

表 6.8　　　　　　　　　　　　　　　　[例 6.21] 真值表

A	B	C	Y	A	B	C	Y
0	0	0	1	1	0	0	0
0	0	1	1	1	0	1	0
0	1	0	0	1	1	0	0
0	1	1	1	1	1	1	1

解　从真值表中可知，当 ABC 的输入组合为 000、001、011、111 四种情况时，函数输出值 $Y=1$，这四种情况对应的最小项分别为 m_0、m_1、m_3、m_7。只要在三变量卡诺图中与这四个最小项对应的小方格中填入 1，其余小方格中填入 0 即可，如图 6.16 所示。

2. 最小项转换为卡诺图

【例 6.22】　已知逻辑函数的表达式为 $Y=\overline{A}\,\overline{B}\,C+\overline{A}\,B\,\overline{C}+A\,\overline{B}\,\overline{C}+ABC=\Sigma m(1,2,4,7)$，其中符号 $\Sigma m(\cdots)$ 表示逻辑函数的最小项表达式，试画出卡诺图。

解　[例 6.22] 中有四个最小项，分别是 m_1、m_2、m_4、m_7，在卡诺图中，将出现最小项对应的小方格内填 1，其余小方格内填 0 即可，如图 6.17 所示。

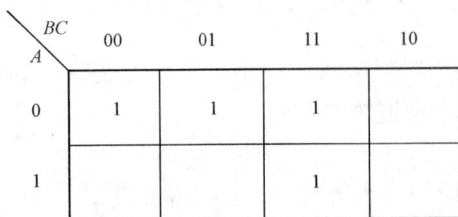

图 6.16　[例 6.21] 卡诺图

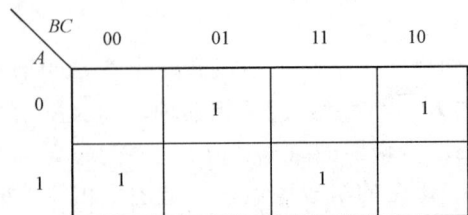

图 6.17　[例 6.22] 卡诺图

3. 与或表达式转换为卡诺图

【例 6.23】 已知逻辑函数的表达式为 $Y=\overline{A}\,\overline{B}+\overline{A}BC+\overline{B}C$，试画出卡诺图。

对于三变量 A、B、C 来讲，由于 $\overline{A}\,\overline{B}$ 和 $\overline{B}C$ 都不是最小项，所以已知的表达式只能称为与或表达式，与或表达式可以通过配项法转换为最小项表达式。

解 $Y=\overline{A}\,\overline{B}+\overline{A}BC+\overline{B}C=\overline{A}\,\overline{B}(C+\overline{C})+\overline{A}BC+(A+\overline{A})\overline{B}C$

$\qquad =\overline{A}\,\overline{B}C+\overline{A}\,\overline{B}\,\overline{C}+\overline{A}BC+A\overline{B}C+\overline{A}\,\overline{B}C$

$\qquad =\Sigma m(0,1,3,5)$

卡诺图如图 6.18 所示。

4. 一般逻辑表达式转换为卡诺图

方法如下：

一般逻辑表达式➡与或表达式➡最小项表达式➡画出卡诺图。

【例 6.24】 已知逻辑函数 $Y=\overline{\overline{A}+B}+\overline{B\overline{C}}+\overline{A}\,\overline{B}C$，试画出卡诺图。

解 利用摩根定律可以把一般逻辑表达式转换为与或表达式。

$Y=\overline{\overline{A}+B}+\overline{B\overline{C}}+\overline{A}\,\overline{B}C=\overline{A}\,\overline{B}+B\overline{C}+\overline{A}\,\overline{B}C$

$\quad =\overline{A}\,\overline{B}(C+\overline{C})+(A+\overline{A})B\overline{C}+\overline{A}\,\overline{B}C$

$\quad =\Sigma m(0,1,2,6)$

卡诺图如图 6.19 所示。

A＼BC	00	01	11	10
0	1	1	1	
1		1		

图 6.18 ［例 6.23］卡诺图

A＼BC	00	01	11	10
0	1	1		1
1				1

图 6.19 ［例 6.24］卡诺图

6.5.3 逻辑函数的卡诺图化简法

步骤如下：

（1）把最小项填入卡诺图的小方格中，将取值为 1 的相邻小方格圈起来，圈内 1 的个数应为 2^n（$n=1$，2，3…），用过的 1 可以再用，但每个新画的圈必须包含新的 1。

（2）对每个圈化简时，把相同的变量留下来，留下"0"取反变量，留下"1"取原变量。

（3）对每个化简后的圈写出一个乘积项，所有乘积项相加就得到化简后的逻辑表达式。

（4）画圈的原则是：圈要大、圈要少。圈越大，消去的变量越多；圈越少，留下的乘积项越少。

有时合并最小项的方法并不是唯一的，因此得到的最简与或式也不是唯一的。

图 6.20 给出了三变量最小项合并的几种常见形式。

图 6.21 给出了四变量最小项合并的几种常见形式。

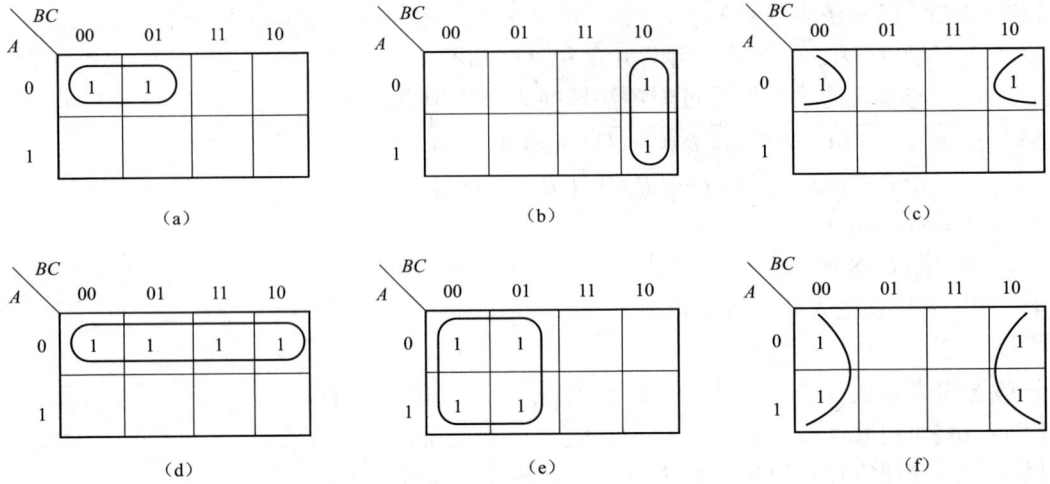

图 6.20　三变量最小项合并的常见形式

（a）$Y=\overline{A}\ \overline{B}$；（b）$Y=B\overline{C}$；（c）$Y=\overline{A}\ \overline{C}$；（d）$Y=\overline{A}$；（e）$Y=\overline{B}$；（f）$Y=\overline{C}$

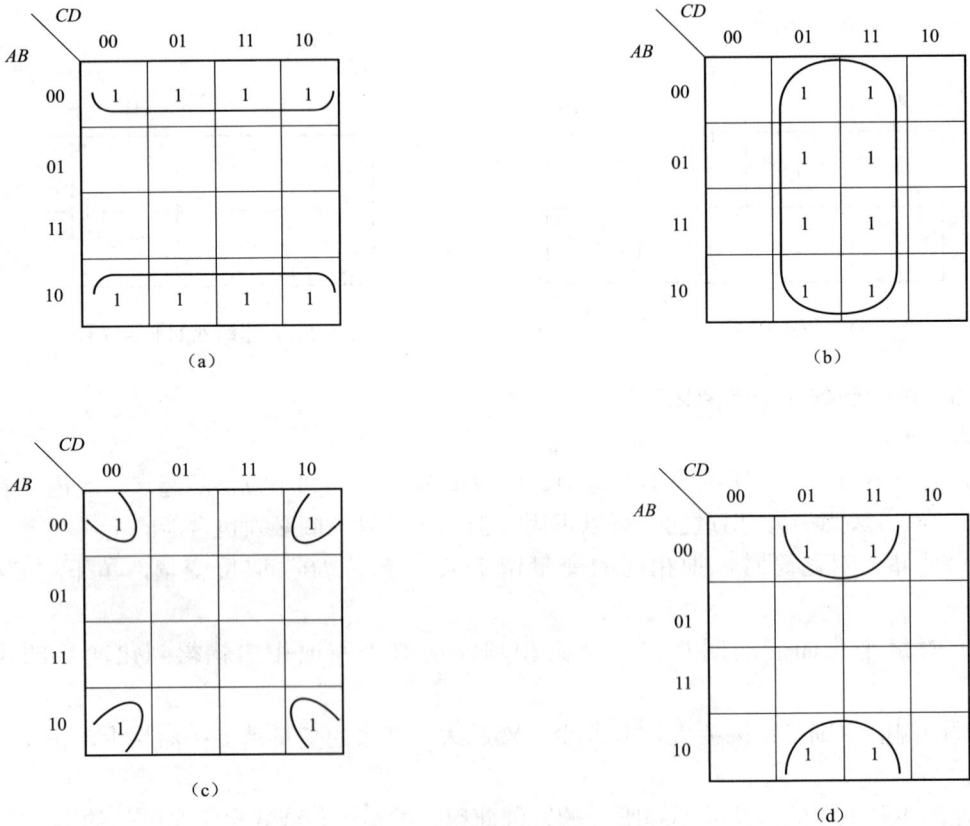

图 6.21　四变量最小项合并的常见形式

（a）$Y=\overline{B}$；（b）$Y=D$；（c）$Y=\overline{B}\ \overline{D}$；（d）$Y=\overline{B}D$

【例 6.25】 用卡诺图化简逻辑函数 $Y = \overline{A}\,\overline{B}\,\overline{C} + \overline{A}BC + A\overline{B}\,\overline{C} + A\overline{B}C + AB\overline{C}$ 。

解 将对应最小项填入卡诺图中并将相邻的 1 圈起来,如图 6.22 所示,化简结果为 $Y = \overline{B} + A\overline{C}$ 。

【例 6.26】 用卡诺图化简逻辑函数 $Y(A、B、C、D) = \Sigma m(0,1,2,5,6,7,8,10,11,12,13,15)$ 。

解 将对应最小项填入卡诺图中并将相邻的 1 圈起来,如图 6.23 (a)、(b) 所示。

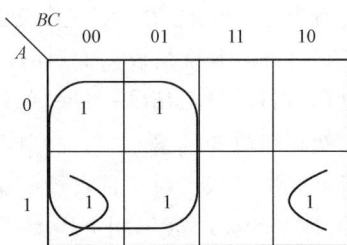

图 6.22　[例 6.25] 卡诺图

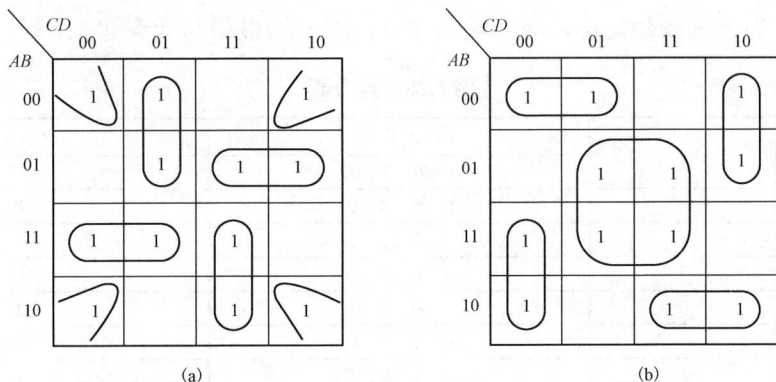

图 6.23　[例 6.26] 卡诺图

图 6.23 (a) 化简的结果为

$$Y = \overline{B}\,\overline{D} + \overline{A}\,\overline{C}D + \overline{A}BC + AB\overline{C} + ACD$$

图 6.23 (b) 化简的结果为

$$Y = BD + \overline{A}\,\overline{B}\,\overline{C} + A\overline{C}\,\overline{D} + A\overline{B}\,\overline{C} + \overline{A}\,\overline{C}\,\overline{D}$$

以上两个表达式虽然化简结果不同,但都是最简的与或表达式。因此用卡诺图化简逻辑函数时,最简的逻辑表达式可能不是唯一的。

能力拓展

【例 6.27】 用卡诺图化简逻辑函数 $Y(A、B、C、D) = \Sigma m(1,5,6,7,11,12,13,15)$ 。

解 将对应最小项填入卡诺图中并将相邻的 1 圈起来,如图 6.24 所示,化简结果为 $Y = \overline{A}\,\overline{C}D + \overline{A}BC + AB\overline{C} + ACD$ 。

图 6.24　[例 6.27] 卡诺图

需要注意的是 m_5 、 m_7 、 m_{13} 、 m_{15} 四个最小项虽然可以圈得更大,但由于没有包含新的“1”,所以是多余的。

知识拓展

具有约束条件逻辑函数的化简

在数字系统中,若有 A 、 B 、 C 三个输入变量,则应该有 8 种输出状态。若用 A 、 B 、 C 分别表示加、减、乘三种操作,因为每次只能进行三种操作中的一种,所以任何两个变量都不会同时取值为 1，即 A、B、C 三个变量的取值只可能出现 000、001、010、100 而不会出现 011、101、110、111，也就是说它们对应的最小项 $\overline{A}BC$、$A\overline{B}C$、$AB\overline{C}$、ABC 的值永远不会为 1，其值恒为 0，可以写作 $\overline{A}BC + A\overline{B}C + AB\overline{C} + ABC = 0$ 或 $\Sigma d(3,5,6,7) = 0$，这个表达式称为约束条件。约束条件中所包含的最小项，也就是不可能出现的变量组合项，称为约束项，用"ϕ"表示，也可以用"$\times$"表示。对于具有约束条件的逻辑函数，可以利用约束项进行化简，因为约束项的值恒为 0，加上约束项或不加上约束项都不会对逻辑函数产生影响。化简时，可以根据实际需要，把约束项当作 1（相当于函数式加上了该约束项），也可以当作 0（相当于函数式没加该约束项）。

【例 6.28】 表 6.9 所示是 8421BCD 码表示的十进制数 0～9，其中 1010～1111 六个状态不会出现，要求当十进制数为奇数时，输出 $Y=1$，求 Y 的最简与或表达式。

表 6.9　　　　　　　　　　　　　　　**［例 6.28］真值表**

十进制数	输入变量				输出变量
	A	B	C	D	Y
0	0	0	0	0	0
1	0	0	0	1	1
2	0	0	1	0	0
3	0	0	1	1	1
4	0	1	0	0	0
5	0	1	0	1	1
6	0	1	1	0	0
7	0	1	1	1	1
8	1	0	0	0	0
9	1	0	0	1	1
↑	1	0	1	0	$\times$
不	1	0	1	1	$\times$
出	1	1	0	0	$\times$
现	1	1	0	1	$\times$
	1	1	1	0	$\times$
↓	1	1	1	1	$\times$

解　将对应最小项和约束项填入卡诺图中，约束项 m_{11}、m_{13}、m_{15} 根据实际需要变为 1，将相邻的 1 圈起来，如图 6.25 所示，化简结果为 $Y=D$。若不考虑约束项，化简结果为 $Y = \overline{A}D + \overline{B}\,\overline{C}D$。可见，利用约束条件能够把逻辑函数化得更简。

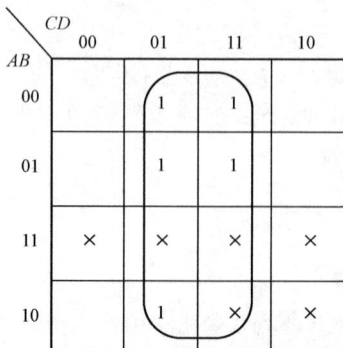

图 6.25　［例 6.28］卡诺图

思 考 题

1．什么是逻辑函数的最小项？六个输入变量有几个最小项？
2．什么是逻辑相邻项？
3．试述用卡诺图化简逻辑函数的步骤。

本章小结

（1）常用数制有十进制数、二进制数和十六进制数，整数部分转换方法如下：

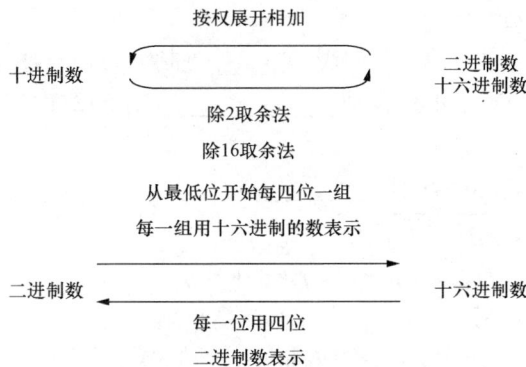

```
                        按权展开相加
                    ┌──────────────┐
  十进制数           │              │    二进制数
                    └──────────────┘    十六进制数
                        除2取余法
                        除16取余法

              从最低位开始每四位一组
              每一组用十六进制的数表示

  二进制数     ────────────────────→    十六进制数
             ←────────────────────
                      每一位用四位
                      二进制数表示
```

（2）基本门电路和复合门电路的逻辑符号和逻辑表达式小结如下：

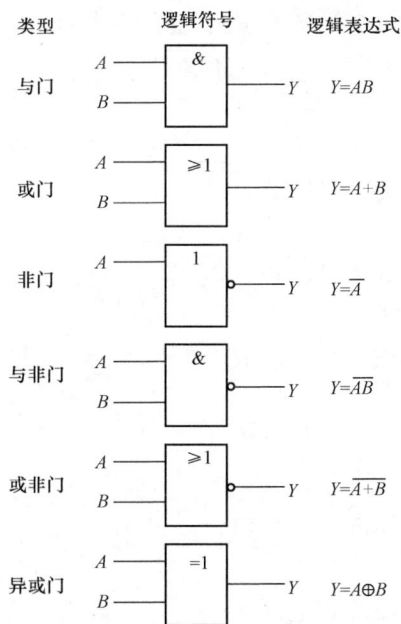

类型	逻辑符号	逻辑表达式
与门	A, B → & → Y	$Y=AB$
或门	A, B → ≥1 → Y	$Y=A+B$
非门	A → 1 →○ Y	$Y=\overline{A}$
与非门	A, B → & →○ Y	$Y=\overline{AB}$
或非门	A, B → ≥1 →○ Y	$Y=\overline{A+B}$
异或门	A, B → =1 → Y	$Y=A\oplus B$

（3）逻辑函数的表示方法有真值表、逻辑表达式、逻辑电路和卡诺图四种。
（4）用公式法化简逻辑函数时除了需要一定的技巧外，还要掌握基本公式和基本定律，尤其是吸收率和摩根定律的熟练使用。

（5）用卡诺图法化简逻辑函数时，圈 1 的原则是圈要大并且圈要少；每个圈中留下相同变量，留下"0"取反变量，留下"1"取原变量。

习　题

6.1　填空题

（1）输入有 0 得 1，全 1 为 0 是_____门；输入相同为 0，相异为 1 是_____门。

（2）三极管具有_____、_____、_____三种状态，在模拟电路中，三极管工作在_____状态，在数字电路中，三极管工作在_____和_____状态。

（3）三极管的基极电流 I_B=0 时，三极管处于_____状态，0<I_B<I_{BS} 时，三极管处于_____状态，I_B≥I_{BS} 时，三极管处于_____状态。

（4）BCD 码是用_____位二进制代码表示_____进制中的一个数，且逢十进一的编码方式。

（5）$(357)_{10}$ 用 8421BCD 码可表示为_____，用 5421BCD 码可表示为_____，用余 3 码可表示为_____。

（6）逻辑函数的常用表示方法有_____、_____、_____、_____四种。

（7）逻辑函数 $Y=\overline{\overline{A}B}+\overline{A}B+\overline{A}\overline{B}+AB$ 可化简为_____。

（8）逻辑函数 $Y=\overline{A}\,\overline{B}\,\overline{C}\,D+A+B+C+D$ 可化简为_____。

（9）四个变量的逻辑函数，共有_____个最小项，每个最小项必须包含_____个变量，每个变量只能以_____变量或_____变量出现____次。

（10）当变量 ABC=101 时，$AB+BC$=_____，$\overline{A}\,\overline{B}+A\overline{C}$=_____。

（11）Y（A、B、C）=$AB+\overline{A}\,\overline{B}+A\overline{C}$ 的最小项表达式为_____。

（12）$A+A$=_____，$A+\overline{A}$=_____，$A×A$=_____，$A×\overline{A}$=_____，1+A=_____，$A+\overline{A}B$=_____。

（13）变量取值不会出现的最小项称为_____项，其值恒为_____。

6.2　将下列十进制数转换为二进制数。

20　45　63

6.3　将下列二进制数转换成十进制数。

10110　1011101　111001.11

6.4　将下列二进制数转换成十六进制数。

（1）$(11001011)_2$=（　）$_{16}$

（2）$(1110101)_2$=（　）$_{16}$

（3）$(10110.110)_2$=（　）$_{16}$

6.5　将下列十六进制数转换成二进制数。

3E　5BA　D03

6.6　将下列十进制数转换成十六进制数。

33　98　125

6.7　将下列十六进制数转换成十进制数。

B0　6E　D23

6.8　列出下列函数的真值表。

（1）$Y = \overline{B}C + A\overline{C}$

（2）$Y = \overline{A}B + \overline{B}\,\overline{C}$

（3）$Y = AB + \overline{A}\,\overline{B}\,\overline{C}$

6.9　已知输入 A、B 波形如图 6.26 所示，分别画出与门、与非门、或门、或非门、异或门的输出波形。

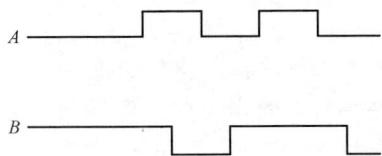

图 6.26　习题 6.9 输入波形

6.10　利用公式法证明下列等式。

（1）$\overline{A}\,\overline{B} + A\overline{B} + \overline{A}B = \overline{A} + \overline{B}$

（2）$ABC + \overline{A} + \overline{B} + \overline{C} = 1$

（3）$AB + BCD + \overline{A}C + \overline{B}C = AB + C$

（4）$A\overline{B} + \overline{A}D + BD + DCE = A\overline{B} + D$

6.11　用公式法化简下列逻辑函数。

（1）$Y = AB + \overline{B}C + \overline{A}C$

（2）$Y = \overline{B} + ABC + \overline{AC}$

（3）$Y = A + C + \overline{A + B + C}$

（4）$Y = AB + \overline{A}C + B\overline{C} + \overline{B}\,\overline{C}$

（5）$Y = \overline{\overline{\overline{AC} + \overline{ABC}} + \overline{BC}}$

6.12　用卡诺图法化简下列逻辑函数。

（1）$Y(A、B、C) = A\overline{B}\,\overline{C} + \overline{A}\,\overline{B}\,\overline{C} + \overline{A}\,B\overline{C} + \overline{A}B\overline{C}$

（2）$Y(A、B、C、D) = \overline{A}BC\overline{D} + \overline{A}B\overline{D} + AB\overline{C}D + A\overline{C}\,\overline{D} + ABCD$

（3）$Y(A、B、C) = \Sigma m$（0，1，2，3，5，7）

（4）$Y(A、B、C、D) = \Sigma m$（2，4，5，6，7，12，13，14，15）

（5）$Y(A、B、C、D) = \Sigma m$（0，1，2，3，6，8，9）$+ \Sigma d$（10，11，12，14，15）

（6）$Y(A、B、C、D) = \Sigma m$（0，1，2，4，12，14）$+ \Sigma d$（5，6，7，8，10）

第7章　集成逻辑门电路

【本章提要】

随着集成电路技术的发展，集成门电路已在数字电路中占主导地位。本章主要介绍 TTL 集成门电路和 CMOS 集成门电路的工作原理及主要参数、三态与非门和集电极开路与非门的特点和应用以及不同类型集成门电路的连接方法。

7.1　TTL 集成门电路

学习目标

- 了解 TTL 与非门电路的组成及工作原理。
- 了解 TTL 与非门电路的主要参数。
- 掌握三态与非门的特点及应用。
- 掌握集电极开路与非门的特点及应用。

逻辑门电路是构成数字电路的基本单元，在进行逻辑电路分析和设计时，除必须具备逻辑函数的知识外，还需要对构成电路的基本硬件单元有一定的了解。早期的逻辑门电路由分立元件构成，像前面介绍过的二极管与门、或门电路，三极管非门电路等。随着半导体集成技术的发展，集成逻辑门电路被广泛应用。集成逻辑门电路按结构可分为两大类，一类是由三极管构成的集成电路，称为 TTL 集成逻辑门电路；另一类是由场效应管构成的集成电路，称为 MOS 集成逻辑门电路。

7.1.1　TTL 与非门电路

1. 电路结构和工作原理

TTL 与非门电路如图 7.1 所示，其中 VT1 为多发射极三极管，结构如图 7.2 所示。

工作原理分析如下：

（1）当输入端 A、B、C 有一个为低电平（0.3V）时，三极管 VT1 饱和导通，三极管 VT2、VT5 截止，三极管 VT3、VT4 导通，此时，输出电压 $Y=U_{c2}-U_{be3}-U_{be4}\approx5-0.7-0.7=3.6$（V），输出为高电平"1"。

（2）当输入端 A、B、C 均为高电平（3.6V）时，三极管 VT2、VT5 饱和导通，三极管 VT3、VT4 截止，输出电压 $Y\approx0.3V$，输出为低电平"0"。

由上述分析可知，当输入有低电平时，输出为高电平；当输入全为高电平时，输出为低电平，可见该电路满足"与非"逻辑关系，是集成与非门电路。

2. 电路的特性和参数

（1）电压传输特性。

电压传输特性是指 TTL 与非门输入电压 u_i 和输出电压 u_o 之间的关系曲线，如图 7.3 所示。

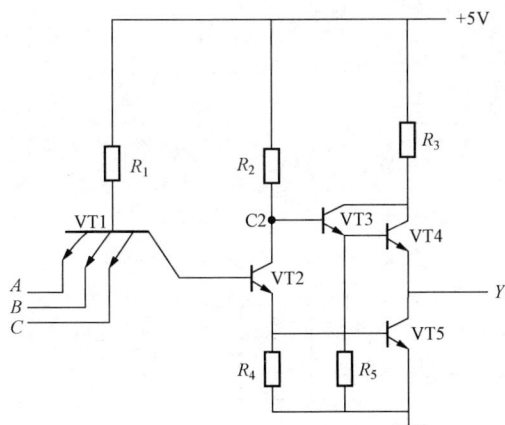

图 7.1 TTL 与非门电路

测试时,让某一输入端的电压 u_i 由零开始逐渐增大,其余输入端均接高电平。

图 7.2 多发射极三极管

图 7.3 TTL 与非门电压传输特性

AB 段:当输入电压 $0V \leqslant u_i \leqslant 0.5V$ 时,三极管 VT2、VT5 截止,输出电压为高电平,典型值为 $u_o=3.6V$。

BC 段:当输入电压 $0.5V < u_i \leqslant 1.3V$ 时,三极管 VT2 开始导通,集电极电流增大,引起 U_{C2} 减小,输出电压 u_o 随之下降,但 VT5 仍处于截止状态。

CD 段:当输入电压 $1.3V < u_i \leqslant 1.4V$ 时,随着 u_i 的增加,三极管 VT5 由截止转向导通,输出电压急剧下降。

DE 段:当 $u_i \geqslant 1.4V$ 时,三极管 VT5 由导通转向饱和,输出电压为低电平,典型值为 $u_o=0.3V$。

(2)主要参数。

1)标准输出高电平 U_{OH} 和标准输出低电平 U_{OL}。在实际电路中高、低电平的大小是允许在一定范围内变化的。工程手册中把输出高电平的下限值称为标准输出高电平 U_{OH}。把输出低电平的上限值称为标准输出低电平 U_{OL}。当 $U_{CC}=5V$ 时,$U_{OH}=3.6V$,$U_{OL}=0.3V$。

2)开门电平 U_{ON} 和关门电平 U_{OFF}。在保证输出为标准低电平时所允许的最小输入高电平值称为开门电平 U_{ON},在保证输出为标准高电平时所允许的最大输入低电平值称为关门电平 U_{OFF}。

3)输入端噪声容限 U_{NH} 和 U_{NL}。在保证输出为标准低电平的前提下,允许叠加在输入高电平上的最大负向干扰电压称为高电平噪声容限 U_{NH};在保证输出为标准高电平的前提下,允许叠加在输入低电平上的最大正向干扰电压称为低电平噪声容限 U_{NL}。

4)阈值电压 U_{TH}。阈值电压是指输出由高电平转变为低电平或由低电平转变为高电平的临界输入电压值。当 $u_i < U_{TH}$ 时,输出为高电平;当 $u_i > U_{TH}$ 时,输出为低电平。

5)扇出系数 N。在输出为正确的逻辑电平下,与非门的输出端能带同类门的个数,一般 $N \geqslant 8$。

7.1.2 三态输出与非门电路

三态输出与非门电路的输出状态有高电平、低电平和高阻三种,电路及逻辑符号如图 7.4

（a）、（b）所示。

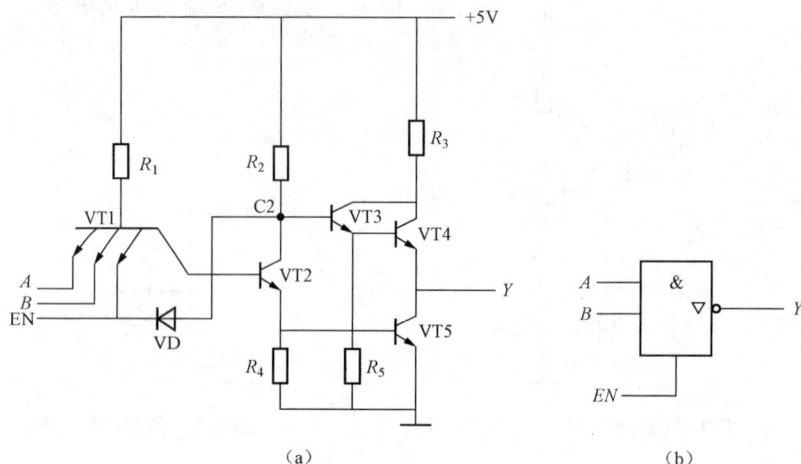

图 7.4　三态输出与非门电路和逻辑符号

（a）电路；（b）逻辑符号

　　图中 EN 为控制端，当 EN 为高电平时，二极管 VD 截止，电路的工作状态与普通与非门相同；当 EN 为低电平时，二极管 VD 导通，使三极管 VT4、VT5 同时截止，输出端呈现高阻状态。

　　即 $EN=1$ 时，$Y=\overline{AB}$；$EN=0$ 时，$Y=$ 高阻。

　　利用三态门的高阻状态可以方便地实现多路数据在总线上的分时传送，在图 7.5 所示电路中，任一时间只允许一个三态门处于工作状态，其余都处于高阻状态，这样总线就会按要求接受各个三态门的输出信号。这种用三态门和总线传送数据信号的方法，在计算机中被广泛应用。

7.1.3　集电极开路与非门

　　一般 TTL 门电路的输出端是不允许直接并联使用的，而集电极开路与非门（又称 OC 门）可以克服这个缺点。图 7.6

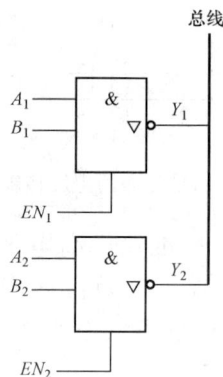

图 7.5　三态输出与非门的应用

（a）、（b）是集电极开路与非门的电路和逻辑符号，从图中可见，它少了 VT3、VT4 两个三极管，集电极开路与非门使用时必须在输出端和电源之间外接电阻 R。

　　集电极开路与非门的应用：

　　（1）可以实现"线与"。在图 7.7 所示电路中，$Y_1=\overline{AB}$，$Y_2=\overline{CD}$，由于用的是集电极开路与非门，则 $Y=Y_1 \cdot Y_2=\overline{AB} \cdot \overline{CD}$，完成"线与"功能。

　　（2）可以实现输出电平的转换。通常 TTL 门电路的电源为 5V，输出标准高电平为 3.6V。若集电极开路门使用的电源大于 5V，则可以得到较高的输出电压。

　　（3）可直接驱动小功率负载。在如图 7.8 所示电路中，当 OC 门输出低电平时，发光二极管导通发光；当 OC 门输出高电平时，发光二极管截止。

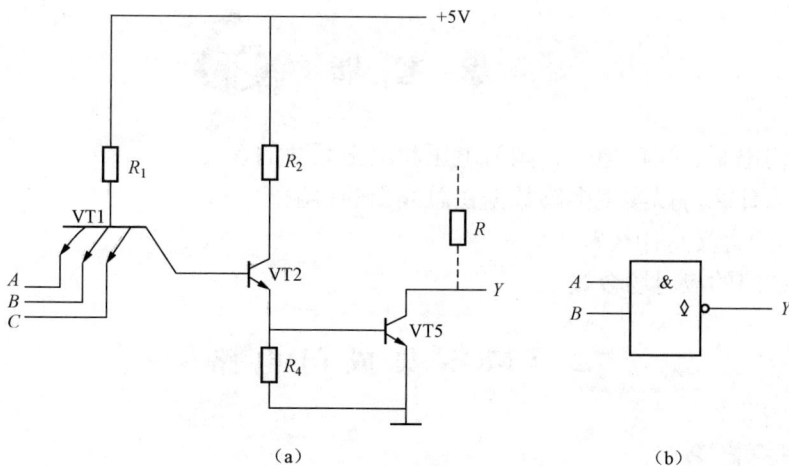

图 7.6　集电极开路与非门

（a）电路；（b）逻辑符号

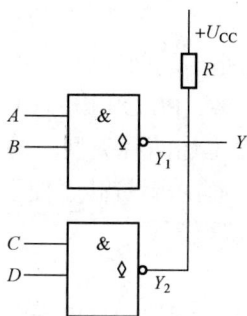

图 7.7　用 OC 门实现"线与"

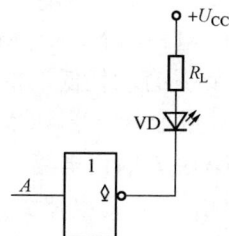

图 7.8　用 OC 门驱动负载

能力拓展

【例 7.1】　三态与非门的符号和输入波形如图 7.9（a）、（b）所示，试画出输出波形。

解　从三态门的符号可知，当 $\overline{EN}$ =1 时，输出高阻状态，当 $\overline{EN}$ =0 时，$Y=\overline{AB}$，输出波形 Y 如图 7.9（b）所示。

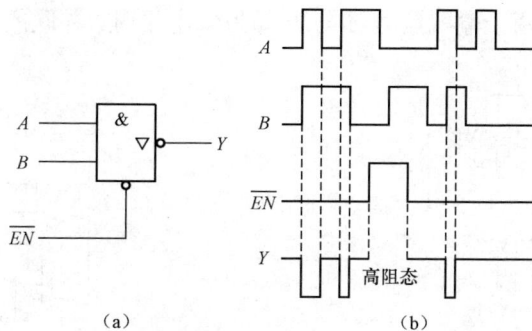

图 7.9　［例 7.1］逻辑符号和波形

（a）逻辑符号；（b）输入、输出波形

思 考 题

1. 试述开门电平、关门电平、阈值电压和扇出系数的含义。
2. 三态门为什么可以实现多路数据在总线上的传输？
3. "线与"的含义是什么？
4. 试述 OC 门的应用场合。

7.2　CMOS 集 成 门 电 路

学习目标

- 了解 MOS 电路的类型和特点。
- 了解 CMOS 与非门电路、或非门的组成和工作原理。
- 了解不同类型集成门电路的连接方法。

数字集成电路的另一大类是 MOS 集成电路，该集成电路是由场效应管构成的。MOS 集成电路有三种形式，即 PMOS 电路、NMOS 电路和 CMOS 电路。PMOS 电路由 P 沟道 MOS 管构成，NMOS 电路由 N 沟道 MOS 管构成，CMOS 电路包含上述两种类型的场效应管。

CMOS 电路具有功耗低、抗干扰能力强、制造工艺简单、输入阻抗高、便于集成等一系列优点，应用领域十分广泛，CMOS 电路的主要缺点是工作速度较低。

7.2.1　CMOS 与非门电路

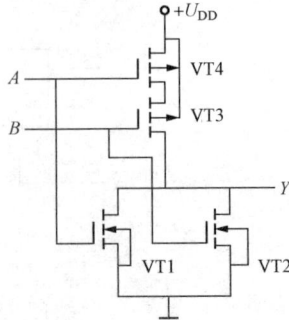

集成 CMOS 与非门电路如图 7.10 所示，其中，VT1、VT2 是 NMOS 管，VT3、VT4 是 PMOS 管，都为增强型。当输入信号 A 与 B 中有一个或两个为低电平时，串联的 VT1 和 VT2 管中总有一个是截止的，并联的 VT3 和 VT4 管中总有一个是导通的，输出 Y 为高电平；当输入信号 A 与 B 都为高电平时，VT1 和 VT2 管均导通，VT3 和 VT4 管均截止，输出 Y 为低电平。因此输出与输入之间符合"与非"逻辑关系，CMOS 与非门电路的符号与 TTL 与非门电路相同。

7.2.2　CMOS 或非门电路

集成 CMOS 或非门电路如图 7.11 所示，当输入信号 A 与 B 中有一个或两个为高电平时，并联的 VT1、VT2 管中至少有一个是导通的，而串联的 VT3、VT4 管中至少有一个是截止的，因此输出 Y 为低电平。当两个输入信号 A 与 B 都为低电平时，并联的 VT1、VT2 管同时截止，

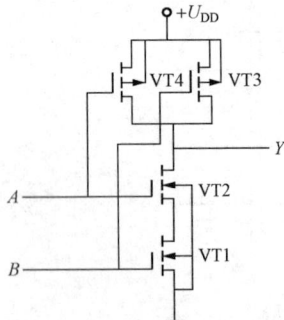

图 7.10　CMOS 与非门电路　　　　　图 7.11　CMOS 或非门电路

串联的 VT3、VT4 管同时导通，输出 Y 为高电平。因此输出与输入之间符合"或非"逻辑关系，CMOS 或非门电路的符号与 TTL 或非门电路相同。

知识拓展

1. 门电路多余输入端的处理

为防止干扰信号的引入，一般不允许将多余输入端悬空。处理多余输入端的原则是：不能改变电路的逻辑状态和电路的可靠性。一般有下列几种处理方法。

（1）与其他已用输入端并联使用。该方法适用于工作速度要求不高，前级驱动能力较强的场合。

（2）与门、与非门的多余输入端应接高电平（也可通过 $1\sim3k\Omega$ 电阻接高电平）。

（3）或门、或非门的多余输入端应接低电平。

几种常见处理方法如图 7.12、图 7.13 所示。

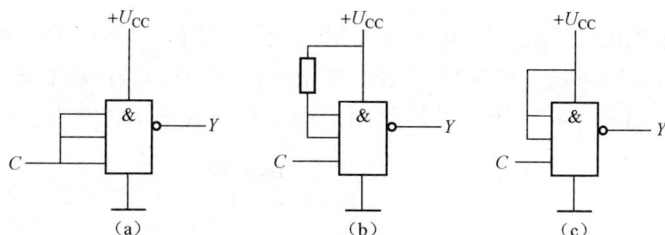

图 7.12　与非门多余输入端的处理方法

（a）并联使用；（b）通过电阻接高电平；（c）接高电平

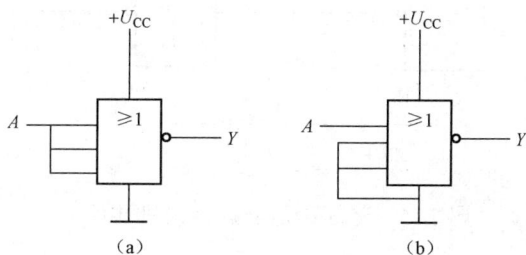

图 7.13　或非门多余输入端的处理方法

（a）并联使用；（b）接低电平

2. 集成门电路的接口问题

在设计数字电路时，原则上应采用同一系列的集成芯片。但由于受到同一系列电路品种的限制，难免会遇到不同类型、不同系列集成电路的连接问题。当一种系列门电路驱动另一种系列门电路时，必须同时满足电压和电流两个方面的要求，即驱动门必须能为后一级的负载门提供符合要求的高、低电平和足够的输入电流，必须满足的条件如下：

$$驱动门 \quad 负载门$$
$$U_{\text{OH min}} \geq U_{\text{IH min}}$$
$$U_{\text{OL max}} \leq U_{\text{IL max}}$$
$$I_{\text{OH max}} \geq I_{\text{IH}}$$
$$I_{\text{OL max}} \geq I_{\text{IL}}$$

【例 7.2】 已知 TTL（74 系列）和 CMOS（74HC 系列）电路的输入、输出参数如表 7.1 所示，试判断能否用 TTL 电路直接驱动 CMOS 电路？

表 7.1   TTL 与 CMOS 电路的输入、输出特性参数（V_{DD}=+5V）

项目	TTL 74 系列	CMOS 74HC 系列	项目	TTL 74 系列	CMOS 74HC 系列
U_{OHmin}（V）	2.4	4.4	U_{IHmin}（V）	2	3.15
U_{OLmax}（V）	0.4	0.1	U_{ILmax}（V）	0.8	0.9
I_{OHmax}（mA）	4	4	U_{IHmax}（μA）	40	1
I_{OLmax}（mA）	16	4	I_{IL}（mA）	1.6	1×10^{-3}

解 由于 TTL 系列的 U_{OHmin}=2.4V 小于 CMOS 系列的 U_{IHmin}=3.15V，因此不能直接驱动。

解决这一问题的方法是要提高 TTL 电路的输出高电平值，可在 TTL 电路的输出端与 V_{DD} 间接入电阻 R，如图 7.14 所示，就可以把输出高电平值提高到 4V 左右。

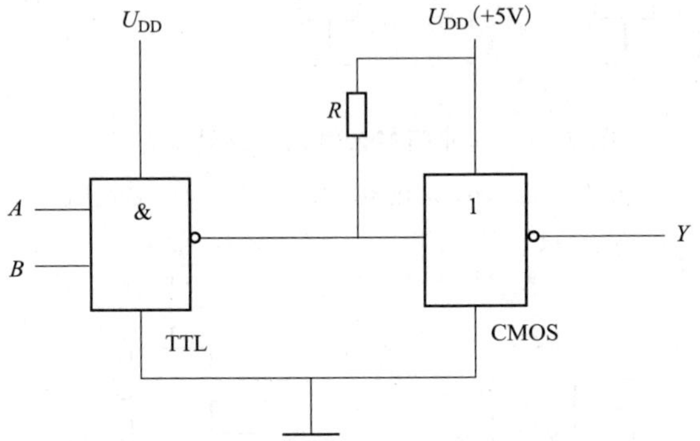

图 7.14 提高驱动门输出高电平电路

能 力 拓 展

【例 7.3】 在图 7.15 所示电路中，试判断哪一个电路能够实现 $Y = \overline{A}$？

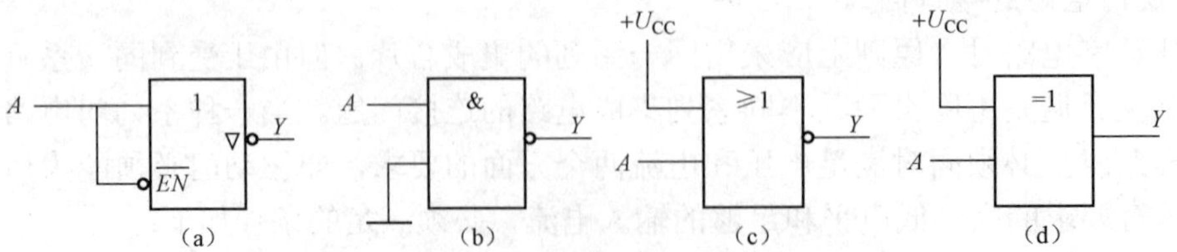

图 7.15 ［例 7.3］电路

解：图 7.15（a）是三态非门，从图中可见，$\overline{EN} = A$。当 A=0 时，$\overline{EN}$ =0，输出 $Y = \overline{A}$；当 A=1 时，$\overline{EN}$ =1，输出 Y 为高阻状态，此图不能实现 $Y = \overline{A}$。

图 7.15（b）中，$Y = \overline{A \times 0} = 1$，此图不能实现 $Y = \overline{A}$。

图 7.15（c）中，$Y = \overline{A+1} = 0$，此图不能实现 $Y = \overline{A}$。

图 7.15（d）中，$Y = A \oplus 1 = \overline{A}$，此图能实现 $Y = \overline{A}$。

【例 7.4】 在数字电路中，用非门电路驱动发光二极管（LED）有两种电路形式，如图 7.16（a）、（b）所示。

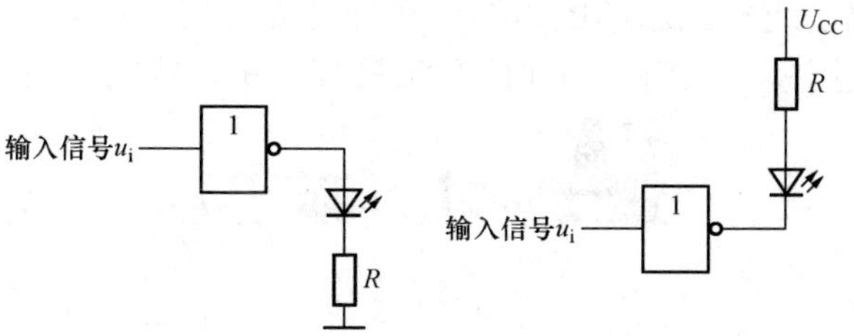

图 7.16 门电路驱动发光二极管电路

（a）u_i 低电平驱动；（b）u_i 高电平驱动

在图 7.16（a）中，当非门电路输入为低电平时，输出为高电平，于是限流电阻为

$$R = \frac{U_{OH} - U_F}{I_D}$$

在图 7.16（b）中，当非门电路输入为高电平时，输出为低电平，于是限流电阻为

$$R = \frac{U_{CC} - U_F - U_{OL}}{I_D}$$

以上两式中，I_D 为通过 LED 的电流，U_F 为 LED 的正向压降，U_{OH} 和 U_{OL} 为非门电路输出的高、低电平，常取典型值。

在图 7.16（b）所示电路中，非门电路输入高电平时，LED 导通发光，求限流电阻 R。（设 $I_D = 10\text{mA}$，$U_F = 2.2\text{V}$，$U_{CC} = 5\text{V}$，$U_{OL} = 0.1\text{V}$）

解 限流电阻 $R = \dfrac{5 - 2.2 - 0.1}{0.01} = 270\Omega$。

思 考 题

1. 试述 CMOS 与非门电路、CMOS 或非门电路的工作原理。
2. 与门、与非门的多余输入端应该怎样处理？
3. 或门、或非门的多余输入端应该怎样处理？

本章小结

（1）集成门电路按结构可分为两大类，一类是由三极管构成的，称为 TTL 集成门电路；另一类是由场效应管构成的，称为 MOS 集成门电路。MOS 集成门电路具有功耗低、输入电阻高、抗干扰能力强、便于集成等优点，已逐渐取代 TTL 集成门电路而成为当前数字电路的主导产品。

（2）在实现总线传输时，要使用三态与非门，其输出具有"1""0"和高阻三种状态。用集电极开路与非门可以实现"线与"功能。

（3）不同类型、不同系列集成电路连接时，驱动门必须能为后一级的负载门提供符合要求的高、低电平和足够的输入电流。

（4）不改变电路的逻辑状态和电路的可靠性是处理门电路多余输入端的原则，除了可以与已用输入端并联使用外，与门、与非门必须接高电平，或门、或非门必须接低电平。

习　题

7.1　填空题

（1）三态门具有_____、_____、_____三种输出状态。

（2）OC门又称集电极_____与非门，多个OC门的输出端并联使用，可实现_____功能。可用于总线结构进行分时传输是_____门。

（3）门电路多余输入端除了可以同已用输入端_____使用外，若为与门、与非门可将多余输入端接_____电平；若为或门、或非门可将多余输入端接_____电平。

（4）TTL集成电路是由_____构成的，MOS集成电路是由_____构成的。

（5）扇出系数 N 是指在输出正确的逻辑电平下，输出端能带_____门的个数，一般 $N \geqslant$ _____。

（6）在保证输出为标准低电平时所允许的最小输入高电平值称为_____电平，用_____符号表示；在保证输出为标准高电平时所允许的最大输入低电平值称为_____电平，用_____符号表示。

（7）在保证输出为标准低电平时，允许叠加在输入高电平上的最大负向干扰电压称为_____噪声容限，用_____符号表示；在保证输出为标准高电平时，允许叠加在输入低电平上的最大正向干扰电压称为_____噪声容限，用_____符号表示。

（8）输出由高电平转变为低电平或由低电平转变为高电平的临界输入电压称为_____电压，用_____符号表示。

7.2　在图7.17所示CMOS门电路中，1、2、3为多余输入端，试问哪些处理方法是正确的？

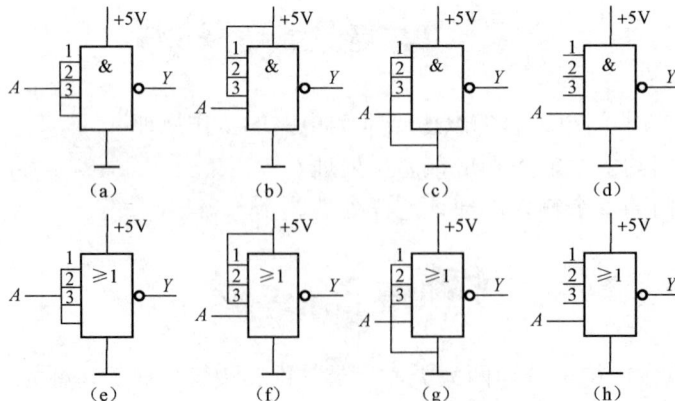

图7.17　习题7.2电路

7.3　画出用两输入与非门、或非门、异或门作反相器使用的电路。

7.4 求图 7.18 所示门电路中的输出 Y。

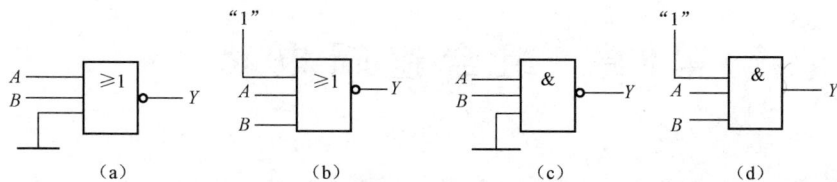

图 7.18 习题 7.4 电路

7.5 求图 7.19 所示三态门电路中的输出 Y。

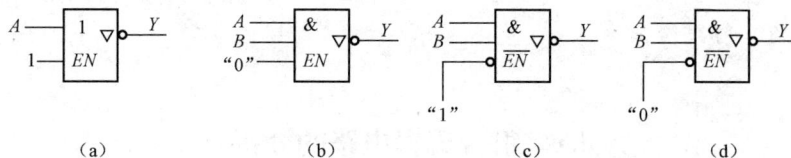

图 7.19 习题 7.5 电路

7.6 图 7.20 所示电路是用 TTL 反相器驱动发光二极管的电路，试分析：

哪几个电路的接法是正确的，为什么？设 LED 的正向压降为 1.7V，电流大于 0.9mA 时发光，试求正确接法电路中流过 LED 的电流（已知 U_{OH}=2.7V，U_{OL}=0.5V）。

图 7.20 习题 7.6 电路

第8章 组合逻辑电路

【本章提要】

　　本章主要介绍组合逻辑电路的通用分析步骤和设计方法，常用组合逻辑电路（编码器、译码器、数据选择器、数据分配器）的工作原理和逻辑功能以及用中规模集成电路实现逻辑函数的方法。

8.1 组合逻辑电路的分析

学习目标

- 了解组合逻辑电路的特点。
- 掌握组合逻辑电路的分析方法。

数字电路可分为两大类：一类是组合逻辑电路，另一类是时序逻辑电路。组合逻辑电路是由基本门电路和复合门电路组成的，特点是：电路在任意时刻的输出状态只取决于该时刻的输入状态，而与初始状态无关。

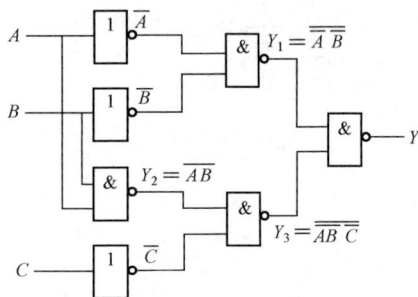

图 8.1　[例 8.1] 逻辑电路

　　组合逻辑电路分析的目的是针对给出的逻辑电路图，写出最简的逻辑表达式并分析电路的逻辑功能。具体步骤如下：

（1）逐级写出逻辑表达式。

（2）用公式法或卡诺图法化简逻辑表达式。

（3）列出真值表并分析逻辑功能。

【例 8.1】 写出图 8.1 所示电路的逻辑表达式并分析电路的逻辑功能。

解

$$Y_1 = \overline{\overline{A}\,\overline{B}}$$

$$Y_2 = \overline{AB}$$

$$Y_3 = \overline{\overline{Y_2}\,\overline{C}} = \overline{\overline{\overline{AB}}\,\overline{C}}$$

输出　　　　　　$$Y = \overline{Y_1 Y_3} = \overline{Y_1} + \overline{Y_3} = \overline{A}\,\overline{B} + \overline{AB}\,\overline{C}$$

若转换成与或表达式　$$Y = \overline{A}\,\overline{B} + (\overline{A} + B)\overline{C} = \overline{A}\,\overline{B} + \overline{A}\,C + \overline{B}\,C$$

根据与或表达式，列出真值表，如表 8.1 所示。

分析逻辑功能：

由真值表可见：在输入 A、B、C 中，若 1 的个数小于 2 个时，输出 Y 为 1，否则为 0。

【例 8.2】证明图 8.2（a）、（b）所示两个电路具有相同的逻辑功能。

解　图 8.2（a）中 $Y_1 = A\bar{B} + \bar{A}B$

图 8.2（b）中 $Y_2 = (A+B)(\bar{A}+\bar{B}) = A\bar{B} + \bar{A}B$

由于两图具有相同的逻辑表达式，则逻辑功能相同。

【例 8.3】　在图 8.3 所示电路中，当 $\overline{EN}=0$ 时，求输出 Y 的表达式。

表 8.1　　　　［例 8.1］真值表

输入			输出
A	B	C	Y
0	0	0	1
0	0	1	1
0	1	0	1
0	1	1	0
1	0	0	1
1	0	1	0
1	1	0	0
1	1	1	0

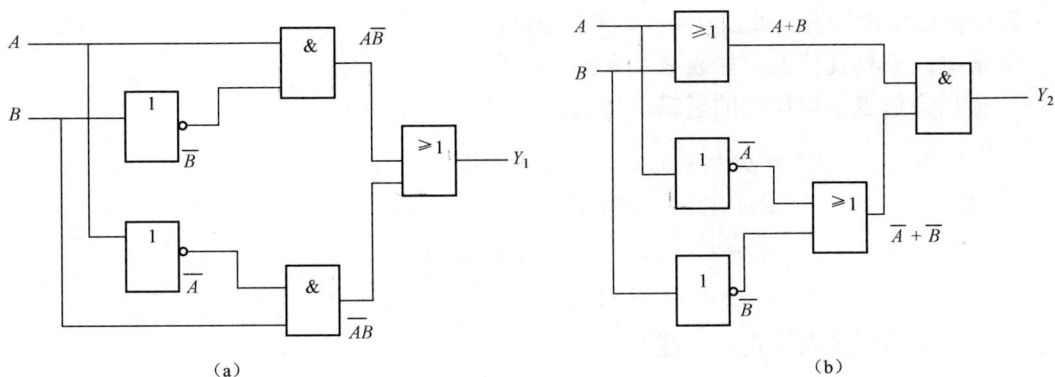

（a）　　　　　　　　　（b）

图 8.2　［例 8.2］逻辑电路

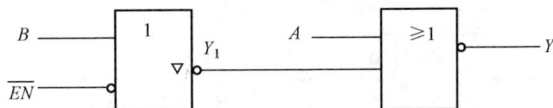

图 8.3　［例 8.3］电路

解　当 $\overline{EN}=0$ 时，$Y_1=\bar{B}$，$Y=\overline{A+\bar{B}}=\bar{A}B$

思　考　题

试述组合逻辑电路的分析步骤。

8.2　组合逻辑电路的设计

学习目标

- 了解组合逻辑电路的设计步骤。
- 掌握用规定基本门电路实现组合逻辑电路的方法。

组合逻辑电路的设计是根据逻辑功能的要求，设计出能够实现该逻辑功能的具体电路。

具体步骤如下：

（1）对已知要求的逻辑功能进行分析，确定输入变量、输出变量之间的相互关系；然后进行逻辑赋值，即确定什么情况下为逻辑 1，什么情况下为逻辑 0。

（2）根据逻辑功能列出真值表并写出相应的逻辑表达式，这一步骤是设计组合逻辑电路的关键所在。在写逻辑表达式时，首先，把真值表中输出函数值为"1"的各输入变量写成一个乘积项，在乘积项中变量取值为 0 的用反变量形式，变量取值为 1 的用原变量形式，然后将所有的乘积项相加，即得到逻辑表达式。

（3）用公式法或卡诺图法化简逻辑函数，并转换成所要求的逻辑形式。

（4）根据要求的逻辑形式，画出相应的逻辑电路图。

【例 8.4】 设计一个三人表决电路，输出结果用 Y 表示。

解 （1）对逻辑变量进行赋值：A、B、C 表示输入变量，同意用 1 表示，不同意用 0 表示；Y 表示输出变量，表决通过 $Y=1$，表决不通过 $Y=0$。

（2）根据题意列真值表，如表 8.2 所示。

（3）根据真值表写出相应的逻辑表达式，并用公式法化简。

$$Y = \overline{A}BC + A\overline{B}C + AB\overline{C} + ABC$$
$$= \overline{A}BC + ABC + A\overline{B}C + ABC + AB\overline{C} + ABC$$
$$= BC(\overline{A} + A) + AC(\overline{B} + B) + AB(\overline{C} + C)$$
$$= AB + AC + BC$$

（4）根据最简逻辑表达式画出逻辑电路，如图 8.4 所示。

表 8.2　　　　　　　三人表决电路真值表

A	B	C	Y
0	0	0	0
0	0	1	0
0	1	0	0
0	1	1	1
1	0	0	0
1	0	1	1
1	1	0	1
1	1	1	1

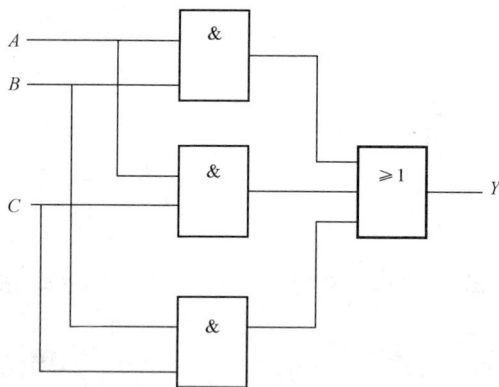

图 8.4　三人表决电路

[例 8.4] 中，如果逻辑电路要求用与非门实现，则要通过摩根定律把逻辑表达式转换为与非形式，即 $Y=AB+AC+BC=\overline{\overline{AB+AC+BC}}=\overline{\overline{AB}\times\overline{AC}\times\overline{BC}}$。

逻辑电路如图 8.5 所示。

【例 8.5】 设计一个数值比较电路，可以比较 A、B 两个一位数的大小。

解 （1）根据给定要求列出真值表，如表 8.3 所示。在真值表中规定：$A=B$ 时，$Q_{A=B}=1$；$A>B$ 时，$Q_{A>B}=1$；$A<B$ 时，$Q_{A<B}=1$。

表 8.3　　　　　　　　比 较 器 真 值 表

输　入		输　出		
A	B	$Q_{A=B}$	$Q_{A>B}$	$Q_{A<B}$
0	0	1	0	0
0	1	0	0	1
1	0	0	1	0
1	1	1	0	0

（2）根据真值表写出逻辑表达式。

$$Q_{A=B}=\overline{A}\,\overline{B}+AB=\overline{\overline{A}\overline{B}+\overline{AB}}$$
$$Q_{A>B}=A\overline{B}$$
$$Q_{A<B}=\overline{A}B$$

（3）画出逻辑电路如图 8.6 所示。

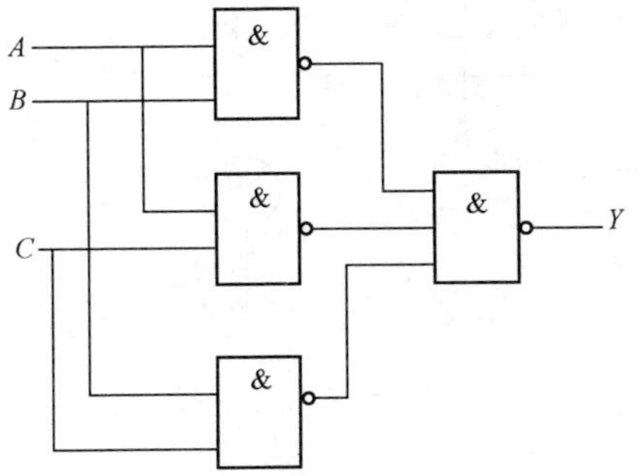

图 8.5　用与非门实现的三人表决电路 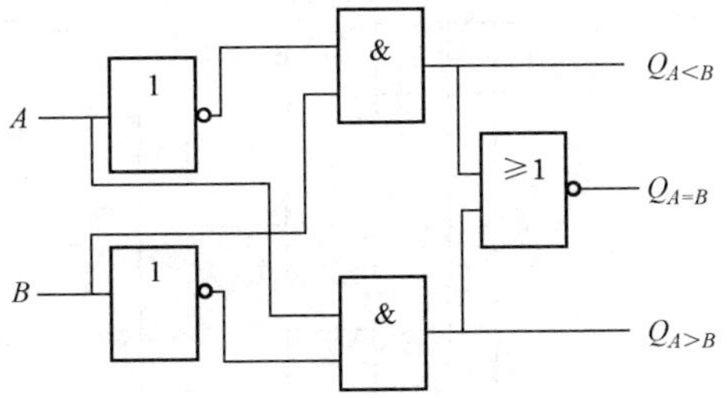　　　　图 8.6　比较器逻辑电路

能力拓展

【例 8.6】　设计一个交通信号灯检测电路。正常情况下只有一个灯亮，红灯（R）亮—停车，黄灯（A）亮—准备，绿灯（G）亮—通行。输入变量为 1，表示灯亮，输入变量为 0，表示灯暗；正常时输出 $Y=0$，故障时输出 $Y=1$。

解　由题意列出真值表如表 8.4 所示。

表 8.4　　　　　　　　[例 8.6] 真值表

输　入			输　出
R（红灯）	A（黄灯）	G（绿灯）	Y
0	0	0	1
0	0	1	0
0	1	0	0
0	1	1	1
1	0	0	0
1	0	1	1
1	1	0	1
1	1	1	1

根据真值表写出逻辑表达式

$$Y=\overline{R}\,\overline{A}\,\overline{G}+\overline{R}AG+R\overline{A}G+RA\overline{G}+RAG$$

化简后

$$Y=\overline{R}\,\overline{A}\,\overline{G}+RG+AG+RA$$

若直接用基本门电路实现，需要 3 个非门、4 个与门和一个或门。
若把上式转换为

$$Y=\overline{R+A+G}+RG+AG+RA$$

只需要用 1 个或非门、3 个与门和一个或门。逻辑电路如图 8.7 所示。发生故障时，电路输出 Y 为高电平，三极管导通，继电器 KA 得电，其动合触点闭合，故障指示灯 HL 亮。

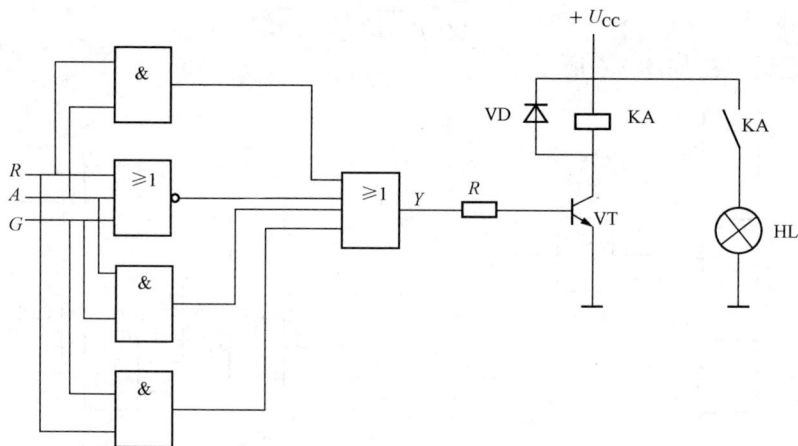

图 8.7　交通信号灯检测电路

思　考　题

1. 试述组合逻辑电路的设计步骤。
2. 优化设计时，为何有时要把逻辑函数转换为与非形式？

8.3　编　码　器

学习目标

- 了解编码器的功能。
- 掌握编码器的设计方法。
- 了解常用集成编码器的型号及应用。

所谓编码就是将特定含义的输入信号（文字、数字、符号）转换成二进制代码的过程，能实现编码操作的数字电路称为编码器。按照编码方式不同，编码器可分为通用编码器和优先编码器。

8.3.1 通用编码器

以 8 线—3 线编码器为例讲述通用编码器的设计方法及实现过程。

（1）确定输入、输出变量的个数。

如果输入有 8 个状态需要编码，则输出的二进制代码需要三位。8 线—3 线编码器有 8 个输入端 $I_0 \sim I_7$（输入 8 线）和 3 个输出端 $Y_0 \sim Y_2$（输出 3 线），逻辑框图如图 8.8 所示。

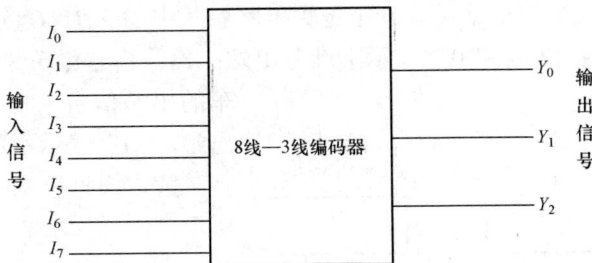

图 8.8　8 线—3 线编码器逻辑框图

（2）列出编码表（真值表）如表 8.5 所示。

表 8.5　　　　　　　　　　　　　　8 线—3 线编码器真值表

输　　入	输　　出		
	Y_2	Y_1	Y_0
I_0	0	0	0
I_1	0	0	1
I_2	0	1	0
I_3	0	1	1
I_4	1	0	0
I_5	1	0	1
I_6	1	1	0
I_7	1	1	1

列编码表示时，每个输入信号（信号出现为"1"，不出现为"0"）只能与一组三位二进制代码相对应。例如，当输入 I_4 为 1，其余为 0 时，输出 $Y_2Y_1Y_0 =100$；当输入 I_6 为 1，其余为 0 时，输出 $Y_2Y_1Y_0 =110$。

（3）根据真值表，求出编码器输出 Y_2、Y_1、Y_0 的逻辑表达式为：

$$Y_2 = I_4 + I_5 + I_6 + I_7$$
$$Y_1 = I_2 + I_3 + I_6 + I_7$$
$$Y_0 = I_1 + I_3 + I_5 + I_7$$

（4）画出逻辑电路图

若用或门实现，逻辑电路如图 8.9 所示。

若用与非门实现，则

$$Y_2 = \overline{\overline{I_4}\,\overline{I_5}\,\overline{I_6}\,\overline{I_7}}$$
$$Y_1 = \overline{\overline{I_2}\,\overline{I_3}\,\overline{I_6}\,\overline{I_7}}$$
$$Y_0 = \overline{\overline{I_1}\,\overline{I_3}\,\overline{I_5}\,\overline{I_7}}$$

逻辑电路如图 8.10 所示。

8.3.2　优先编码器

通用编码器不允许两个以上的编码信号同时出现，否则，将使编码器的输出发生错误，而优先编码器在设计时已对所有输入信号进行了优先顺序排列，因此即使多个输入信号同时发出编码请求，编码器也只对优先级别最高的输入信号进行编码，具有这种功能的编码器称为优先编码器。

【例 8.7】 为三列火车的出站设计一个逻辑电路。其中 A、B、C 分别代表动车、快车、慢车；"1"表示火车准备出站、"0"表示不准备出站；Y_A、Y_B、Y_C 分别表示动车、快车、慢车的出站信号，"1"表示对应火车可以出站，"0"表示不可以出站。

解 根据题意列出的真值表如表 8.6 所示。

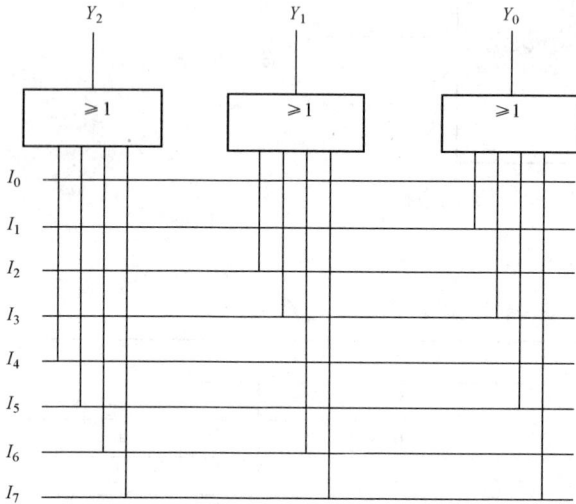

图 8.9　或门实现的 8 线—3 线编码器

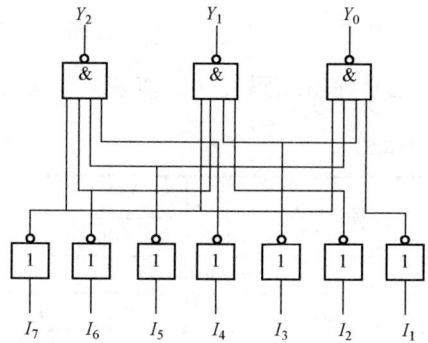

图 8.10　与非门实现的 8 线—3 线编码器

表 8.6　　　　　　　　　　　　　　　　　［例 8.7］真值表

输　入			输　出		
A（动车）	B（快车）	C（慢车）	Y_A	Y_B	Y_C
0	0	0	0	0	0
0	0	1	0	0	1
0	1	0	0	1	0
0	1	1	0	1	0
1	0	0	1	0	0
1	0	1	1	0	0
1	1	0	1	0	0
1	1	1	1	0	0

从真值表可见，输入状态可以同时出现，但编码器只对其中优先等级最高的一个输入信号进行编码，这样等级较低的输入信号就不会对输出产生影响。

输出信号为

$$Y_A=A\bar{B}\bar{C}+A\bar{B}C+AB\bar{C}+ABC=A$$
$$Y_B=\bar{A}B\bar{C}+\bar{A}BC=\bar{A}B$$
$$Y_C=\bar{A}\bar{B}C$$

逻辑电路如图 8.11 所示。

8.3.3 集成编码器

1. 集成芯片 74LS148

集成芯片 74LS148 是 8 线—3 线优先编码器，引脚排列如图 8.12 所示，真值表如表 8.7 所示。

图 8.11 ［例 8.7］逻辑电路

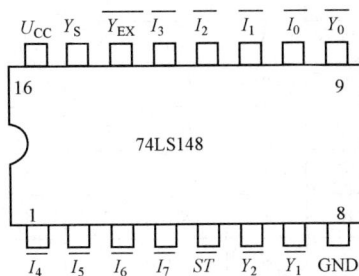

图 8.12 74LS148 引脚排列

表 8.7 **74LS148 真 值 表**

			输　入								输　出		
$\overline{ST}$	$\overline{I_7}$	$\overline{I_6}$	$\overline{I_5}$	$\overline{I_4}$	$\overline{I_3}$	$\overline{I_2}$	$\overline{I_1}$	$\overline{I_0}$	$\overline{Y_2}$	$\overline{Y_1}$	$\overline{Y_0}$	$\overline{Y_{EX}}$	Y_s
1	×	×	×	×	×	×	×	×	1	1	1	1	1
0	1	1	1	1	1	1	1	1	1	1	1	1	0
0	0	×	×	×	×	×	×	×	0	0	0	0	1
0	1	0	×	×	×	×	×	×	0	0	1	0	1
0	1	1	0	×	×	×	×	×	0	1	0	0	1
0	1	1	1	0	×	×	×	×	0	1	1	0	1
0	1	1	1	1	0	×	×	×	1	0	0	0	1
0	1	1	1	1	1	0	×	×	1	0	1	0	1
0	1	1	1	1	1	1	0	×	1	1	0	0	1
0	1	1	1	1	1	1	1	0	1	1	1	0	1

真值表中 $\overline{I_0} \sim \overline{I_7}$ 为八个输入信号，低电平有效，优先级别为 $\overline{I_7}$ 最高，$\overline{I_0}$ 最低。$\overline{Y_0} \sim \overline{Y_2}$ 为三个输出信号，且采用反码形式，例如当 $\overline{I_7}$ =0，输出 $\overline{Y_2}\ \overline{Y_1}\ \overline{Y_0}$ =000，正好是 $Y_2 Y_1 Y_0$ =111 的反码。$\overline{ST}$ 为选通输入端，低电平有效。当 $\overline{ST}$ =1 时，编码器处于禁止状态，输出全为 1；当 $\overline{ST}$ =0 时，编码器处于工作状态，按优先级别高低进行编码。$\overline{Y_{EX}}$ 为扩展输出端。Y_s 为选通输出端，级联应用时，高位片的 Y_s 端与低位片的 $\overline{ST}$ 端相连，可以扩展编码器的功能。

图 8.13 CD40147 引脚排列

2. 集成芯片 CD40147

集成芯片 CD40147 是 10 线—4 线 8421BCD 码优先编码器，引脚排列如图 8.13 所示，功

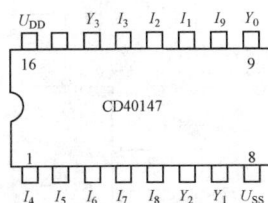

能表如表 8.8 所示。

真值表中 $I_0 \sim I_9$ 为十个输入信号，高电平有效，优先级别为 I_9 最高，I_0 最低。$Y_0 \sim Y_3$ 为四个输出信号。例如当 $I_9=1$ 时，不管其他输入端为何状态，输出 $Y_3Y_2Y_1Y_0=1001$。

表 8.8　　　　　　　　　　　　　　CD40147　功　能　表

输　入										输　出			
I_0	I_1	I_2	I_3	I_4	I_5	I_6	I_7	I_8	I_9	Y_3	Y_2	Y_1	Y_0
0	0	0	0	0	0	0	0	0	0	1	1	1	1
1	0	0	0	0	0	0	0	0	0	0	0	0	0
×	1	0	0	0	0	0	0	0	0	0	0	0	1
×	×	1	0	0	0	0	0	0	0	0	0	1	0
×	×	×	1	0	0	0	0	0	0	0	0	1	1
×	×	×	×	1	0	0	0	0	0	0	1	0	0
×	×	×	×	×	1	0	0	0	0	0	1	0	1
×	×	×	×	×	×	1	0	0	0	0	1	1	0
×	×	×	×	×	×	×	1	0	0	0	1	1	1
×	×	×	×	×	×	×	×	1	0	1	0	0	0
×	×	×	×	×	×	×	×	×	1	1	0	0	1

能力拓展

【例 8.8】 试用 74LS148 组成一个 16 线—4 线的优先编码器，将 $A_0 \sim A_{15}$ 16 个低电平有效的输入信号编码为 $0000 \sim 1111$，其中 A_{15} 优先级别最高，A_0 最低。

解　由于一片 74LS148 只有八个编码输入端，需用两片 74LS148 才能组成 16 线～4 线的优先编码器。两片级联时，应满足高位片 $\overline{I_7} \sim \overline{I_0}$ 均无编码信号时，才允许对低位片 $\overline{I_7} \sim \overline{I_0}$ 的信号进行编码。为此，必须把高位片的 Y_S 端与低位片的 $\overline{ST}$ 端相连，如图 8.14 所示。

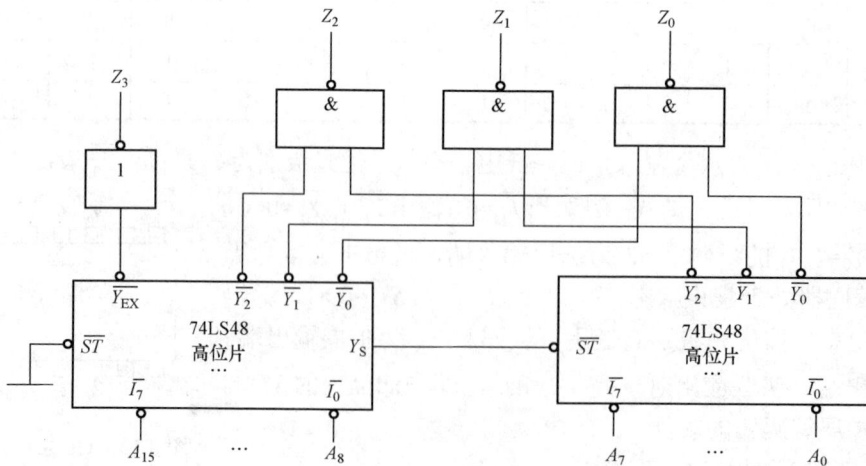

图 8.14　编码器的级联

当高位片有编码信号输入时，它的 $\overline{Y_{EX}}$ =0；无编码信号输入时，$\overline{Y_{EX}}$ =1，正好可以用它作为编码输出信号的第四位，以区分 8 个高优先权信号和 8 个低优先权信号的编码。

当 $A_{15} \sim A_8$ 中任一输入端为低电平时，例如 A_{10}=0，则高位片的 $\overline{Y_{EX}}$ =0，Z_3=1，$\overline{Y_2}\,\overline{Y_1}\,\overline{Y_0}$ =101。由于高位片的 Y_s=1，所以低能位片被禁止编码，输出 $\overline{Y_2}\,\overline{Y_1}\,\overline{Y_0}$ =111。因此，$Z_3 Z_2 Z_1 Z_0$=1010，即把 $\overline{I_{10}}$ =0 编成 1010 码。

当 $A_{15} \sim A_8$ 全为高电平时，高位片的 Y_s=0，低位片可以工作，此时高位片的 $\overline{Y_{EX}}$ =1，Z_3=0，高位片的 $\overline{Y_2}\,\overline{Y_1}\,\overline{Y_0}$ =111，如果低位片的 A_4=0，则 $\overline{Y_2}\,\overline{Y_1}\,\overline{Y_0}$ =011，输出编码 $Z_3 Z_2 Z_1 Z_0$=0100，即把 $\overline{I_4}$ =0 编成 0100 码。

思 考 题

1．二进制编码器和二—十进制编码器有何区别？
2．试述集成编码器 74LS148 $\overline{ST}$ 端的功能。
3．试述集成编码器 74LS148 Y_s 端的功能。

8.4 译 码 器

学习目标

- 了解译码器的作用。
- 了解通用译码器和显示译码器的设计方法。
- 掌握常用集成译码器的型号及应用。
- 掌握用集成译码器实现逻辑函数的方法。

译码和编码的过程相反，编码是将输入的不同信号（或十进制数）转换为二进制代码输出。译码是将输入的二进制代码按照编码时的含义还原成对应的信号（或十进制数）进行输出，能够完成译码作用的逻辑电路称为译码器，译码器有通用译码器和显示译码器两类。

8.4.1 通用译码器

通用译码器的作用是把输入的二进制代码转换成对应的输出状态。以三位二进制代码为例，讲述通用译码器的设计方法。图 8.15 是三位二进制译码器的逻辑框图。

1．列出译码器的状态表（真值表）

设输入三位二进制代码为 A、B、C，输出最多有八个状态，即 $2^n = 2^3 = 8$，这样的译码器也称为 3 线—8 线译码器，真值表如表 8.9 所示。

从真值表可见，每一组输入二进制代码只能与一个输出状态相对应，例如 $A_2 A_1 A_0$ =000 时，与之对应的输出状态为 Y_0=1；$A_2 \overline{A_1} A_0$=101 时，与之对应的输出状态为 Y_5=1。

图 8.15 译码器逻辑框图

表 8.9　　　　　　　　　　　　　三位二进制译码器真值表

输		入	输				出			
A_2	A_1	A_0	Y_0	Y_1	Y_2	Y_3	Y_4	Y_5	Y_6	Y_7
0	0	0	1	0	0	0	0	0	0	0
0	0	1	0	1	0	0	0	0	0	0
0	1	0	0	0	1	0	0	0	0	0
0	1	1	0	0	0	1	0	0	0	0
1	0	0	0	0	0	0	1	0	0	0
1	0	1	0	0	0	0	0	1	0	0
1	1	0	0	0	0	0	0	0	1	0
1	1	1	0	0	0	0	0	0	0	1

2. 根据真值表写出逻辑表达式

$$Y_0 = \overline{A_2}\,\overline{A_1}\,\overline{A_0}$$
$$Y_1 = \overline{A_2}\,\overline{A_1}A_0$$
$$Y_2 = \overline{A_2}A_1\overline{A_0}$$
$$Y_3 = \overline{A_2}A_1A_0$$
$$Y_4 = A_2\overline{A_1}\,\overline{A_0}$$
$$Y_5 = A_2\overline{A_1}A_0$$
$$Y_6 = A_2A_1\overline{A_0}$$
$$Y_7 = A_2A_1A_0$$

3. 画出逻辑电路

逻辑电路如图 8.16 所示。

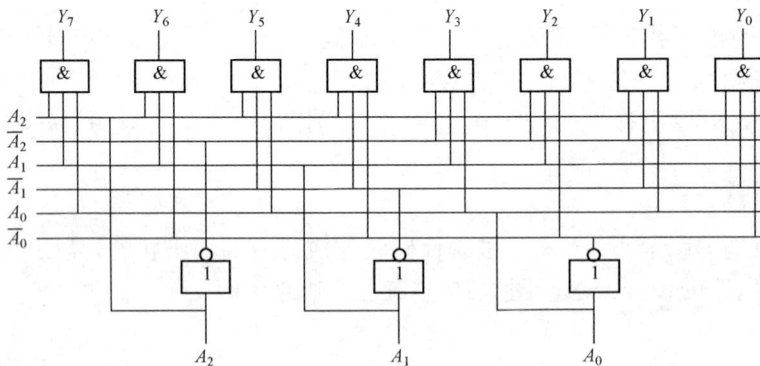

图 8.16　三位二进制译码器

8.4.2　集成通用译码器

通用译码器除了可以用基本门电路构成外，目前广泛使用的是集成通用译码器，如 74LS138（3 线—8 线）、74LS154（4 线—16 线）、74LS42（4 线—10 线 BCD 码译码器）等。74LS138 的功能如表 8.10 所示，其中 A_2、A_1、A_0 是三个输入端，ST_A、$\overline{ST_B}$、$\overline{ST_C}$ 是控制端，工作时 ST_A 接高电平，$\overline{ST_B}$、$\overline{ST_C}$ 接低电平，$\overline{Y_0} \sim \overline{Y_7}$ 是八个输出端，均为低电平有效，引脚排列如图 8.17 所示。

表 8.10   **74LS138 功 能 表**

ST_A	$\overline{ST_B}+\overline{ST_C}$	A_2	A_1	A_0	$\overline{Y_0}$	$\overline{Y_1}$	$\overline{Y_2}$	$\overline{Y_3}$	$\overline{Y_4}$	$\overline{Y_5}$	$\overline{Y_6}$	$\overline{Y_7}$
×	1	×	×	×	1	1	1	1	1	1	1	1
0	×	×	×	×	1	1	1	1	1	1	1	1
1	0	0	0	0	0	1	1	1	1	1	1	1
1	0	0	0	1	1	0	1	1	1	1	1	1
1	0	0	1	0	1	1	0	1	1	1	1	1
1	0	0	1	1	1	1	1	0	1	1	1	1
1	0	1	0	0	1	1	1	1	0	1	1	1
1	0	1	0	1	1	1	1	1	1	0	1	1
1	0	1	1	0	1	1	1	1	1	1	0	1
1	0	1	1	1	1	1	1	1	1	1	1	0

通用译码器除了可以把输入的二进制代码转换为相应的输出状态外，还可用作函数发生器。

8.4.3 用译码器实现逻辑函数

【例 8.9】 用译码器 74LS138 实现逻辑函数 Y $(A、B、C)$ $=\overline{A}\,B+\overline{A}\,C+AB\overline{C}+ABC$。

图 8.17   74LS138 引脚排列

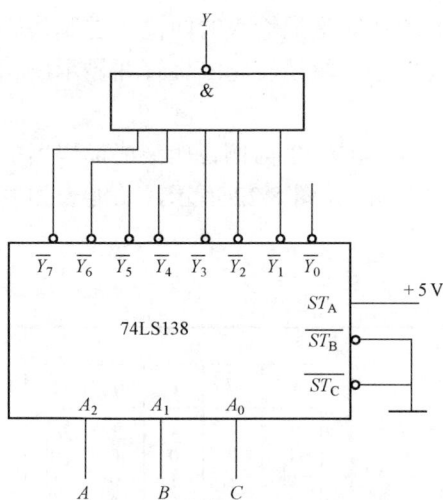

步骤如下：

（1）把给定逻辑函数变为最小项形式：Y $(A、B、C)$ $=Y_1+Y_2+Y_3+Y_6+Y_7=\Sigma m$ （1、2、3、6、7）。

（2）由于 74LS138 输出低电平有效，根据摩根定理，可把上式变换为

$$Y=Y_1+Y_2+Y_3+Y_6+Y_7=\overline{\overline{Y_1+Y_2+Y_3+Y_6+Y_7}}=\overline{\overline{Y_1}\,\overline{Y_2}\,\overline{Y_3}\,\overline{Y_6}\,\overline{Y_7}}$$

（3）把 74LS138 芯片上的引脚 $\overline{Y_1}$、$\overline{Y_2}$、$\overline{Y_3}$、$\overline{Y_6}$、$\overline{Y_7}$ 作为与非门的输入，输出 Y 即是给定函数，电路如图 8.18 所示，其中 $A_2=A$、$A_1=B$、$A_0=C$；$ST_A=1$、$\overline{ST_B}=\overline{ST_C}=0$。

【例 8.10】 求图 8.19 中的输出逻辑函数 Y。

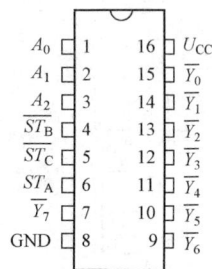

图 8.18 用 74LS138 实现逻辑函数   图 8.19 ［例 8.10］逻辑电路

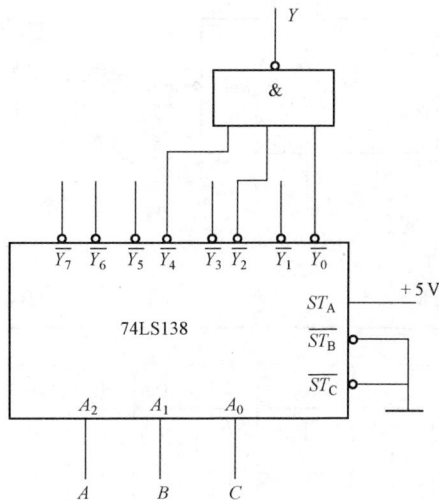

解 从逻辑电路可知

$$Y=\overline{\overline{Y_0}\,\overline{Y_2}\,\overline{Y_4}}=Y_0+Y_2+Y_4=\overline{A}\,\overline{B}\,\overline{C}+\overline{A}B\overline{C}+A\overline{B}\,\overline{C}$$

8.4.4 显示译码器

在数字测量系统中，常常要把测量数据和运算结果用直观的方式显示出来，显示译码器就具备"译码"和"显示"的功能。

1. 七段显示器

显示译码器中的显示器通常由发光二极管、液晶数码管等构成，图 8.20（a）、图 8.21（a）是最常用的七段显示器，它由 a、b、c、d、e、f、g 七段构成，每段对应一个发光二极管，利用不同字段的发光组合可以显示十进制数中的任何一个数码。七个发光二极管由共阴极和共阳极两种接法，如图 8.20（b）、图 8.21（b）所示。对于共阴极接法，当 a、b、c、d、e、f、g 端输入高电平时，二极管发光；对于共阳极接法，当 a、b、c、d、e、f、g 端输入低电平时，二极管发光。

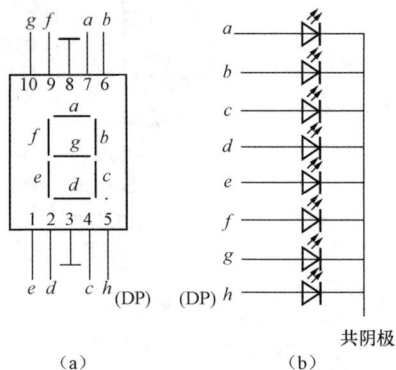

（a）

（b）

图 8.20 七段显示器

（a）引脚排列；（b）共阴极接法

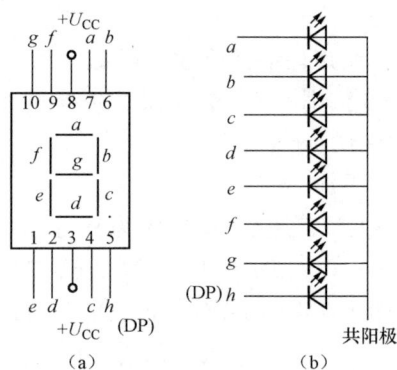

（a）

（b）

图 8.21 七段显示器

（a）引脚排列；（b）共阳极接法

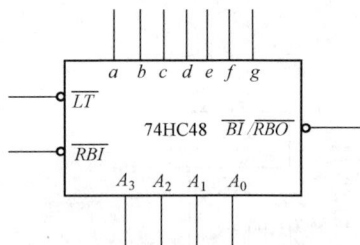

图 8.22 74HC48 逻辑框图

2. 七段显示译码器

七段显示译码器的功能是把输入的四位二进制代码转换成七段显示器的各段信号，驱动发光二极管并显示出相应的十进制数。

以七段显示译码器 74HC48 为例说明集成译码器的使用方法。74HC48 的逻辑框图如图 8.22 所示，功能表如表 8.11 所示。

表 8.11 　　　　　　　　　　74HC48 功 能 表

数字功能	输　入						输　出								显示数字
	$\overline{LT}$	$\overline{RBI}$	A_3	A_2	A_1	A_0	$\overline{BI/RBO}$	a	b	c	d	e	f	g	
0	1	1	0	0	0	0	1	1	1	1	1	1	1	0	0
1	1	×	0	0	0	1	1	0	1	1	0	0	0	0	1
2	1	×	0	0	1	0	1	1	1	0	1	1	0	1	2
3	1	×	0	0	1	1	1	1	1	1	1	0	0	1	3
4	1	×	0	1	0	0	1	0	1	1	0	0	1	1	4
5	1	×	0	1	0	1	1	1	0	1	1	0	1	1	5
6	1	×	0	1	1	0	1	0	0	1	1	1	1	1	6
7	1	×	0	1	1	1	1	1	1	1	0	0	0	0	7
8	1	×	1	0	0	0	1	1	1	1	1	1	1	1	8
9	1	×	1	0	0	1	1	1	1	1	1	0	1	1	9

续表

数字功能	输　　入						输　　出								显示数字
	$\overline{LT}$	$\overline{RBI}$	A_3	A_2	A_1	A_0	$\overline{BI/RBO}$	a	b	c	d	e	f	g	
10	1	×	1	0	1	0	1	0	0	0	1	1	0	1	非
11	1	×	1	0	1	1	1	0	0	1	1	0	0	1	数
12	1	×	1	1	0	0	1	0	1	0	0	0	1	1	字
13	1	×	1	1	0	1	1	0	0	0	1	0	1	1	信
14	1	×	1	1	1	0	1	0	0	0	1	1	1	1	号
15	1	×	1	1	1	1	1	0	0	0	0	0	0	0	全暗
$\overline{BI}/\overline{RBO}$	×	×	×	×	×	×	0	0	0	0	0	0	0	0	全暗
$\overline{RBI}$	1	0	0	0	0	0	0	0	0	0	0	0	0	0	全暗
$\overline{LT}$	0	×	×	×	×	×	1	1	1	1	1	1	1	1	8

从 74HC48 的功能表可以看出，当输入信号 $A_3A_2A_1A_0$ 为 0000～1001 时，分别显示 0～9 数字信号；而当输入 1010～1110 时，显示非数字信号；当输入为 1111 时，七个显示段全暗。

74HC48 除基本输入、输出端外，还有几个控制端，其功能说明如下：

（1）禁亮端 $\overline{BI}/\overline{RBO}$。当 $\overline{BI}/\overline{RBO}$ =0 时，无论 A_3、A_2、A_1、A_0 处于什么状态，数码管各段均不发光。

（2）测试端 $\overline{LT}$。检测数码管各段是否发光正常，$\overline{LT}$ 低电平有效，即 $\overline{LT}$ =0 时，数码管各段应该发光，工作时应接高电平。

（3）消隐端 $\overline{RBI}$。熄灭无效的零。例如，某仪表用 6 位数码管显示，当显示 13.6 时，如果使 $\overline{RBI}$ =0，6 位数码显示的不是 0013.60，而是 13.6。

另外，在为显示器配置译码驱动电路时，还需要根据发光二极管的工作电流，选择合适的限流电阻。现以 CD4511（BCD 码七段译码器/驱动器）为例来说明限流电阻的计算方法。在图 8.23 所示电路中，若 CD4511 的电源电压 U_{DD} =5V，对应的输出电压在有负载的情况下约为 4V，二极管的正向压降 U_D=1.7V，要求通过发光二极管的电流为 10mA（小于允许的最大输出电流），则限流电阻为

$$R_a = \frac{U_o - U_D}{I_D} = \frac{4 - 1.7}{10} = 0.23(k\Omega)$$

【例 8.11】 设计一个四段显示电路，如图 8.24 所示，每一段接有一个发光二极管（共阴极接法），功能如表 8.12 所示。

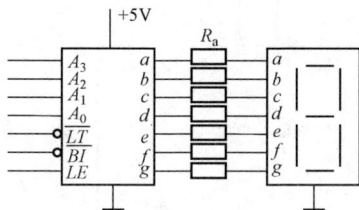

图 8.23　CD4511 译码驱动电路

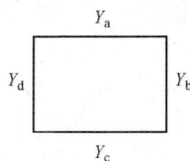

图 8.24　[例 8.11] 图

表 8.12　　　　　　　　　　　　　　　[例 8.11] 真值表

输入		输出				显示
A	B	Y_a	Y_b	Y_c	Y_d	
0	0	0	1	1	1	
0	1	1	1	0	1	

续表

输入		输出				显示
A	B	Y_a	Y_b	Y_c	Y_d	
1	0	1	0	1	1	⌐
1	1	1	1	1	0	⌐

解　根据真值表可求得每段的最简输出逻辑表达式为

$$Y_a = A + B$$
$$Y_b = \overline{A} + B$$
$$Y_c = A + \overline{B}$$
$$Y_d = \overline{A} + \overline{B}$$

逻辑电路如图 8.25 所示。

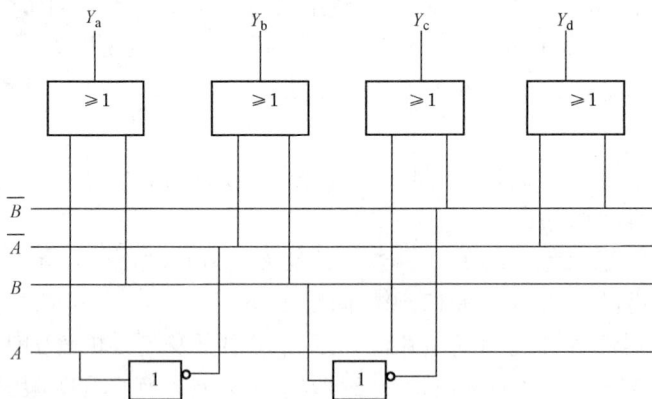

图 8.25　[例 8.11] 逻辑电路

能力拓展

利用 74LS138 的控制端 ST_A、$\overline{ST_B}$、$\overline{ST_C}$，可以扩展译码器输入的变量。图 8.26 所示电

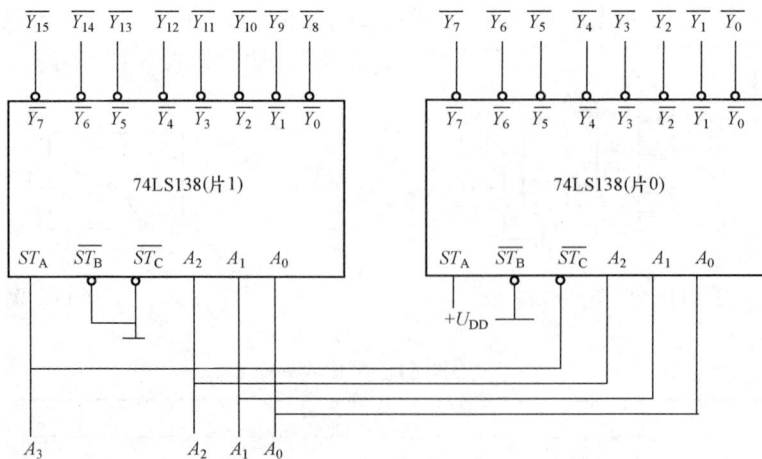

图 8.26　74LS138 构成的 4 线—16 线译码器

路是由两片 74LS138 构成的 4 线—16 线译码器。当 $A_3=0$ 时，片 1 不工作，片 0 正常译码，$\overline{Y_0} \sim \overline{Y_7}$ 中有一个与输入的三位二进制代码相对应的输出端为低电平；当 $A_3=1$ 时，片 1 正常译码，片 0 不工作，$\overline{Y_8} \sim \overline{Y_{15}}$ 中有一个与输入的三位二进制代码相对应的输出端为低电平，从而用两片 3 线—8 线译码器实现了 4 线—16 线的译码功能。

思 考 题

1．为什么用集成译码器实现逻辑函数时，第一步要把逻辑函数变为最小项形式？
2．集成译码器输出电平的高、低，对要实现的逻辑函数有什么影响？
3．七段显示译码器的功能是什么？

8.5 数 据 选 择 器

学习目标

• 了解数据选择器的功能。
• 了解常用集成数据选择器的型号及应用。
• 掌握用数据选择器实现逻辑函数的方法。

8.5.1 数据选择器的功能

能够实现从多路输入数据中选择一路进行输出的电路称为数据选择器，逻辑框图如图 8.27 所示。

其中选择输入信号又称为地址控制信号，如果有两个地址控制信号和四个数据输入信号，就称为四选一数据选择器，其输出信号为

$$Y = (\overline{A_1}\,\overline{A_0})D_0 + (\overline{A_1}A_0)D_1 + (A_1\overline{A_0})D_2 + (A_1A_0)D_3$$

由上式可知，对于地址控制信号 A_1A_0 的不同取值，Y 只能等于 $D_0 \sim D_3$ 中的一个。例如 A_1A_0 为 00 时，则 $Y=D_0$；A_1A_0 为 11 时，$Y=D_3$。

如果有三个地址输入信号，八个数据输入信号，就称为八选一数据选择器。

8.5.2 集成数据选择器

74HC151 是集成八选一数据选择器，引脚排列如图 8.28 所示，功能如表 8.13 所示。

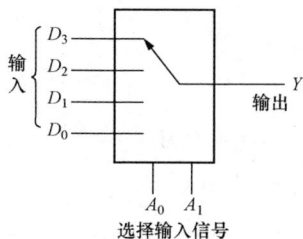

图 8.27 数据选择器逻辑框图

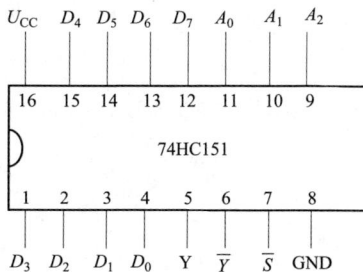

图 8.28 74HC151 引脚排列

表 8.13   **74HC151 功 能 表**

控制端	输 入			输 出	
$\overline{S}$	A_2	A_1	A_0	Y	$\overline{Y}$
1	×	×	×	0	1
0	0	0	0	D_0	$\overline{D_0}$
0	0	0	1	D_1	$\overline{D_1}$
0	0	1	0	D_2	$\overline{D_2}$
0	0	1	1	D_3	$\overline{D_3}$
0	1	0	0	D_4	$\overline{D_4}$
0	1	0	1	D_5	$\overline{D_5}$
0	1	1	0	D_6	$\overline{D_6}$
0	1	1	1	D_7	$\overline{D_7}$

当控制端 $\overline{S}$ =1 时，选择器不工作， $Y=0$ ， $\overline{Y}$ =1。

当控制端 $\overline{S}$ =0 时，选择器正常工作，其输出逻辑表达式为

$$Y = (\overline{A_2}\,\overline{A_1}\,\overline{A_0})D_0 + (\overline{A_2}\,\overline{A_1}A_0)D_1 + (\overline{A_2}A_1\overline{A_0})D_2 + (\overline{A_2}A_1A_0)D_3$$
$$+(A_2\overline{A_1}\,\overline{A_0})D_4 + (A_2\overline{A_1}A_0)D_5 + (A_2A_1\overline{A_0})D_6 + (A_2A_1A_0)D_7$$

对于地址控制信号的任何一种状态，都有一个输入信号被送到输出端。例如，当 $A_2A_1A_0$ =000 时， $Y=D_0$ ；当 $A_2\overline{A_1}A_0$ =101 时， $Y=D_5$ 。

8.5.3 用数据选择器实现逻辑函数

【**例 8.12**】 用八选一数据选择器 74HC151 实现逻辑函数 $Y = A\overline{C} + BC + A\overline{B}$ 。

解 把函数 Y 变换成最小项表达式

$$Y = A\overline{C}(B + \overline{B}) + BC(A + \overline{A}) + A\overline{B}(C + \overline{C})$$
$$= AB\overline{C} + A\overline{B}\,\overline{C} + ABC + \overline{A}BC + A\overline{B}C + A\overline{B}\,\overline{C}$$
$$= \overline{A}BC + A\overline{B}\,\overline{C} + A\overline{B}C + AB\overline{C} + ABC$$
$$= m_3 + m_4 + m_5 + m_6 + m_7$$

八选一数据选择器的输出表达式为

$$Y = (\overline{A_2}\,\overline{A_1}\,\overline{A_0})D_0 + (\overline{A_2}\,\overline{A_1}A_0)D_1 + (\overline{A_2}A_1\overline{A_0})D_2 + (\overline{A_2}A_1A_0)D_3$$
$$+(A_2\overline{A_1}\,\overline{A_0})D_4 + (A_2\overline{A_1}A_0)D_5 + (A_2A_1\overline{A_0})D_6 + (A_2A_1A_0)D_7$$
$$= m_0D_0 + m_1D_1 + m_2D_2 + m_3D_3 + m_4D_4 + m_5D_5 + m_6D_6 + m_7D_7$$

令 A_2=A， A_1=B， A_0=C。

比较上面两式可知：当 $D_0 = D_1 = D_2 = 0, D_3 = D_4 = D_5 = D_6 = D_7 = 1$ 时，两式相同。即把输

入端 D_0、D_1、D_2 接低电平，D_3、D_4、D_5、D_6、D_7 接高电平，随着地址信号的变化，输出端可以产生所需要的逻辑函数，逻辑电路如图 8.29 所示。

知识拓展

数据分配器

数据分配器的功能与数据选择器相反，它能根据地址信号将一路输入信号按要求分配给不同的输出端，逻辑框图如图 8.30 所示。

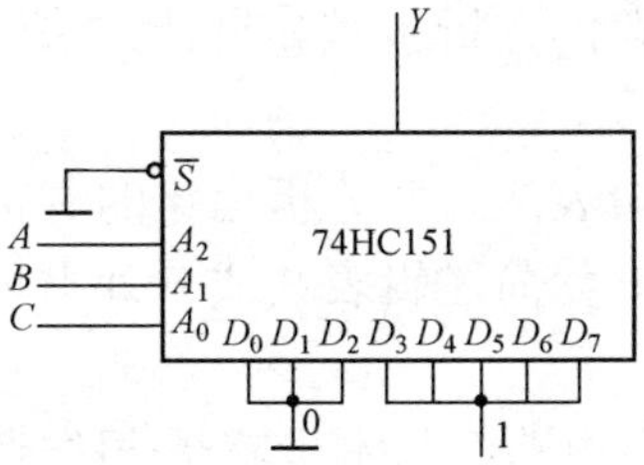

图 8.29　[例 8.12] 逻辑电路

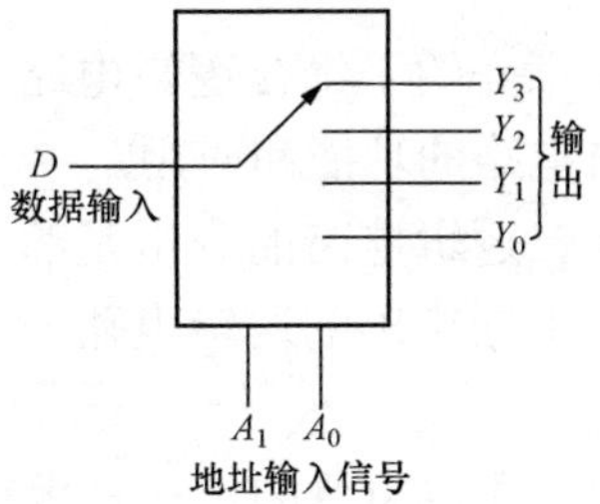

图 8.30　数据分配器逻辑框图

图 8.31 所示是由通用译码器 74HC138 构成的八路数据分配器的逻辑框图。

图中，$ST_A = 1$，$\overline{ST_B} = 0$，$\overline{ST_C}$ 作为数据输入端用 D 表示，A_2、A_1、A_0 为地址信号输入端，$Y_0 \sim Y_7$ 为输出端（分别接 74HC138 的 $\overline{Y_0} \sim \overline{Y_7}$ 端）。数据分配器的功能见表 8.14。当 $D=0$ 时，译码器正常工作，与地址输入信号对应的输出端为 0，等于 D；当 $D=1$ 时，译码器不工作，所有输出全为 1，与地址输入信号对应的输出端也为 1，也等于 D。所以，不论什么情况，与地址输入信号对应的输出端都等于 D。例如，当 $A_2 A_1 A_0 = 110$ 时，$Y_6 = D$。

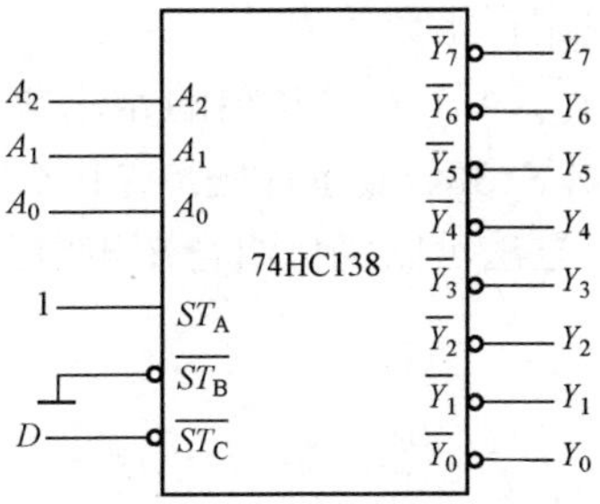

图 8.31　数据分配器逻辑框图

表 8.14　　　　　　　　　　　　　　　　数 据 分 配 器 功 能 表

地址输入			数据输入	输			出				
A_2	A_1	A_0	D	Y_0	Y_1	Y_2	Y_3	Y_4	Y_5	Y_6	Y_7
0	0	0	D	D	1	1	1	1	1	1	1
0	0	1	D	1	D	1	1	1	1	1	1
0	1	0	D	1	1	D	1	1	1	1	1
0	1	1	D	1	1	1	D	1	1	1	1
1	0	0	D	1	1	1	1	D	1	1	1
1	0	1	D	1	1	1	1	1	D	1	1
1	1	0	D	1	1	1	1	1	1	D	1
1	1	1	D	1	1	1	1	1	1	1	D

思 考 题

1．试述用数据选择器实现逻辑函数的办法。
2．如何用译码器 74HC138 实现数据分配器的功能？

本章小结

（1）本章介绍了组合逻辑电路的特点、组合逻辑电路的分析步骤和设计方法以及常用集成组合逻辑电路的功能和应用。

（2）组合逻辑电路的分析是给出逻辑电路，求出逻辑表达式并分析电路的逻辑功能。基本步骤是：根据给出的逻辑电路→逐级写出逻辑表达式→化简逻辑表达式→列出真值表→分析逻辑功能。

（3）组合逻辑电路的设计是根据逻辑要求，画出逻辑电路。基本步骤是:根据逻辑要求→列出真值表→写出最简的逻辑表达式→画出逻辑电路。在组合逻辑电路的设计过程中，还要掌握用指定逻辑门实现逻辑电路的方法和利用集成逻辑电路（通用译码器、数据选择器）实现逻辑函数的方法。

（4）本章介绍的常用集成电路，包括优先编码器 74LS148 和 74LS147、通用译码器 74LS138、显示译码器 74HC48、数据选择器 74HC151 等，了解这些集成逻辑电路的功能和使用方法可以优化组合逻辑电路的设计。

习 题

8.1　填空题

（1）若有 30 个编码对象，则要求编码器的输出二进制代码为_____位。

（2）一个 16 选一的数据选择器，其地址输入（选择控制输入）端有_____个。

（3）一个 8 选一数据选择器的数据输入端有_____个。

（4）共阴极接法的二极管数码显示器需选用输出为_____电平的七段显示译码器来驱动。

（5）不允许多个编码信号同时出现的是_____编码器。

（6）译码器 74HC138 处于译码状态时，控制端 ST_A=_____，$\overline{ST_B}$ =_____，$\overline{ST_C}$ =_____。

（7）把输入状态转换为相应二进制代码输出的逻辑电路是_____码器。

（8）把输入的二进制代码转换为相应的输出状态的逻辑电路是_____码器。

（9）八路数据分配器的地址输入端有_____个。

（10）集成芯片 74HC151 是_____选一数据_____器，工作时，控制端 $\overline{S}$ =_____。

（11）欲使译码器 74HC138 完成数据分配器的功能，控制端 ST_A=_____，$\overline{ST_B}$ =_____，$\overline{ST_C}$ =_____。

（12）组合逻辑电路的输出状态仅与该时刻的_____状态有关，与初始状态_____关。

8.2　试根据逻辑函数 Y_1、Y_2 的真值表（见表 8.15），分别写出它们的最简与或表达式，并画逻辑电路。

表 8.15   **习 题 8.2 真 值 表**

A	B	C	Y_1	Y_2	A	B	C	Y_1	Y_2
0	0	0	0	1	1	0	0	1	1
0	0	1	0	0	1	0	1	0	0
0	1	0	1	0	1	1	0	0	1
0	1	1	0	1	1	1	1	1	0

8.3 写出如图 8.32 中各逻辑电路的输出表达式并化简。

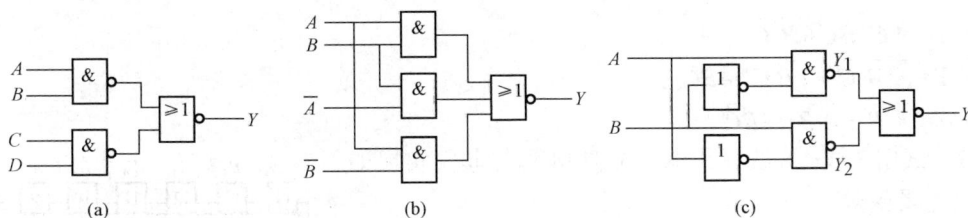

图 8.32 习题 8.3 逻辑电路

8.4 画出下列各表达式的逻辑电路图。

（1）$Y(A、B、C)=AB+\overline{BC}$

（2）$Y(A、B、C)=\overline{(A+B)AC}$

8.5 画出下列各表达式的逻辑电路图（用与非门实现）。

（1）$Y(A、B、C)=AB+AC+BC$

（2）$Y(A、B、C)=AB+\overline{BC}$

8.6 设计一个故障指示电路（用与非门实现），需满足如下条件：

（1）两台电动机同时工作时，绿灯 G 亮；

（2）其中一台发生故障时，黄灯 Y 亮；

（3）两台电动机都有故障时，红灯 R 亮。

8.7 试用与非门设计一个逻辑电路，使其满足：输入的三个数码中有偶数个 1 时，电路输出为 1，否则为 0。

8.8 有三台电动机 A、B、C，要求 A 开机则 B 必须开机；B 开机则 C 必须开机。如果不满足上述要求，即发出报警信号。试写出报警信号的逻辑表达式，并画出逻辑电路。

8.9 设计一个如图 8.33 所示的五段数码显示电路，输入为 A、B。要求当 A、B 为 00，01，10，11 时，分别显示字母 L、E、F、H，列出真值表并画出逻辑电路图。

8.10 图 8.34 是一个 3 线—8 线译码器，试写出 Z_1、Z_2 的最简与或表达式。

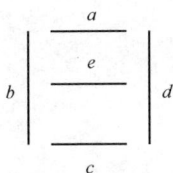

图 8.33 习题 8.9 电路

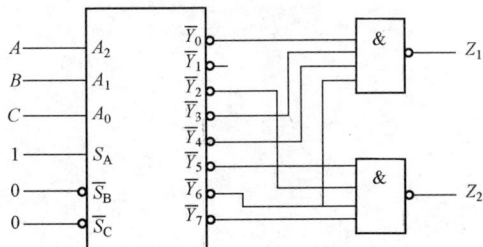

图 8.34 习题 8.10 电路

8.11 试用 3 线—8 线译码器 74LS138 和与非门分别实现下列逻辑函数。

（1）$Y(A、B、C)=\Sigma m(0,2,4,6)$

（2）$Y(A、B、C)=\Sigma m(0,1,3,7)$

（3）$Y=\overline{A}B+\overline{B}C+AB\overline{C}$

（4）$Y=A\overline{B}+B\overline{C}+\overline{A}\,\overline{C}$

（5）$Y=ABC+\overline{A}BC+A\overline{B}\,\overline{C}$

8.12 试用八选一数据选择器 74HC151 分别实现下列逻辑函数。

（1）$Y(A、B、C)=\Sigma(0,2,4,6)$

（2）$Y(A、B、C)=\Sigma m(0,1,3,7)$

（3）$Y=\overline{A}C+BC+\overline{B}\,\overline{C}$

（4）$Y=\overline{A}\,\overline{B}\,\overline{C}+A\overline{B}C+ABC$

（5）$Y=\overline{A}\,\overline{B}+\overline{A}B+AB\overline{C}$

8.13 试用 3 线—8 线译码器 74LS138 和与非门实现如下多输出逻辑函数。

$$\begin{cases}Y_1=A\overline{B}+BC\\Y_2=\overline{A}\,\overline{B}+\overline{A}C+AB\overline{C}\end{cases}$$

8.14 74HC00 的引脚排列如图 8.35 所示，试在图中作正确连接，分别实现以下函数

$$Y=A\overline{C}+B$$

$$Y=AB+\overline{B}\,\overline{C}$$

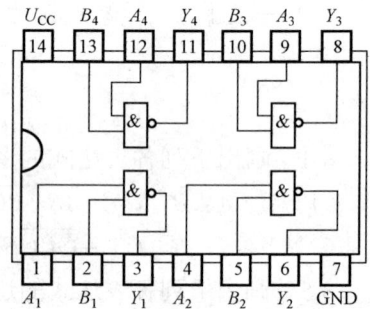

图 8.35 习题 8.14 74HC00 引脚排列

第9章 触发器电路

【本章提要】

本章主要介绍常用触发器的类型、功能、特点及触发方式。触发器是具有记忆功能的逻辑电路，输出具有"0"和"1"两个稳定状态。按照电路的结构形式可分为基本触发器、同步触发器、边沿触发器等。555 时基电路是一种模拟电路和数字电路相结合的集成器件，利用 555 时基电路可以方便地组成波形发生、变换、整形等电路，在电子技术领域得到广泛应用。

9.1 基本 RS 触发器

学习目标

- 了解基本 RS 触发器的结构和符号。
- 掌握基本 RS 触发器的工作原理。
- 会根据触发器的特性表画输出波形。

触发器是具有记忆功能的逻辑电路，输出具有"0"和"1"两个稳定状态（又称双稳态触发器）。在触发信号作用下，两个稳定状态可以相互转换，当触发信号消失后，电路能将新建立的稳定状态保存下来，因此这种电路具有记忆功能。

按照电路的结构形式不同，可分为基本触发器、同步触发器、边沿触发器等。

9.1.1 电路组成

基本 RS 触发器由两个与非门互联而成，电路如图 9.1（a）所示，逻辑符号如图 9.1（b）所示。$\overline{R}$ 和 $\overline{S}$ 是两个输入端，$\overline{R}$ 称为置 0 端（或复位端），$\overline{S}$ 称为置 1 端，Q 和 $\overline{Q}$ 是两个输出端，以 Q 的状态作为触发器的状态，正常情况下，Q 和 $\overline{Q}$ 的状态是相反的，若 $Q=0$（$\overline{Q}=1$）称触发器处于 0 态。

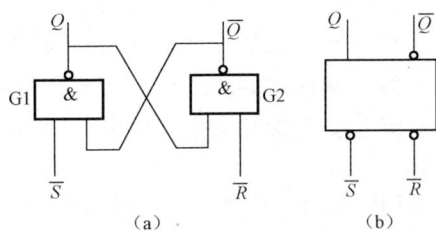

图 9.1　基本 RS 触发器

（a）逻辑电路；（b）逻辑符号

9.1.2 工作原理

由于基本 RS 触发器有两个输入信号 $\overline{R}$、$\overline{S}$，因此输出有四种情况。

1. $\overline{R}=0$，$\overline{S}=1$

无论触发器原来的状态如何，$\overline{R}=0$ 可使与非门 G2 的输出为 1，而与非门 G1 的两个输入全为 1，所以 $Q=0$，即在输入信号 $\overline{R}=0$，$\overline{S}=1$ 作用下，触发器处于 0 态。这时即使撤除 $\overline{R}=0$

信号（使 $\bar{R}$ =1），由于 Q =0 可使 $\bar{Q}$ =1，而 $\bar{Q}$ =1 又能使 Q =0。因此触发器具有保持原状态的功能，是具有"记忆"功能的逻辑器件。

2. $\bar{R}$ =1，$\bar{S}$ =0

无论触发器原来的状态如何，$\bar{S}$ =0 可使与非门 G1 的输出为 1，即 Q =1，而与非门 G2 的两个输入全为 1，即 $\bar{Q}$ =0。在输入信号 $\bar{R}$ =1，$\bar{S}$ =0 作用下，触发器处于 1 态。

3. $\bar{R}$ =1，$\bar{S}$ =1

如果触发器原来的状态为 0，即 Q =0 可使 G2 的输出 $\bar{Q}$ =1，而 $\bar{Q}$ =1 又能使 G1 的输出 Q 保持 0 态不变；如果触发器原来的状态为 1，即 Q =1，则 $\bar{Q}$ =0 可使 Q 保持 1 态不变。因此，在输入信号 $\bar{R}$ =1，$\bar{S}$ =1 作用下，触发器具有保持原状态的功能。

4. $\bar{R}$ =0，$\bar{S}$ =0

在输入信号 $\bar{R}$ =0，$\bar{S}$ =0 作用期间，输出 Q = $\bar{Q}$ =1，这种情况破坏了触发器所规定的 Q 与 $\bar{Q}$ 相反的逻辑关系，是一种非正常状态。而且当 $\bar{R}$ 和 $\bar{S}$ 同时由 0 变成 1 时，由于 G1、G2 门动态传输特性的差异，触发器会翻转成什么状态将不能确定。这种由随机因素决定而事先不能确定的状态称为不定状态，因此，使用中应当避免出现 $\bar{R}$ = $\bar{S}$ =0 的现象。

从以上分析可见，基本 RS 触发器的输入信号为低电平有效（从逻辑符号中 R、S 上的非号及输入端的小圈都可以反映）。即输入端的低电平信号，会使触发器翻转成相应的状态，当触发信号恢复到高电平后，触发器维持原状态不变，因此基本 RS 触发器具有记忆功能。另外，低电平有效的信号，不用时必须接高电平。

9.1.3 逻辑功能描述

描述触发器逻辑功能的常用方法是特性表（真值表）。在列特性表时，规定触发器在接收信号之前所处的状态称为现态，用 Q^n 表示；触发器在接收信号之后建立的新稳定状态称为次态，用 Q^{n+1} 表示，基本 RS 触发器的特性表如表 9.1 所示。

【例 9.1】 基本 RS 触发器的输入波形如图 9.2 所示，试画出输出波形（设初始状态 Q =0）。

解 从给定的输入信号可见，没有出现不定的情况，因此输出状态可定，根据特性表画出的输出波形如图 9.2 所示。

表 9.1　　　基本 RS 触发器特性表

$\bar{R}$	$\bar{S}$	Q^{n+1}
1	1	Q^n （保持）
0	1	置 0
1	0	置 1
0	0	不定（禁用）

【例 9.2】 基本 RS 触发器的输入波形如图 9.3 所示，试画出输出波形（设初始状态 Q =0）。

解 从给定的输入信号可见，有 $\bar{R}$ = $\bar{S}$ =0 的情况出现，因此输出有不定状态。

在 $\bar{R}$ = $\bar{S}$ =0 作用期间，输出状态可定，即 Q = $\bar{Q}$ =1。$\bar{R}$ = $\bar{S}$ =0 以后的状态有以下三种情况：

（1）$\bar{R}$ =0，$\bar{S}$ =1，输出可定，即 Q =0，$\bar{Q}$ =1；

（2）$\bar{R}$ =1，$\bar{S}$ =0，输出可定，即 Q =1，$\bar{Q}$ =0；

（3）$\bar{R}$ = $\bar{S}$ =1，输出不可定，即 Q 与 $\bar{Q}$ 都可能出现"0"、"1"两种状态，反映在输出波形上就是用虚线表示。

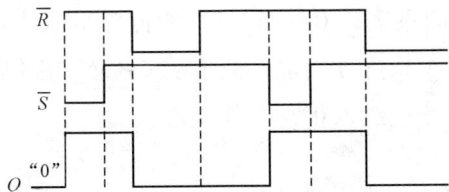

图 9.2 ［例 9.1］波形

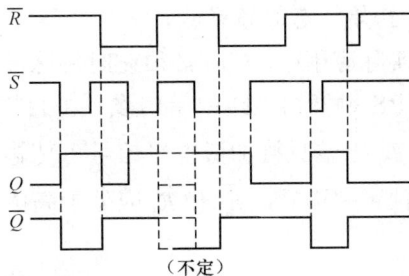

图 9.3 ［例 9.2］波形

知识拓展

同步 RS 触发器

基本 RS 触发器的输出状态是由输入信号直接控制的，而实际应用时，常常要求触发器在某一指定时刻按输入信号所决定的状态触发翻转，这个时刻可由外加时钟脉冲（简称 CP）来决定。由时钟脉冲控制的触发器根据内部结构不同可分为同步触发器、主从触发器和边沿触发器。

1. 电路组成

同步 RS 触发器电路结构如图 9.4（a）所示，其中与非门 G1、G2 组成基本 RS 触发器，与非门 G3、G4 组成引导电路，逻辑符号如图 9.4（b）所示。

2. 工作原理

（1）当 $CP=0$ 时，与非门 G3、G4 被封锁，$Q_3=Q_4=1$，此时输入信号 R、S 不起作用，触发器保持原有状态。

（2）当 $CP=1$ 时，与非门 G3、G4 解除封锁，G3 门的输出信号 Q_3 就相当于基本 RS 触发器的 $\overline{S}$ 信号，G4 门的输出信号 Q_4 就相当于基本 RS 触发器的 $\overline{R}$ 信号，同步 RS 触发器将按照基本 RS 触发器的规律进行工作。

3. 特性表

同步 RS 触发器在 $CP=1$ 时的特性表如表 9.2 所示。

从特性表可见同步 RS 触发器输入信号是高电平有效，即输入端的高电平信号，会使触发器翻转成相应的状态，当触发信号恢复到低电平后，触发器维持原状态不变，高电平有效的信号，不用时必须接低电平。

表 9.2　　同步 RS 触发器特性表

R	S	Q^{n+1}
0	0	Q^n（保持）
0	1	置 1
1	0	置 0
1	1	不定（禁用）

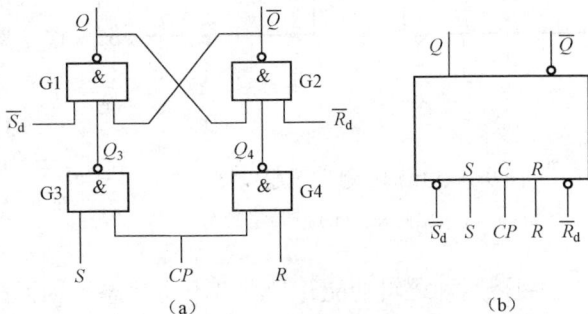

图 9.4　同步 RS 触发器

（a）逻辑电路；（b）逻辑符号

4. 初始状态的预置

在实际应用中，有时必须在时钟脉冲 CP 到来之前，将触发器预置成某一初始状态。为此，在同步 RS 触发器电路中专门设置了直接置 1 端 $\overline{S_d}$ 和直接置 0 端 $\overline{R_d}$（均为低电平有效），通过在 $\overline{S_d}$ 或 $\overline{R_d}$ 端直接加低电平信号可使触发器完成置 1 或置 0 功能，而不受 CP 脉冲限制。初始状态预置完毕后，$\overline{S_d}$ 和 $\overline{R_d}$ 应处于高电平，触发器才能进入正常工作状态。

思 考 题

1. 分析基本 RS 触发器在 $\overline{R}$ 和 $\overline{S}$ =0 后，输出可能出现的三种情况。
2. 分析同步 RS 触发器 $\overline{S_d}$ 端和 $\overline{R_d}$ 的功能，什么电平有效？不用时接什么电平？

9.2　边沿触发器

学习目标

- 了解边沿 JK、D、T 触发器的特点、符号及工作原理。
- 理解上升沿触发、下降沿触发的含义。
- 会根据边沿 JK、D、T 触发器的特性表画输出波形。

9.2.1　边沿 JK 触发器

由于同步触发器和主从触发器在 CP 脉冲作用期间，输出状态可能会出现多次翻转现象，造成逻辑错误，影响电路的正常工作。因此使用这类触发器时在 CP 脉冲作用期间，必须保持输入信号状态不变。而边沿触发器的输出状态只发生在 CP 脉冲的上升沿或下降沿，其他时刻触发器的状态都不会发生变化，因而这类触发器具有很强的抗干扰能力。作为应用，主要应了解和掌握边沿触发器的逻辑功能、特性方程和逻辑符号。

边沿 JK 触发器逻辑符号如图 9.5（a）、（b）所示。

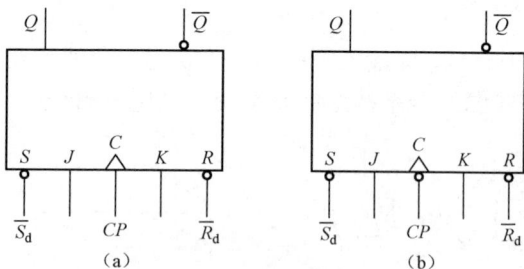

图 9.5　边沿 JK 触发器逻辑符号
（a）上升沿触发；（b）下降沿触发

图中：符号"∧"表示边沿触发器，CP 端的符号"○"表示该触发器在 CP 脉冲下降沿触发翻转（若没有符号"○"，表示该触发器在 CP 脉冲上升沿触发翻转）；J、K 为两个输入信号；$\overline{R_d}$ 为直接置"0"端，$\overline{S_d}$ 为直接置"1"端，均为低电平有效，且不受 CP 脉冲控制。

JK 触发器特性表如表 9.3 所示，该表只在 CP 脉冲上升沿或下降沿有效，在 CP 脉冲的其他时刻，输出状态都保持不变。

从特性表可见，JK 触发器具有保持、置0、置1、翻转四种逻辑功能并且没有不定状态，因而被广泛应用。

JK 触发器的特性方程（即输出函数表达式）为

$$Q^{n+1} = J\overline{Q^n} + \overline{K}Q^n$$

（9-1）

表 9.3 JK 触 发 器 特 性 表

J	K	Q^{n+1}	说明
0	0	Q^n	保持
0	1	0	置0
1	0	1	置1
1	1	$\overline{Q^n}$	翻转

【例 9.3】 一个下降沿触发翻转的 JK 触发器，输入波形如图 9.6 所示，试根据 J、K 及 CP 信号画输出波形（设初始状态为 0）。

解 该边沿 JK 触发器在 CP 脉冲下降沿触发翻转，根据每个 CP 脉冲下降沿到来前一时刻输入信号 J、K 的状态，确定下降沿到来时输出 Q 的翻转情况，输出波形如图 9.6 所示。

在画边沿 JK 触发器的波形图时，应注意两点：

（1）触发器的输出状态仅在 CP 脉冲的上升沿或下降沿发生变化，其他时刻输出状态保持不变。

（2）CP 脉冲上升沿或下降沿前一时刻的 J、K 信号，决定了触发器的输出状态。

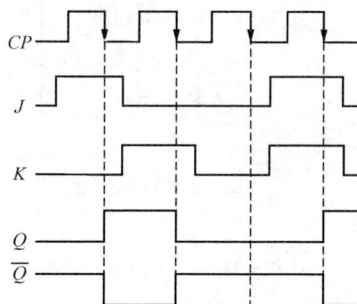

图 9.6 ［例 9.3］波形

【例 9.4】 列出 JK 触发器的驱动表。

解 根据触发器的现态和次态，确定输入信号 J、K 状态的表格称为驱动表，如表 9.4 所示。

表 9.4 JK 触 发 器 驱 动 表

Q^n（现态）	Q^{n+1}（次态）	J	K
0	0	0 0	0 1
0	1	1 1	1 0
1	0	1 0	1 1
1	1	0 1	0 0

【例 9.5】 一个上升沿触发翻转的 JK 触发器，输入波形如图 9.7 所示，试画输出波形（设初始状态为 0）。

解 该边沿 JK 触发器在 CP 脉冲上升沿触发翻转，输入信号中除了 J、K 外，还有直接置 0 信号 $\overline{R}_d$，输出波形如图 9.7 所示。

9.2.2 边沿 D 触发器

在边沿 JK 触发器的基础上，若令 $J=D$，$K=\overline{D}$，即构成边沿 D 触发器，逻辑电路如图 9.8 所示。

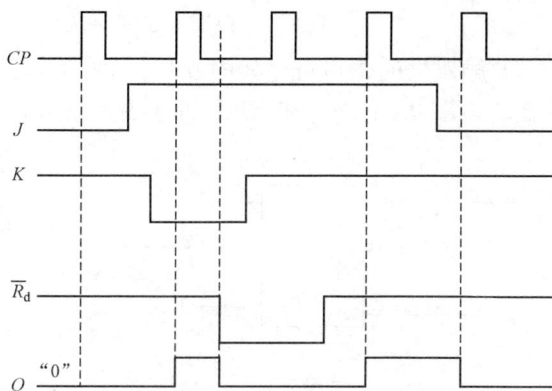

图 9.7 ［例 9.5］波形

D 触发器的特性方程为

$$Q^{n+1} = J\overline{Q^n} + \overline{K}Q^n = D\overline{Q^n} + DQ^n = D \tag{9-2}$$

D 触发器的逻辑符号如图 9.9（a）、（b）所示，其中：图 9.9（a）在 CP 脉冲下降沿触发翻转，图 9.9（b）在 CP 脉冲上升沿触发翻转；CP 为时钟脉冲输入端，D 为信号输入端，$\overline{R}_d$ 为直接置 "0" 端，$\overline{S}_d$ 为直接置 "1" 端，均为低电平有效。

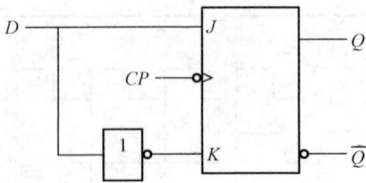

图 9.8　D 触发器

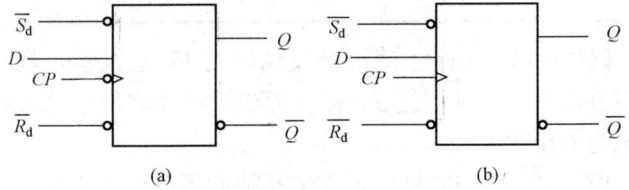

图 9.9　D 触发器逻辑符号

（a）下降沿触发；（b）上升沿触发

表 9.5 所示为 D 触发器的特性表，该表只在 CP 脉冲上升沿或下降沿有效，从表中可见，D 触发器具有置 0、置 1 两种功能。

【例 9.6】　一个上升沿触发翻转的 D 触发器，输入波形如图 9.10 所示，试画输出波形（设初始状态为 0）。

解　根据每个 CP 脉冲上升沿到来前输入信号 D 的状态，确定上升沿到来时输出 Q 的翻转情况，输出波形如图 9.10 所示。

表 9.5	D 触发器特性表
D	Q^{n+1}
0	0　置 0
1	1　置 1

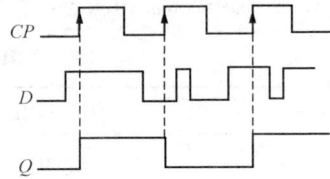

图 9.10　［例 9.6］波形

9.2.3　边沿 T 触发器

在边沿 JK 触发器的基础上，若令 $J=K=T$，即构成边沿 T 触发器，逻辑电路如图 9.11 所示。

T 触发器的特性方程为

$$Q^{n+1} = J\overline{Q^n} + \overline{K}Q^n = T\overline{Q^n} + \overline{T}Q^n = T \oplus Q^n \tag{9-3}$$

T 触发器的逻辑符号如图 9.12（a）、（b）所示，其中：图 9.12（a）在 CP 脉冲下降沿触发翻转，图 9.12（b）在 CP 脉冲上升沿触发翻转；T 为信号输入端。

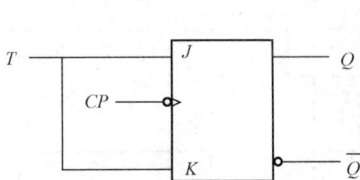

图 9.11　T 触发器

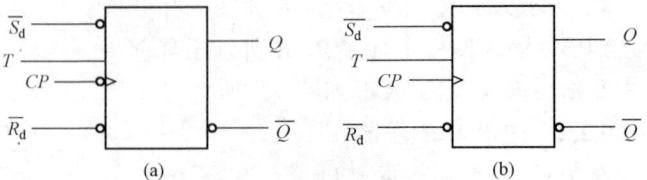

图 9.12　T 触发器逻辑符号

（a）下降沿触发；（b）上升沿触发

表 9.6 所示为 T 触发器的特性表，该表只在 CP 脉冲上升沿或下降沿有效，从表中可见，T 触发器具有保持和计数两种功能。

【例 9.7】 一个下降沿触发翻转的 T 触发器，输入波形如图 9.13 所示，试画输出波形（设初始状态为 0）。

解 该题有 T 和 $\overline{S}_d$ 两个输入信号，其中，$\overline{S}_d$ 为直接"置 1"信号且低电平有效，不受 CP 脉冲控制，输出波形如图 9.13 所示。

表 9.6   **T 触发器特性表**

T	Q^{n+1}
0	Q^n 保持
1	$\overline{Q^n}$ 翻转

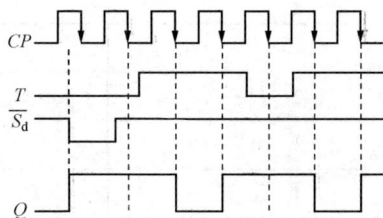

图 9.13 ［例 9.7］波形

能力拓展

【例 9.8】 逻辑电路如图 9.14（a）所示，试画输出波形（设初始状态为 0）。

解 该电路的特点是 $J=\overline{Q}$、$K=Q$，即输出状态的变化，将直接对输入信号 J 和 K 产生影响。画波形时，在每一个 CP 脉冲下降沿到来前，确定此刻的 J、K 状态，在 CP 脉冲下降沿到来时，根据 J、K 信号确定输出状态。例如：设初始状态为 0，即 $Q=0$，$\overline{Q}=1$，则在第一个 CP 脉冲下降沿到来前，$J=\overline{Q}=1$，$K=Q=0$，在 CP 脉冲下降沿到来时，输出状态翻转为 $Q=1$，$\overline{Q}=0$。在第二个 CP 脉冲下降沿到来前，$J=\overline{Q}=0$，$K=Q=1$，在 CP 脉冲下降沿到来时，输出状态翻转为 $Q=0$，$\overline{Q}=1$。依次类推，输出波形如图 9.14（b）所示。

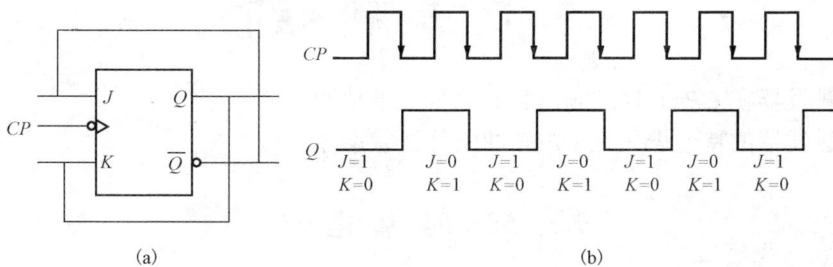

(a)   (b)

图 9.14 ［例 9.8］电路和波形

（a）电路；（b）波形

【例 9.9】 逻辑电路如图 9.15（a）所示，（1）写出状态表；（2）画输出端 Q_1、Q_2 的波形（设初始状态为 0）。

解 该电路的特点如下：

（1）$J_1=K_1=1$、$J_2=K_2=1$，即两个 JK 触发器都处于翻转状态。

（2）第一个触发器翻转在 CP 脉冲的上升沿、第二个触发器翻转在 $\overline{Q}_1$ 的上升沿。Q_1、Q_2 的输出状态如表 9.7 所示。

输出波形如图 9.15（b）所示。

表 9.7　　　　　　　　　　　　　　[例 9.9] 输出状态表

输入 $J_1=K_1=1$ $J_2=K_2=1$	输出 设初态为 $Q_1=Q_2=0$	
CP	Q_2	Q_1
0	0	0
1	0	1
2	1	0
3	1	1
4	0	0

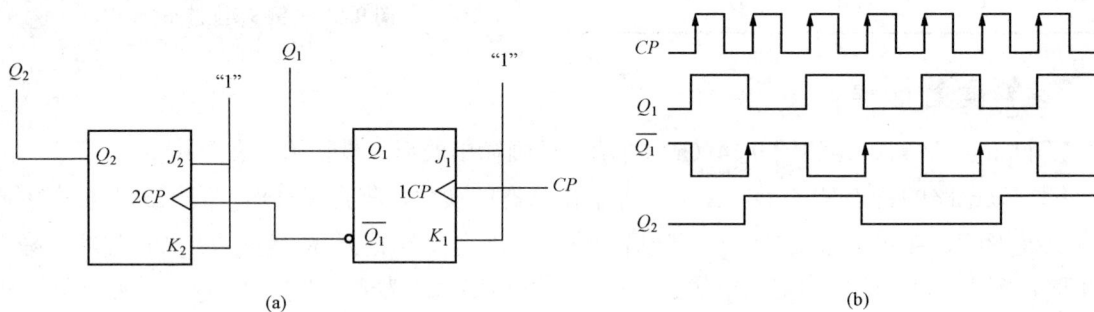

图 9.15　[例 9.9] 电路和波形

（a）电路；（b）波形

思 考 题

1. 边沿触发器在 CP=1 时，输出状态会发生变化吗？
2. 边沿触发器的特性表只在 CP 脉冲的什么状态才有效？

9.3　555 时 基 电 路

学习目标

- 了解 555 时基电路的结构和功能。
- 掌握用 555 时基电路构成方波发生器的方法和原理。
- 了解用 555 时基电路构成施密特触发器的方法和原理。

9.3.1　555 时基电路的结构和功能

555 时基电路是一种模拟电路和数字电路相结合的中规模集成器件，有 TTL 和 CMOS 两种类型，TTL 产品型号的最后三位数是 555，CMOS 产品型号的最后四位数是 7555，这两类产品的功能和引脚是一样的。使用时只要在外部接上适当的电阻、电容元件，即可以方便地构成脉冲的产生和整形电路，由于内部电路使用了三个 5kΩ 电阻，故得名 555 时基电路。

555 时基电路如图 9.16（a）所示，它由一个基本 RS 触发器、两个单值电压比较器、一个放电三极管和三个 5kΩ 电阻构成。从图中可见：比较器 A1 同相端的参考电位为 $\frac{2}{3}U_{CC}$，比较器 A2 反相端的参考电位为 $\frac{1}{3}U_{CC}$，比较器 A1、A2 的输出分别接到基本 RS 触发器的输入端 $\overline{R}$ 和 $\overline{S}$ 上，而触发器的输出 Q 即为 555 时基电路的输出。图 9.16（b）所示是 555 时基电路的引脚排列图。

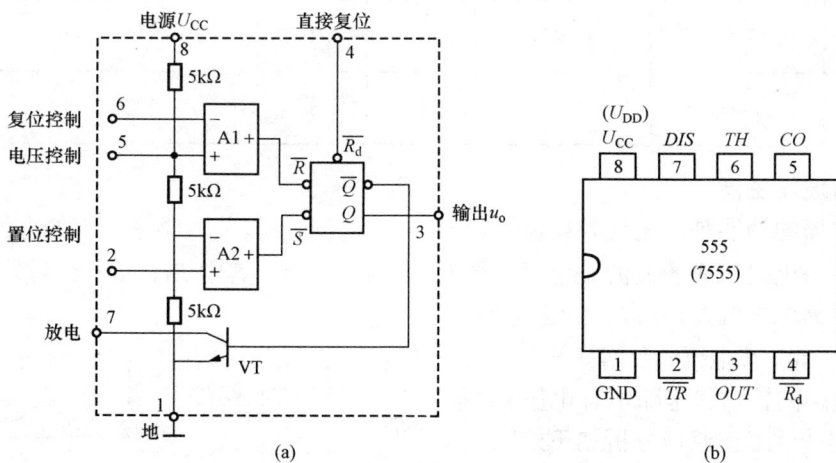

图 9.16　555 时基电路和引脚排列

（a）电路；（b）引脚排列

其中：

引脚 6 为复位控制端 TH（又称高电平触发端），当输入电压低于 $\frac{2}{3}U_{CC}$ 时，比较器 A1 输出为 1；当输入电压高于 $\frac{2}{3}U_{CC}$ 时，比较器 A1 输出为 0，使 RS 触发器置 0。

引脚 2 为置位控制端 $\overline{TR}$（又称低电平触发端），当输入电压高于 $\frac{1}{3}U_{CC}$ 时，比较器 A2 输出为 1；当输入电压低于 $\frac{1}{3}U_{CC}$ 时，比较器 A2 输出为 0，使 RS 触发器置 1。

引脚 3 为输出端，输出电流一般为 50mA，可直接驱动小功率负载。

引脚 4 为直接复位端，低电平有效，正常工作时应接高电平。

引脚 5 为电压控制端，若在该端外接一个电压，则电压比较器 A1、A2 的参考电位将发生变化，高、低触发端的电压也会随之改变。此端不用时，一般经 0.01μF 电容接地，以防止外部干扰的影响。

引脚 7 为放电端，当 555 时基电路的输出 $Q=1$、$\overline{Q}=0$ 时，放电三极管 VT 截止；当 555 时基电路的输出 $Q=0$、$\overline{Q}=1$ 时，放电三极管 VT 导通，外接电容可以通过三极管进行放电。

引脚 8 为电源端。

引脚 1 为接地端。

555 时基电路的功能如表 9.8 所示。

表 9.8 555 时基电路功能表

输入			中间状态		放电管状态	输出
直接复位 $\overline{R_d}$	复位控制 TH	置位控制 $\overline{TR}$	$\overline{R}$	$\overline{S}$	VT	Q
0	×	×	×	×	导通	0
1	$< \frac{2}{3}U_{CC}$	$< \frac{1}{3}U_{CC}$	1	0	截止	1
1	$< \frac{2}{3}U_{CC}$	$> \frac{1}{3}U_{CC}$	1	1	不变	保持
1	$> \frac{2}{3}U_{CC}$	$> \frac{1}{3}U_{CC}$	0	1	导通	0

9.3.2 方波发生器

方波发生器的功能是：无须外加输入信号，就可以产生幅值、频率一定的方波输出信号。

由 555 时基电路构成的方波发生器如图 9.17（a）所示，其中 R_1、R_2、C 为外接元件，该电路的特点是高电平触发端 TH 和低电平触发端 $\overline{TR}$ 接在一起，其电压始终等于电容电压 u_C，以保证电路的输出状态随电容电压 u_C 的变化而自动翻转。工作原理分析如下：

接通 U_{CC} 后，电流通过 R_1、R_2 给电容器 C 充电，使电容电压 u_C 逐渐升高，在 $u_C<1/3U_{CC}$ 时，比较器 A1 输出为 1，A2 输出为 0，使触发器输出 $Q=1$，u_o 输出高电平。当 u_C 上升到超过 $1/3U_{CC}$ 而小于 $2/3U_{CC}$ 时，A1 输出仍为 1，而 A2 的输出由 0 变为 1，使触发器保持原状态不变，输出 u_o 仍为高电平。

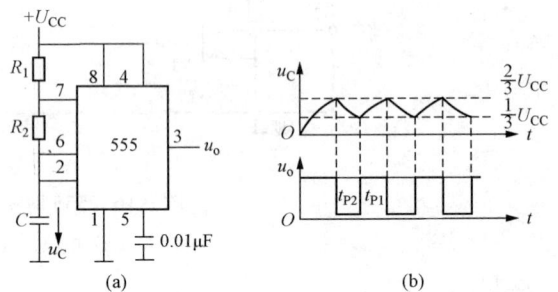

图 9.17 方波发生器
（a）电路；（b）波形

当 u_C 继续上升略超过 $2/3U_{CC}$ 时，A1 的输出变为 0，A2 的输出仍为 1，触发器状态翻转，输出 $u_o=Q=0$。同时 $\overline{Q}=1$ 使三极管 VT 饱和导通，电容通过电阻 R_2、引脚 7 和三极管放电，u_C 迅速下降。当 u_C 下降到小于 $2/3U_{CC}$ 而大于 $1/3U_{CC}$ 时，触发器保持原状态不变，即 $Q=0$，$\overline{Q}=1$，使电容继续放电。

当 u_C 下降到略低于 $1/3U_{CC}$ 时，A2 的输出变为 0，触发器状态又翻转，输出 $u_o=Q=1$。同时 $\overline{Q}=0$，放电管 VT 截止，电容器再次充电，电路重复上述过程，从而在输出端 u_o 得到连续的方波，输出波形如图 9.17（b）所示。

可以算出 $t_{P1}\approx0.7(R_1+R_2)C$，$t_{P2}\approx0.7R_2C$。

则振荡周期为

$$T=t_{P1}+t_{P2}\approx0.7(R_1+2R_2)C \tag{9-4}$$

振荡频率为

$$f=1/T=\frac{1}{0.7(R_1+2R_2)C} \tag{9-5}$$

可见，改变电路参数 R_1、R_2 和 C，输出方波的频率将发生变化。

9.3.3　施密特触发器

施密特触发器具有整形和变换输入信号的功能，可以把输入波形转换为方波输出。

把 555 时基电路的高电平触发端 TH 与低电平触发端 $\overline{TR}$ 连在一起，作为信号输入端即构成施密特触发器，电路如图 9.18（a）所示。工作原理分析如下：

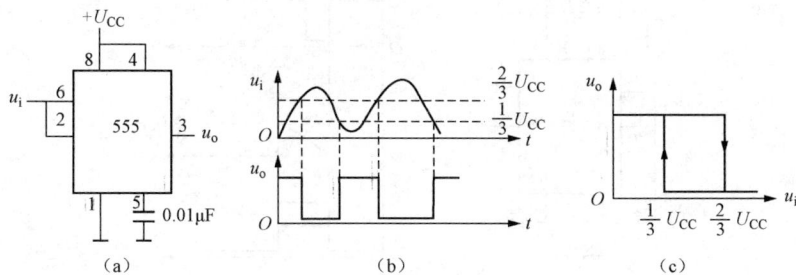

图 9.18　施密特触发器

（a）电路；（b）输入、输出波形；（c）传输特性

当输入电压 $u_i<1/3U_{CC}$ 时，u_o 输出高电平；当 $u_i>2/3U_{CC}$ 时，u_o 输出低电平；当 $1/3U_{CC}<u_i<2/3U_{CC}$ 时，u_o 输出保持原来状态不变。可见，这种电路的输出不仅与 u_i 的大小有关，而且还与 u_i 的变化方向有关。即：

u_i 由小变大时，$u_i=2/3U_{CC}$ 时输出状态发生变化；

u_i 由大变小时，$u_i=1/3U_{CC}$ 时输出状态发生变化。

输入、输出波形的关系如图 9.18（b）所示。图 9.18（c）是施密特触发器的传输特性，由于两个阈值电平分别为 $1/3U_{CC}$ 和 $2/3U_{CC}$，因而该电路存在 $1/3U_{CC}$ 的回差电压，具有较强的抗干扰能力。

🎓 知识拓展

单稳态触发器

单稳态触发器具有延时、整形、波形变换等功能。

单稳态触发器具有一个稳定状态和一个暂稳状态。无触发信号时电路处于稳定状态，在触发信号作用下，电路由稳定状态转换为暂稳状态，暂稳状态保持一定时间后电路又会返回稳定状态。暂稳状态的持续时间与外加触发信号无关，只与电路外接的电阻、电容参数有关。用 555 时基电路构成的单稳态触发器如图 9.19（a）所示，触发信号从低电平 $\overline{TR}$ 端（引脚 2）输入，无触发信号时该端接高电平。工作原理分析如下。

1. 稳态

稳态时输入信号 u_i 为高电平（$>1/3U_{CC}$）。由于 V_{CC} 通过 R 给 C 充电，u_C 不断升高。当 $u_C=2/3U_{CC}$ 时，$u_o=Q=0$，$\overline{Q}=1$，放电管 T 导通，电容 C 通过引脚 7 放电，使 u_C 减小到 0V。由于此时比较器 A_1 和 A_2 的输出都为 1，RS 触发器保持 $Q=0$ 状态，这就是它的稳定状态。

2. 触发翻转到暂稳态

若在输入端 u_i 加入负脉冲信号（幅值小于 $1/3U_{CC}$），电压比较器 A_2 输出将变为低电平，输出 $u_o=Q=1$、$\overline{Q}=0$，放电管 T、截止，电路由稳态进入暂稳态。在此期间，u_i 又恢复到高电平。

3. 返回稳态

由于放电管截止，电容 C 开始充电，当 u_C 上升到略大于 $2/3U_{CC}$ 时，比较器 A_1 输出又变为 0， 输出 $u_o=Q=0$、$\overline{Q}=1$，放电管 T 导通，电容 C 通过引脚 7 放电，电路从暂稳态又返回稳态。波形如图 9.19（b）所示。

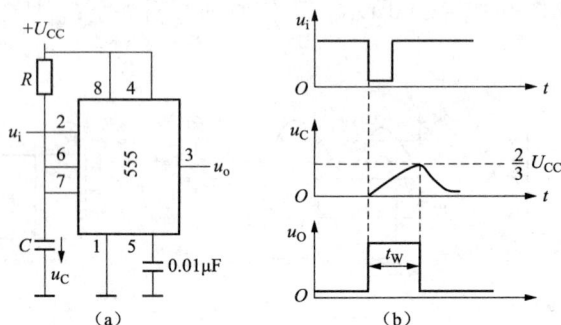

图 9.19　单稳态触发器

（a）电路；（b）输入、输出波形

此种单稳态触发器的延迟时间为 $1.1RC$。

能力拓展

1. 施密特触发器的应用

施密特触发器的电路符号如图 9.20 所示，传输特性如图 9.21 所示。

从传输特性可知，施密特触发器具有两个阈值电压 U_{T+}、U_{T-}，当输入信号 u_i 大于 U_{T+} 时，输出变为低电平，当输入信号 u_i 小于 U_{T-} 时，输出变为高电平，当 $U_{T-}<u_i<U_{T+}$ 时，输出保持不变，回差电压 $\Delta U=U_{T+}-U_{T-}$，回差电压越大，电路抗干扰能力越强。图 9.22 是用施密特触发器构成的方波发生器。

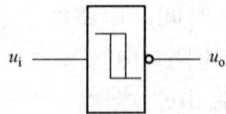

图 9.20　施密特触发器
逻辑符号

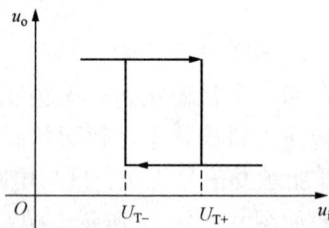

图 9.21　施密特触发器
传输特性

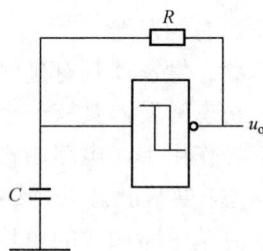

图 9.22　施密特触发器构成
的方波发生器

设电容电压 $u_C=0V<U_{T-}$，则输出 u_o 为高电平。u_o 通过电阻 R 给电容 C 充电，u_C 逐渐升高，当 $u_C=U_{T+}$ 时，输出 u_o 变为低电平，此时电容通过电阻 R 放电，u_C 逐渐降低，当 $u_C=U_{T-}$ 时，输出 u_o 又变为高电平，从而在输出端可以得到一个方波信号。

2. 555 时基电路的应用

555 时基电路的引脚 5 为电压控制端，不用时，一般通过 0.01μF 电容接地，防止外界干扰对阈值电压的影响。若在该端外接一个控制电压，则电路内比较器 A1、A2 的参考电位将发生变化，从而可以改变输出波形的频率，这就是控制电压对输出波形频率的调制，利用这种调制方法，可以构成双音报警电路。

图 9.23 是用两片 555 时基电路组成的双音报警电路。

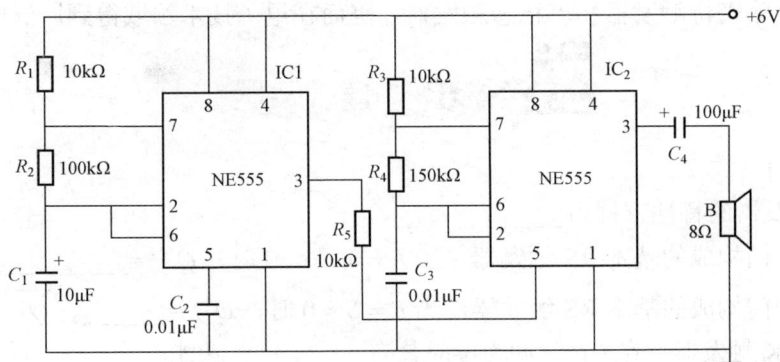

图 9.23　双音报警电路

图 9.23 中 555 时基电路 IC1、IC2 都接成方波发生器的形式，其中，IC1 输出的方波信号通过电阻 R_5 控制 IC2 的 5 脚电平。当 IC1 输出高电平时，IC2 输出方波的频率较低；当 IC1 输出低电平时，IC2 输出方波的频率较高。因此 IC2 的方波频率被 IC1 的输出电压调制为两种音频信号，使喇叭发出"嘀、嘟、嘀、嘟……"的双音声响，与救护车的鸣笛声相似，输出波形如图 9.24 所示。

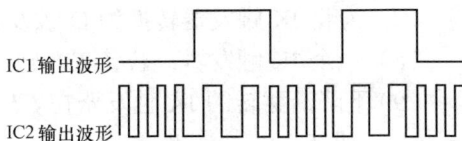

图 9.24　输出波形

思考题

1. 试述 555 时基电路的组成和工作原理。
2. 电压控制端有何作用？对输出信号有何影响？
3. 施密特触发器有什么功能？其回差电压的大小与什么参数有关？

本章小结

（1）触发器是具有"记忆"功能的逻辑电路，它有 0 和 1 两个稳定状态，一般用 Q^n 表示现态，用 Q^{n+1} 表示信号作用后的状态（即次态）。在外界信号作用下，输出状态可保持也可翻转。

（2）基本 RS 触发器由两个与非门互联而成，输出具有置 0、置 1、保持、不定四种状态。$\overline{R}$ 为置 0 端，$\overline{S}$ 为置 1 端，均为低电平有效，不用时须接高电平。它的置 0、置 1 功能在边沿触发器中也被广泛采用。

（3）边沿触发器的特点是：输出状态只在 CP 脉冲的上升沿或下降沿发生变化，在 CP 脉冲的其他时刻都保持不变，这种类型的触发器具有很好的抗干扰能力。本章介绍了 JK、D、T

三种边沿触发器，其中：JK 触发器具有置 0、置 1、保持、翻转四种功能；D 触发器具有置 0、置 1 两种功能；T 触发器具有保持、翻转两种功能。

（4）555 时基电路是一种模拟和数字相结合的集成电路，内部包含两个电压比较器、一个基本 RS 触发器、一个放电三极管和三个 $5k\Omega$ 电阻。通过外接电阻、电容元件可以方便地构成方波发生器、施密特触发器和单稳态触发器，因而在电子技术领域得到广泛应用。

习　题

9.1　填空题

（1）JK 触发器的特性方程为_____。

（2）由与非门构成的基本 RS 触发器，当 $\overline{R}=0$，$\overline{S}=1$ 时，$Q^{n+1}=$_____。

（3）由与非门构成的基本 RS 触发器，当 $\overline{R}=\overline{S}=0$ 时，$Q^{n+1}=$_____、$\overline{Q^{n+1}}=$_____。

（4）边沿 JK 触发器，在 CP 脉冲为零时具有_____功能。

（5）下降沿触发翻转的 JK 触发器，在 CP 脉冲上升沿作用下，输出状态将_____变化。

（6）一个初始状态为零的边沿 JK 触发器，在 CP 为高电平期间，当 $J=K=1$ 时，$Q^{n+1}=$_____。

（7）为将 JK 触发器转换为 D 触发器，应使 $J=$_____、$K=$_____。

（8）一个 JK 触发器，若 $J=K$，则可完成_____触发器的逻辑功能。

（9）下降沿翻转的 JK 触发器在 CP 脉冲作用下，欲从"0"态翻转到"1"态，则 $J=$_____、$K=$_____或 $J=$_____、$K=$_____。

（10）下降沿翻转的 JK 触发器在 CP 脉冲作用下，欲从"1"态翻转到"1"态，则 $J=$_____、$K=$_____或 $J=$_____、$K=$_____。

（11）$\overline{R_d}$ 为直接置_____端，_____电平有效，不用时应接_____电平；$\overline{S_d}$ 为直接置_____端，_____电平有效，不用时应接_____电平。

（12）555 时基电路内部包含一个_____触发器，置"0"端采用_____电平信号，置"1"端采用_____电平信号。

（13）555 时基电路低电平触发端的电位为____U_{CC}，高电平触发端的电位为____U_{CC}。

（14）用 555 时基电路构成的方波发生器，外接电容越大，输出波形的频率越_____。

（15）用 555 时基电路构成的施密特触发器，具有两个_____同的阈值电压。当输入信号略大于 $2/3U_{CC}$ 时，输出状态为_____；当输入信号略小于 $1/3U_{CC}$ 时，输出状态为_____。

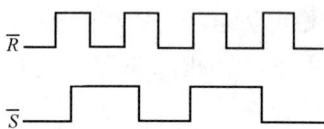

图 9.25　习题 9.2 输入波形

（16）把 555 时基电路的高、低电平触发端接在一起可以构成____发生器，且高、低电平触发端的电压_____电容电压。

9.2　一个由与非门组成的基本 RS 触发器，输入信号如图 9.25 所示，试画出 Q 端的波形（设初始状态 $Q=0$）。

9.3　电路如图 9.26（a）所示，试画出各触发器输出端 Q 的波形，CP 波形如图 9.26（b）所示，设各触发器的初始状态为 0。

9.4　一个下降沿触发翻转的 JK 触发器，CP、J、K 波形如图 9.27（a）、（b）所示，试分别画出 Q 端的波形，设触发器的初始状态为 0。

9.5　一个上升沿触发翻转的 JK 触发器，输入端波形如图 9.28（a）、（b）所示，试分别画

出 Q 端的波形, 设触发器的初始状态为 0。

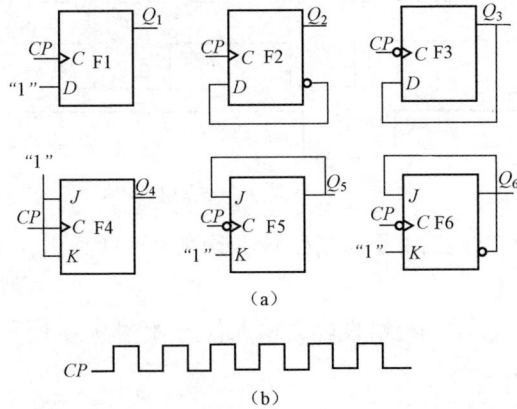

（a）

（b）

图 9.26　习题 9.3 电路和波形

（a）电路；（b）波形

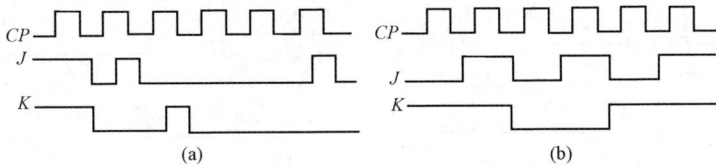

图 9.27　习题 9.4 输入波形

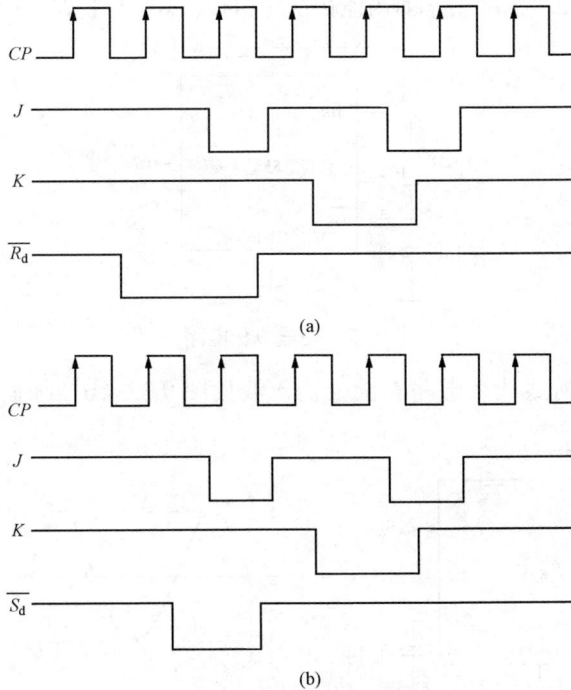

（a）

（b）

图 9.28　习题 9.5 输入波形

9.6　一个上升沿触发翻转的 T 触发器, CP、T 波形如图 9.29 所示, 试画出 Q 端的波形, 设触发器的初始状态为 0。

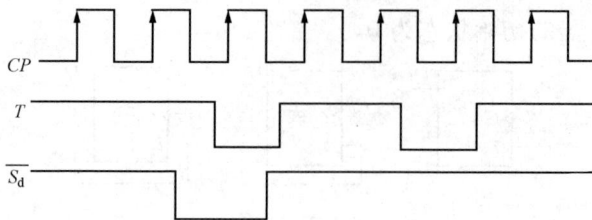

图 9.29　习题 9.6 输入波形

9.7　电路如图 9.30 所示，设触发器初始状态均为 0，试画出在 CP 作用下，输出端 Q_1、Q_2 的波形。

9.8　一个下降沿触发翻转的 D 触发器，输入信号如图 9.31 所示，试画输出端 Q 的波形。设触发器的初始状态为 0。

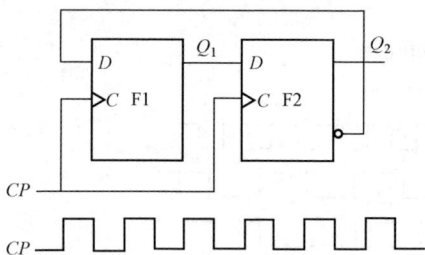

图 9.30　习题 9.7 电路和波形

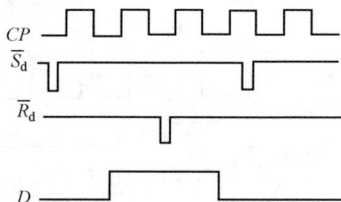

图 9.31　习题 9.8 输入波形

9.9　图 9.32 构成什么电路？定性画出输出电压的波形，并计算输出电压的频率和周期。

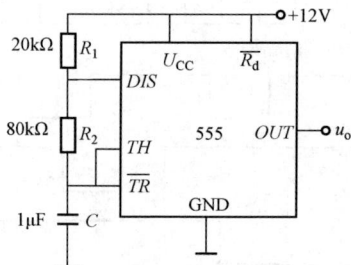

图 9.32　习题 9.9 电路

9.10　图 9.33（a）构成什么电路？根据输入波形图 9.33（b）画输出 u_o 波形。

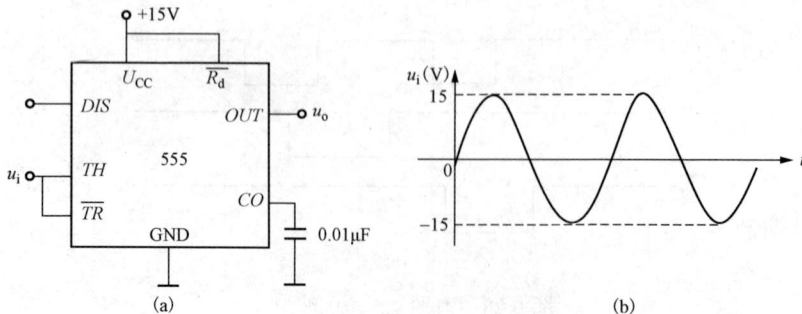

图 9.33　习题 9.10 电路和波形

（a）电路；（b）波形

第 10 章 时序逻辑电路

【本章提要】

　　时序逻辑电路是以触发器为基本单元的逻辑电路,常用的时序逻辑电路有寄存器、计数器等。本章主要介绍常用时序逻辑电路的结构、功能及工作原理,并介绍常用集成时序逻辑电路的型号、特点和应用。

10.1 寄 存 器

学习目标

- 了解寄存器的功能及类型。
- 掌握数码寄存器、移位寄存器的工作原理。
- 掌握常用集成寄存器的型号及应用。

　　数字电路包括组合逻辑电路和时序逻辑电路两大类,时序逻辑电路是以触发器为基本单元的逻辑电路。与组合逻辑电路相比,时序逻辑电路具有记忆功能,即时序逻辑电路的输出不仅与该时刻的输入信号有关,还与电路的初始状态有关。常用的时序逻辑电路有寄存器、计数器等。

10.1.1 寄存器的功能及类型

　　在数字系统中,用于存放数码和指令的逻辑电路称为寄存器,构成寄存器的主要逻辑单元是具有记忆功能的触发器。由于一个触发器只能存放一位二进制数码,存放 N 位数码就需要用 N 个触发器。数码存入寄存器或从寄存器取出的方式有并行和串行两种形式。在一个 CP 脉冲控制下,各位数码同时存入寄存器或同时从寄存器取出的方式称为并行输入或并行输出方式;在一个 CP 脉冲控制下,只存入或取出一位数码,N 位数码需要用 N 个 CP 脉冲才能完成全部操作的,称为串行输入或串行输出方式。并行方式存取速度快,但需要的数据线较多,串行方式存取速度慢,但需要的数据线较少。寄存器有数码寄存器和移位寄存器两种类型。

10.1.2 数码寄存器

　　数码寄存器只具备存入和取出数码的功能,在数字电路中,常用于暂时存放某些数据,以便随时调用。

　　图 10.1 所示是由四个 D 触发器构成的四位数码寄存器,四个数据输入端 $D_0 \sim D_3$ 分别与四个触发器的 D 端相连,待存数码必须在“存数”脉冲到来前输入,在“存数”脉冲的上升沿,四个 D 触发器的输出状态分别与四个输入数码相同,实现了数码存入操作。当需要取出数码时,在“取数”脉冲作用下,四个数码(D 触发器 Q 端状态)通过与门进行输出。当需要清除原有数码时,发出“清零”脉冲即可。

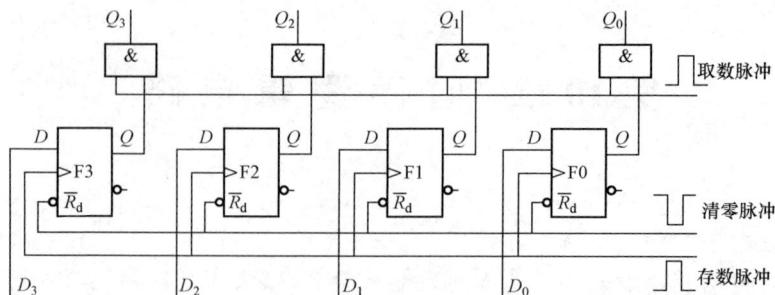

图 10.1　四位数码寄存器

74LS175 是用 D 触发器构成的集成数码寄存器，引脚排列如图 10.2 所示。

其中 CP 为时钟脉冲端，$\overline{R}_d$ 为直接清零端，$D_0 \sim D_3$ 是数据输入端，$Q_0 \sim Q_3$ 是数据输出端，4LS175 的功能如表 10.1 所示。

表 10.1　　　　　　　　　74LS175　功　能　表

输　入						输　出			
$\overline{R}_d$	CP	D_0	D_1	D_2	D_3	Q_0	Q_1	Q_2	Q_3
0	×	×	×	×	×	0	0	0	0
1	↑	d_0	d_1	d_2	d_3	d_0	d_1	d_2	d_3
1	0	×	×	×	×	保持			

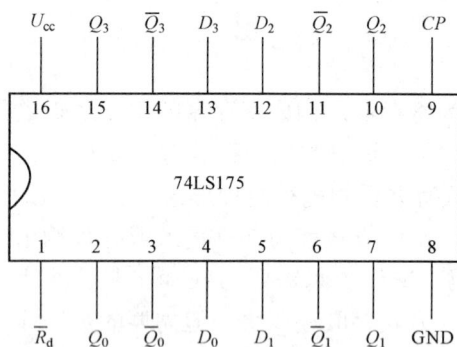

图 10.2　74LS175 引脚排列

其中：

（1）直接清零。只要 $\overline{R}_d$ =0，无论有无 CP 脉冲，$Q_4=Q_3=Q_2=Q_1=0$。

（2）并行输入/输出。当 $\overline{R}_d$ =1 时，在 CP 脉冲上升沿作用下，将 $D_0 \sim D_3$ 的数据并行存入四个触发器中。

（3）当 $\overline{R}_d$ =1 且 CP=0 时，各触发器处于保持状态。

10.1.3　移位寄存器

1. 单向移位寄存器

移位寄存器不仅具有数据存储功能，还具有数据移位功能。所谓移位功能，就是寄存器中所存数据，可以在移位脉冲作用下逐次左移或右移。按照移位情况的不同可将移位寄存器分为单向移位寄存器和双向移位寄存器两类。

图 10.3 所示是用 D 触发器构成的左移单向移位寄存器。图中，低位触发器的输出端 Q 依次接到高一位触发器的 D 端，即 $D_1=Q_0$、$D_2=Q_1$、$D_3=Q_2$。要寄存的数据从串行数据输入端 D_0 输入，Q_3 为串行数据输出端，$Q_3Q_2Q_1Q_0$ 为并行数据输出端。由于移位脉冲同时加在四个触发器的 CP 端上，所以它是一个同步时序逻辑电路。

工作时，每当移位脉冲上升沿到来时，输入数据便依次移入 F0，同时低位触发器的状态也依次传递给高一位的触发器，这种输入方式称为串行输入。例如，要寄存的数据为 1011，

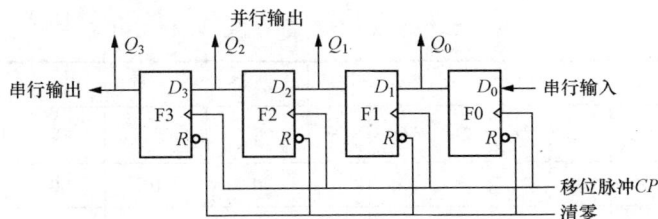

图 10.3　四位左移移位寄存器

在移位脉冲作用下，各个触发器中数据的移动情况如表 10.2 所示，各个触发器中输出的波形如图 10.4 所示。可以看到，四个 CP 脉冲过后，要寄存的数据 1011 全部移入寄存器中，即 $Q_3Q_2Q_1Q_0 = 1011$。这时，若从四个触发器的 Q 端同时输出数据，这种输出方式称为并行输出。若要将寄存的数据从 Q_3 端依次输出（串行输出），则只需要再输入四个移位脉冲即可。若将高位触发器的输出端 Q 依次接到低一位触发器的 D 端，并从 D_3 端输入数据就构成了四位右移移位寄存器。

表 10.2　　　　　　　　　　　　　　四位左移移位寄存器数据移动表

移位脉冲	Q_3		Q_2		Q_1		Q_0		输入数据
初始	0		0		0		0		1
		←		←		←		←	
1	0		0		0		1		0
		←		←		←		←	
2	0		0		1		0		1
		←		←		←		←	
3	0		1		0		1		1
		←		←		←		←	
4	1		0		1		1		0
并行输出	1		0		1		1		

2. 双向移位寄存器

图 10.5 所示是集成双向四位移位寄存器 74LS194 的引脚排列图，它具有双向移位，串行输入、输出，并行输入、输出等多种逻辑功能，各项功能如表 10.3 所示。

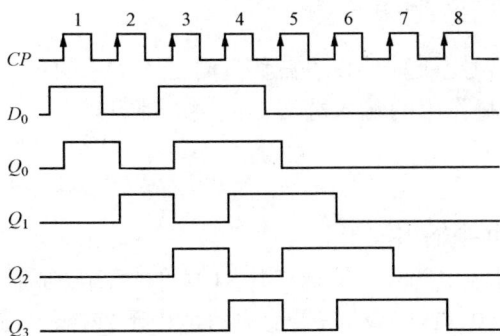

图 10.4　四位左移移位寄存器输出波形

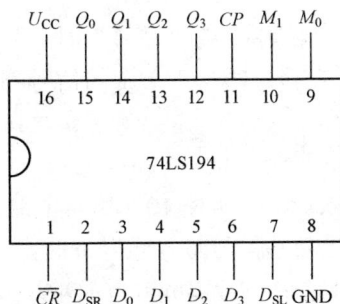

图 10.5　74LS194 引脚排列

表 10.3　　　　　　　　　　　　　　**74LS194　功　能　表**

输　　入									输　　出				功能说明
$\overline{CR}$	M_1	M_0	CP	D_{SL}	D_{SR}	D_0	D_1	D_2	D_3	Q_0^{n+1}	Q_1^{n+1}	Q_2^{n+1}	Q_3^{n+1}	
0	×	×	×	×	×	×	×	×	×	0	0	0	0	异步清零
1	0	0	×	×	×	×	×	×	×	Q_0^n	Q_1^n	Q_2^n	Q_3^n	保持
1	1	1	↑	×	×	d_0	d_1	d_2	d_3	d_0	d_1	d_2	d_3	并行输入
1	0	1	↑	×	D_{SR}	×	×	×	×	D_{SR}	Q_0^n	Q_1^n	Q_2^n	右移移位
1	1	0	↑	D_{SL}	×	×	×	×	×	Q_1^n	Q_2^n	Q_3^n	D_{SL}	左移移位

功能说明如下：

（1）异步清零。$\overline{CR}$=0 时，$Q_3Q_2Q_1Q_0$=0000，由于清零过程不需要 CP 脉冲配合，这种清零方式称为异步清零。

（2）保持。$\overline{CR}$=1，M_1=M_0=0 时，各触发器保持原状态不变。

（3）并行置数。$\overline{CR}$=1，M_1=M_0=1 时，在 CP 脉冲的上升沿实现并行置数，即 $Q_3Q_2Q_1Q_0$=$d_3d_2d_1d_0$。这时右移和左移数据输入端 D_{SR} 和 D_{SL} 被禁止。

（4）左移移位。$\overline{CR}$=1，M_1=1，M_0=0 时，在 CP 脉冲的上升沿实现左移操作，即各触发器的状态依次向左移动一位，这时串行输入数据由 D_{SL} 端输入。

（5）右移移位。$\overline{CR}$=1，M_1=0，M_0=1 时，在 CP 脉冲的上升沿实现右移操作，即各触发器的状态依次向右移动一位，这时串行输入数据由 D_{SR} 端输入。

图 10.6 所示是 74LS194 的基本应用电路。

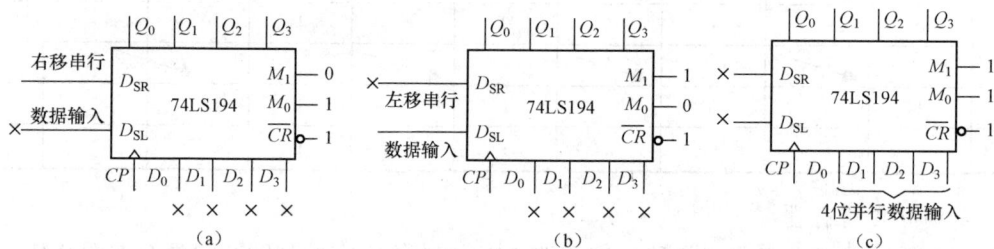

图 10.6　74LS194 的基本应用电路

（a）右移电路；（b）左移电路；（c）并行置数电路

注意："右移"或"左移"时，"并行置数"信号不起作用；"右移"时送入 D_{SL} 的信号不起作用；"左移"时送入 D_{SR} 的信号不起作用，不起作用的输入端接 0 或接 1 都可以。

🖊 **能力拓展**

【**例 10.1**】　分析图 10.7 所示电路的逻辑功能并画输出波形。

解　当启动信号输入负脉冲时，与非门 G2 的输出为 1，这时 74LS194 的控制端 M_1=1、M_0=1，实现并行置数功能，$Q_0Q_1Q_2Q_3$=$D_0D_1D_2D_3$=0111。启动信号消失后，由于 Q_0=0，与非门 G1 输出为 1，与非门 G2 输出为 0，这时 74LS194 的控制端 M_1=0、M_0=1，实现右移移位功能。在移位过程中，因为与非门 G1 的输入端总有一个为 0，所以能保证 G1 的输出始终为 1，G2 的输出始终为 0，即维持 $M_1=0$、$M_0=1$ 的右移移位状态不变，移位状态如表 10.4 所示，输出波形如图 10.8 所示。

表 10.4　　　　　　　　　　　　　　[例 10.1] 移位状态表

移位脉冲序号	$D_{SR}（Q_3）$	Q_0	Q_1	Q_2	Q_3
1	1	0	1	1	1
2	1	1	0	1	1
3	1	1	1	0	1
4	0	1	1	1	0
5	1	0	1	1	1

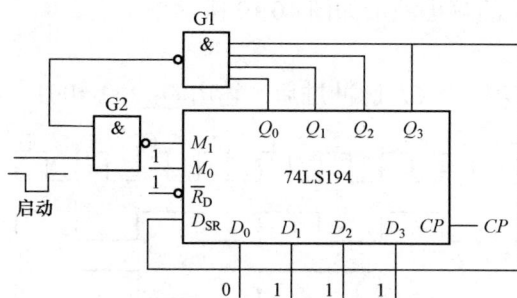

图 10.7　[例 10.1] 逻辑电路　　　　　　　图 10.8　[例 10.1] 输出波形

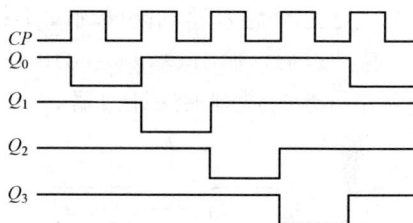

从输出波形可见，该电路是一个顺序脉冲发生器，74LS194 的四个输出端按固定时序依次输出低电平信号。如果预置数 3 位是 0，1 位是 1，则依次输出高电平信号。

思 考 题

1．画出四位右移移位寄存器的电路图并写出数据移动表。

2．双向移位寄存器 74LS194 左移移位、右移移位时，分别对控制端 $\overline{CR}$、M_1、M_2 有什么要求？

10.2　计　数　器

学习目标

- 了解计数器的功能和分析方法。
- 了解常用集成计数器的型号及应用。
- 掌握用集成计数器构成 N 进制计数器的方法。

10.2.1　计数器的功能和分类

计数器的作用是累计输入脉冲的个数，同时还具有定时、分频等作用。按 CP 脉冲作用的方式分类，有同步计数器和异步计数器。同步计数器中的各个触发器翻转时间相同，而异步计数器中的各个触发器翻转时间不同。按计数过程中数字的增减分类，有加法计数器、减法计数器和可逆计数器。按计数进制（几个脉冲过后计数状态循环一次）分类，有二进制计数器、十进制计数器和任意进制计数器。如果构成计数器的触发器有 N 个，二进制计数器的有效循环状态数（也称为计数容量或计数长度）为 2^N 个；十进制计数器的有效循环状态数为 10 个；状态数不等于 2^N 和 10 的，就是任意进制计数器。

10.2.2　二进制计数器

图 10.9 所示是用三个 JK 触发器构成的异步二进制加法计数器，输入端 J、K 均接高电平（图中未画出）。每个触发器的状态分析如下：

F0：$J_0=K_0=1$，在 CP 脉冲下降沿翻转；

F1：$J_1=K_1=1$，在 Q_0 的下降沿翻转；

F2：$J_2=K_2=1$，在 Q_1 的下降沿翻转。

根据以上分析，可画出计数器 Q_0、Q_1、Q_2 端的输出波形如图 10.10 所示。

从波形图可知：

（1）由于三个触发器的翻转时间不相同，且第一个 CP 脉冲过后，输出 $Q_2Q_1Q_0=001$，第二个 CP 脉冲过后，输出 $Q_2Q_1Q_0=010$，……所以该电路是异步二进制加法计数器。

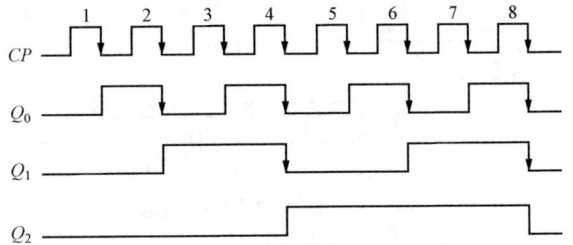

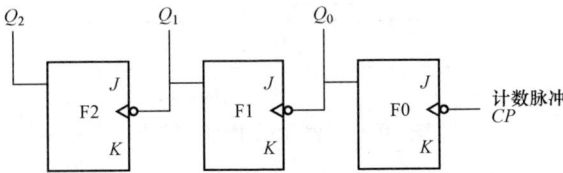

图 10.9　异步二进制加法计数器　　　　　　　图 10.10　异步二进制加法计数器输出波形

（2）每输入八个 CP 脉冲，计数器完成一个工作循环，所以也把该电路称为异步八进制加法计数器。

（3）若计数脉冲 CP 的频率为 f，则 Q_0、Q_1、Q_2 的频率分别为 $f/2$、$f/4$、$f/8$，所以该电路还具有分频功能，可作分频器使用。

图 10.11（a）所示是由三个 JK 触发器构成的同步二进制加法计数器，输入的计数脉冲同时加在三个触发器的 CP 端上，每个触发器的状态分析如下：

F0：$J_0=K_0=1$，在 CP 脉冲下降沿翻转；

F1：$J_1=K_1=Q_0$，在 CP 脉冲下降沿翻转，即只有当 $Q_0=1$ 时，$J_1=K_1=1$，在 CP 脉冲下降沿，触发器 F1 的状态才会发生变化；

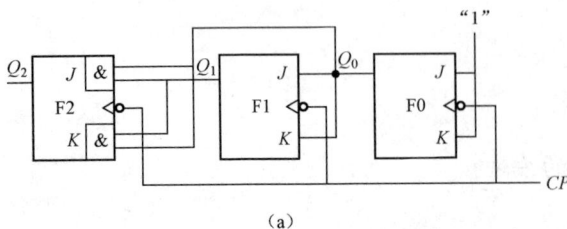

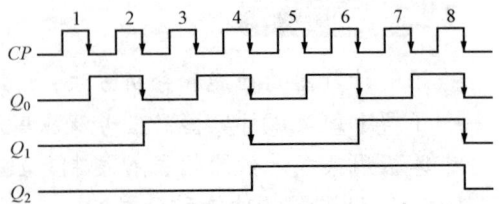

（a）　　　　　　　　　　　　　　　　（b）

图 10.11　同步二进制加法计数器

（a）电路；（b）波形

F2：$J_2=K_2=Q_1Q_0$，在 CP 脉冲下降沿翻转，即只有当 Q_1Q_0=11 时，$J_2=K_2$=1，在 CP 脉冲下降沿，触发器 F2 的状态才会发生变化。

计数器的输出波形如图 10.11（b）所示。

从波形图可知该电路是同步八进制计数器。

10.2.3 N 进制计数器

图 10.12（a）所示是一个异步五进制计数器的电路图，每个触发器的状态分析如下：

F0：$J_0=\overline{Q_2}$、K_0=1，在 CP 脉冲下降沿翻转，即只有当 $\overline{Q_2}$=1 时，$J_0=K_0$=1，在 CP 脉冲下降沿，触发器 F0 的状态才会发生变化；

F1：$J_1=K_1$=1，在 Q_0 脉冲下降沿翻转；

F2：$J_2=Q_1Q_0$、K_2=1，在 CP 脉冲下降沿翻转，即只有当 Q_1Q_0=11 时，$J_2=K_2$=1，在 CP 脉冲下降沿，触发器 F2 的状态才会发生变化。

根据每个触发器的 J、K 信号及翻转条件，可画出 Q_0、Q_1、Q_2 的波形如图 10.12（b）所示。从波形图上可知，每输入五个 CP 脉冲后，计数器完成一个工作循环，因此该电路是五进制异步计数器。

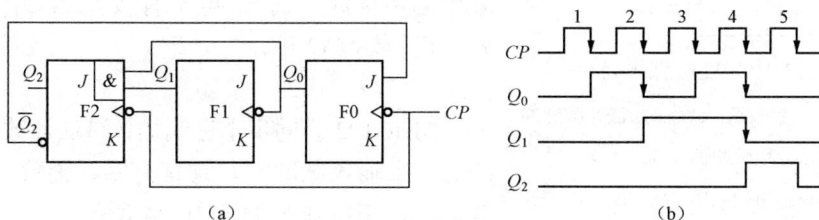

图 10.12 异步五进制计数器
（a）电路；（b）波形

10.2.4 集成计数器

前面介绍的计数器都是由触发器直接构成的，随着集成电路技术的不断发展，集成计数器已被广泛生产和应用，集成计数器一般属于中规模集成电路，下面介绍几种常用的集成计数器。

1. 74HC161、74HC163

74HC161 是四位二进制同步加法计数器，引脚排列如图 10.13 所示，主要功能如表 10.5 所示。

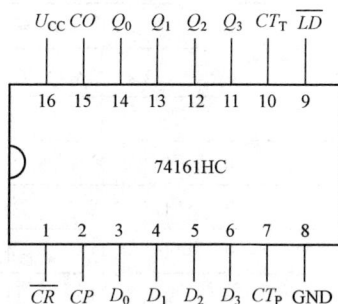

图 10.13 74HC161 引脚排列

表 10.5 74HC161 功 能 表

$\overline{CR}$	CT_P	CT_T	$\overline{LD}$	CP	D_3	D_2	D_1	D_0	Q_3	Q_2	Q_1	Q_0	说明
0	×	×	×	×	×	×	×	×	0	0	0	0	异步清零
1	×	×	0	↑	d_3	d_2	d_1	d_0	d_3	d_2	d_1	d_0	同步置数
1	1	1	1	↑	×	×	×	×					加法计数
1	0	×	1	×	×	×	×	×					保持原状态
1	×	0	1	×	×	×	×	×					保持原状态

各项功能说明如下：

（1）清零。当 $\overline{CR}$ =0（低电平有效）时，计数器清零。这种不需要 CP 脉冲配合的清零方式称为异步清零。

（2）置数。当 $\overline{CR}$ =1、$\overline{LD}$ =0（低电平有效），且在 CP 脉冲上升沿，计数器置数。这种需要 CP 脉冲配合的置数方式称为同步置数。

（3）计数。当 $\overline{CR}=\overline{LD}$ =1 且 $CT_P=CT_T$=1 时，在 CP 脉冲上升沿作用下进行加法计数。

（4）保持。当 $\overline{CR}=\overline{LD}$ =1、CT_P、CT_T 中至少有一个为 0 时，计数器处于保持状态。

（5）进位。当 $Q_3Q_2Q_1Q_0$=1111 时，进位端 CO=1。

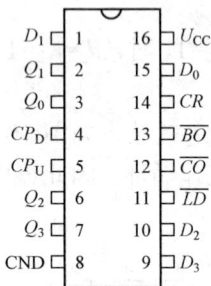

图 10.14　74HC192 引脚排列

CR—清零端；$\overline{LD}$—置数端；CP_U—加法计数脉冲输入端；CP_D—减法计数脉冲输入端；$\overline{CO}$—进位输出端；$\overline{BO}$—借位输出端；D_0、D_1、D_2、D_3—计数器输入端；Q_0、Q_1、Q_2、Q_3—计数器输出端

74HC163 也是四位二进制同步加法计数器，与 74HC161 的唯一区别在于：它是采用同步清零方式。

2. 74HC160、74HC162

74HC160、74HC162 是四位十进制同步加法计数器，74HC160 采用异步清零（低电平有效），74HC162 采用同步清零（低电平有效）。两种型号的计数器都采用同步置数方式（低电平有效）。当 $Q_3Q_2Q_1Q_0$=1001 时，进位端 CO=1。

3. 74HC192

74HC192 为同步十进制加、减法计数器，有 CP_U、CP_D 两个输入脉冲端，具有清零、置数、计数、保持等功能，引脚排列如图 10.14 所示。

各项功能如表 10.6 所示。

表 10.6　　　　　　　　　　　　　　74HC192 功 能 表

输　　入								输　　出			
CR	$\overline{LD}$	CP_U	CP_D	D_3	D_2	D_1	D_0	Q_3	Q_2	Q_1	Q_0
1	×	×	×	×	×	×	×	0	0	0	0
0	0	×	×	d_3	d_2	d_1	d_0	d_3	d_2	d_1	d_0
0	1	↑	1	×	×	×	×	加计数			
0	1	1	↑	×	×	×	×	减计数			
0	1	1	1	×	×	×	×	保持			

从表 10.6 中可见，74HC192 主要功能如下：

（1）具有"异步清零"功能。当清零端 CR 为高电平时，计数器直接清零，不需要 CP_D、CP_U 脉冲配合。

（2）具有"异步置数"功能。当清零端 CR 为低电平，置数端 $\overline{LD}$ 也为低电平时，不需要 CP_D、CP_U 脉冲配合，可把输入端的信号直接送到输出端。

（3）加法计数功能。当 CR 为"0"、$\overline{LD}$ 为"1"、CP_D 为"1"时，在 CP_U 的上升沿进行加法计数。

（4）减法计数功能。当 CR 为"0"、$\overline{LD}$ 为"1"、CP_U 为"1"时，在 CP_D 的上升沿进行

减法计数。

（5）保持功能。当 CR 为 "0"、$\overline{LD}$ 为 "1"、CP_U 为 "1"、CP_D 为 "1" 时具有保持功能。

10.2.5　用集成计数器构成 N 进制计数器

利用集成二进制或十进制计数器可以方便地构成 N 进制计数器，采用的方式有反馈清零法和反馈置数法两种。

1. 反馈清零法

利用计数器的清零作用，在到达计数过程中的某一个需要状态时迫使计数器返回到零并重新开始计数，从而得到所需要的进制。在用反馈清零法构成任意进制计数器时，须注意清零信号的两种方式（异步清零和同步清零）。

清零信号的选择与芯片的清零方式有关。把产生清零信号的状态称为反馈识别码 N_a，当芯片为异步清零时，可用状态 N 作为反馈识别码 N_a，即 $N_a=N$，通过门电路输出清零信号，使芯片瞬间清零，构成 N 进制计数器。当芯片为同步清零时，可用 $N_a=N-1$ 作为反馈识别码，通过门电路输出清零信号，使芯片在 CP 到来时清零，同样能构成 N 进制计数器。

【例 10.2】 分析如图 10.15 所示电路为几进制计数器。

解　74HC161 为异步清零的二进制加法计数器。异步清零端 $\overline{CR}$ 与时钟脉冲 CP 没有关系，只要 $\overline{CR}$ 出现有效信号 0，计数器就立刻清零。当 74HC161 从 0000 状态开始计数，输入第六个计数脉冲时，输出 $Q_3Q_2Q_1Q_0=0110$，与非门输出端变为低电平，反馈给 $\overline{CR}$ 端一个清零信号，使 $Q_3Q_2Q_1Q_0$ 立刻返回到 0000 状态，与非门输出端又变为高电平，$\overline{CR}$ 端的清零信号消失，74HC161 重新从 0000 状态开始新的计数周期。其中的 0110 状态仅在很短的瞬间出现，为过渡状态，不能稳定保持。该电路的稳定状态是 0000～0101，共六个状态，所以为六进制计数器。从以上分析可见，用异步清零方式的芯片构成六进制计数器时，反馈识别码 $N_a=N=6$，清零条件 $\overline{CR}=\overline{Q_2Q_1}$。

图 10.16 所示为该电路的状态图，其中矩形框内的为过渡状态。

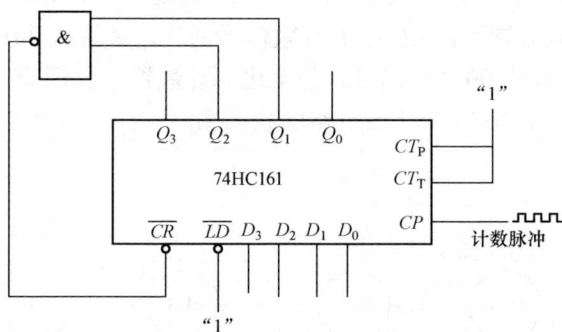

图 10.15　[例 10.2] 电路

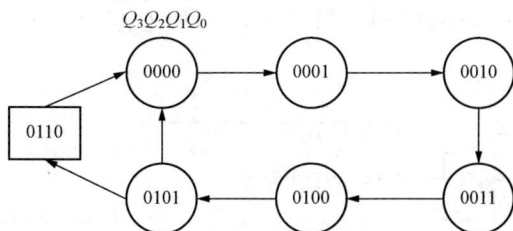

图 10.16　[例 10.2] 状态图

【例 10.3】 分析如图 10.17 所示电路为几进制计数器。

解　74HC163 是同步清零方式的二进制加法计数器，即 $\overline{CR}$ 端出现清零信号 0 后，计数器并不能立刻清零，还需要再输入一个计数脉冲，计数器才被清零。74HC163 从 0000 状态开始计数，输入第 5 个计数脉冲时，$Q_3Q_2Q_1Q_0=0101$，与非门输出端变为低电平，使 $\overline{CR}$ 端有效，为清零做好准备，再输入一个计数脉冲时，使 $Q_3Q_2Q_1Q_0$ 返回到 0000 状态，同时 $\overline{CR}$ 端的低电平信号消失，74HC163 重新从 0000 状态开始新的计数周期。从 0000～0101 均为稳定出现的状态，所以该电路为六进制计数器。从以上分析可见，对于同步清零方式的芯片，构成 N 进制计数器时，反馈识别码 $N_a=N-1$，清零条件 $\overline{CR}=\overline{Q_2Q_0}$。图 10.18 所示为该电路的状态图。

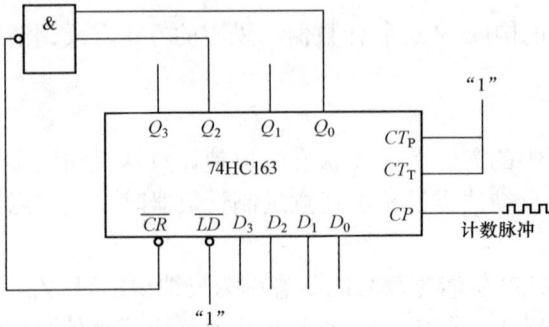

图 10.17 ［例 10.3］电路

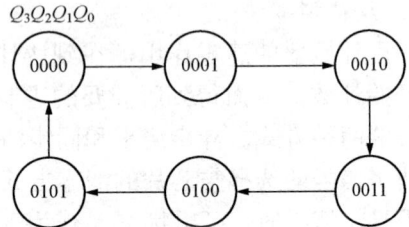

图 10.18 ［例 10.3］状态图

2. 反馈置数法

利用具有置数功能的计数器，截取从 $N_x \sim N_y$ 之间的 N 个有效状态，构成 N 进制计数器。其方法是先将状态 N_x 通过并行数据输入端预置到计数器中，计数器将在 N_x 的基础上进行计数，当计数器的状态变为 N_y 时，由 N_y 构成的反馈信号提供置数指令，使计数器的输出重回到 N_x，从而构成由 N_x 到 N_y 的 N 进制计数器。这里仍将提供反馈置数信号的状态称为反馈识别码 N_a，它的确定与计数器的置数方式（异步置数还是同步置数）有关。如果是异步置数，则 $N_a=N_x+N$；如果为同步置数，则 $N_a=N_x+N-1$。

【例 10.4】 分析如图 10.19 所示电路为几进制计数器。

解　74HC160 是十进制加法计数器，具有同步置数端 $\overline{LD}$，且低电平有效。如图 10.19 电路中，预置数为 $D_3D_2D_1D_0=0011$。当计到 1001 时，进位信号输出端为 1，通过非门使 $\overline{LD}$ 端为 0，为置数做好准备。再输入一个脉冲使计数器置数，$\overline{LD}$ 端的有效信号消失，重新从 0011 状态开始新的计数周期。可见该电路的有效状态是 0011～1001，是七进制计数器。反馈识别码 $N_a=N_x+N-1$，置数条件 $\overline{LD}=\overline{Q_3Q_0}=\overline{CO}$。图 10.20 所示是该电路的状态图。

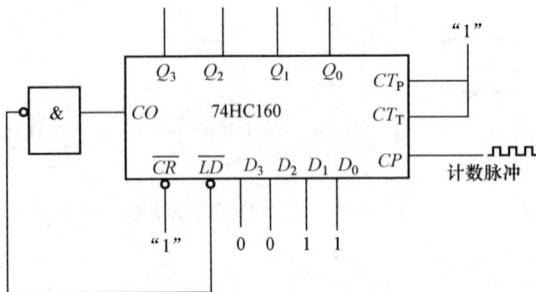

图 10.19 ［例 10.4］电路

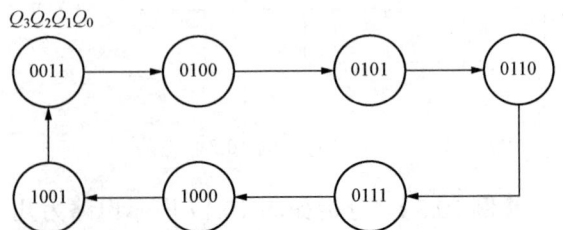

图 10.20 ［例 10.4］状态图

综上所述，实现 N 进制计数器可用反馈清零法，也可用反馈置数法。无论用哪种方法，都应该了解所用集成芯片的清零端或置数端是异步还是同步工作方式，是高电平还是低电平有效。然后根据不同工作方式和有效电平选择合适的清零信号或置数信号。

【例 10.5】 用 74HC192 构成七进制计数器。

解一 用反馈清零法实现。74HC192 具有异步清零功能，反馈识别码 N_a=7，当计数器计到 $Q_3Q_2Q_1Q_0$=0111 时，通过与门（CR 端高电平有效）使 CR=1，计数器清零，实现七进制计数功能。电路如图 10.21 所示。

解二 用反馈置数法实现。74HC192 具有异步置数功能，反馈识别码 N_a=7，当计数器计到 $Q_3Q_2Q_1Q_0$=0111 时，通过与非门使 $\overline{LD}$ =0，计数器清零，即 $Q_3Q_2Q_1Q_0=D_3D_2D_1D_0$=0000，实现七进制计数功能。电路如图 10.22 所示。

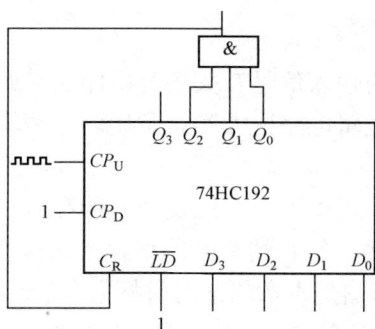

图 10.21 用 CR 端实现的七进制计数器 图 10.22 用 $\overline{LD}$ 端实现的七进制计数器

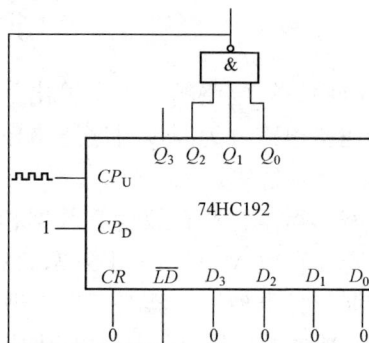

能 力 拓 展

【例 10.6】 用 74HC160 构成四十八进制计数器。

解 需用两片 74HC160 构成四十八计数器。74HC160 为十进制计数器，异步清零且低电平有效，反馈识别码 $N_a=(48)_{10}=(01001000)_{8421BCD码}$，即计数器输出状态为 01001000 时，高位片（2）的 Q_2 和低位片（1）的 Q_3 同时为 1，使与非门输出为 0，反馈到两芯片异步清零端 $\overline{CR}$ 上，使计数器立刻返回 00000000 状态，状态 01001000 仅在很短瞬间出现，为过渡状态，电路如图 10.23 所示。

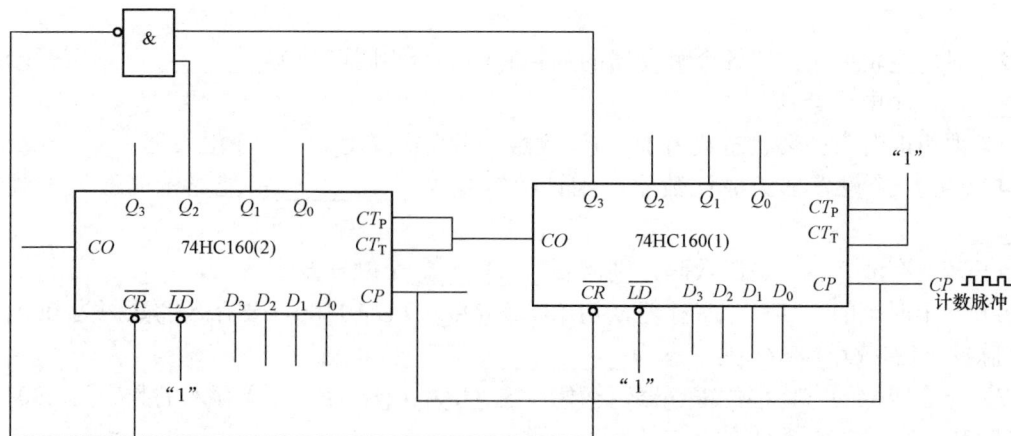

图 10.23 ［例 10.6］电路

思 考 题

1．比较 74HC161 和 74HC163 控制端功能的差异。
2．比较 74HC160 和 74HC162 控制端功能的差异。
3．比较反馈清零法和反馈置数法在构成计数器时的差异。

本章小结

（1）时序逻辑电路的特点是输出状态不仅与当时的输入信号有关还与电路的初始状态有关。时序逻辑电路分为同步时序逻辑电路和异步时序逻辑电路两大类。常用时序逻辑电路包括寄存器和计数器等。

（2）寄存器是暂时存放运算数据和结果的逻辑电路，由于一个触发器只能存放一位二进制数码，若要存放 N 位二进制数码，就需要 N 个触发器。寄存器有数码寄存器和移位寄存器两类，掌握每种类型寄存器的工作原理、状态图和波形图是本章的学习目标之一。

（3）计数器的作用是累计输入脉冲的个数，同时还具有定时、分频等作用。按 CP 脉冲作用的方式分类，有同步计数器和异步计数器两类。对于用触发器直接构成的计数器，在进行电路分析时首先要写出每个触发器的翻转条件和 JK 信号状态，通过依次画出每个脉冲过后的输出波形可以确定计数器的进制和功能。对于不同型号的集成计数器来讲首先要了解它的功能表，即明确每种计数器的清零、置数、计数、保持等功能的实现方法，尤其是要理解"异步"清零和置数、"同步"清零和置数的含义，为分析和设计不同进制的计数器打下基础。

习 题

10.1　填空题

（1）数字电路按照是否具有记忆功能通常可分为_____逻辑电路和_____逻辑电路两类。

（2）时序逻辑电路按照各个触发器的翻转时间是否相同可分为_____时序电路和_____时序电路。

（3）要组成有效循环状态数为 15 的计数器，至少需要用_____个触发器。

（4）用 6 个触发器组成计数器，则计数容量为_____，能显示的最大十进制数为_____。

（5）若要存放八位二进制数码，则需要_____个触发器。

（6）一个四位的左移移位寄存器，初始状态 $Q_3Q_2Q_1Q_0$=1100，要存入的数码为 0001，三个 CP 脉冲过后，$Q_3Q_2Q_1Q_0$ 的状态为_____。

（7）一个四位的右移移位寄存器，初始状态 $Q_3Q_2Q_1Q_0$=1100，要存入的数码为 0001，三个 CP 脉冲过后，$Q_3Q_2Q_1Q_0$ 的状态为_____。

（8）一个四位的右移移位寄存器，初始状态 $Q_3Q_2Q_1Q_0$=1001，要存入的数码为 1110，_____个 CP 脉冲过后，$Q_3Q_2Q_1Q_0$ 的状态为 1010。

（9）集成计数器 74HC161 采用_____（异步、同步）清零方式、清零信号_____电平有效；采用_____（异步、同步）置数方式、置数信号_____电平有效。

（10）集成计数器 74HC192 是_____进制的加、减法计数器，采用_____（异步、同步）清零方式、清零信号_____电平有效；采用_____（异步、同步）置数方式、置数信号_____电平有效；CP_U 为_____计数脉冲输入端，CP_D 为_____计数脉冲输入端。

10.2　一个左移移位寄存器由三个 D 触发器构成，CP 及输入波形如图 10.24 所示，试画出 Q_0、Q_1、Q_2 的波形（设各触发初态均为 0）。

10.3　分析图 10.25 所示电路的逻辑功能，并画出 Q_0、Q_1、Q_2 的波形。设各触发器的初始状态均为 0。

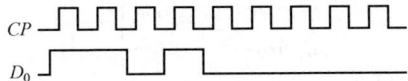

图 10.24　习题 10.2 波形

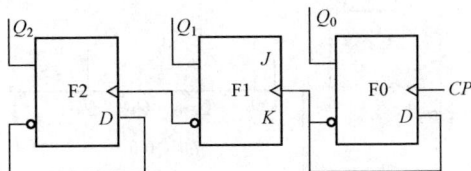

图 10.25　习题 10.3 电路

10.4　分析图 10.26 所示电路为几进制计数器？

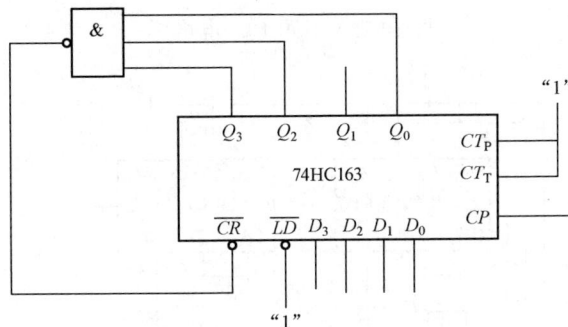

图 10.26　习题 10.4 电路

10.5　分析图 10.27 所示电路为几进制计数器？

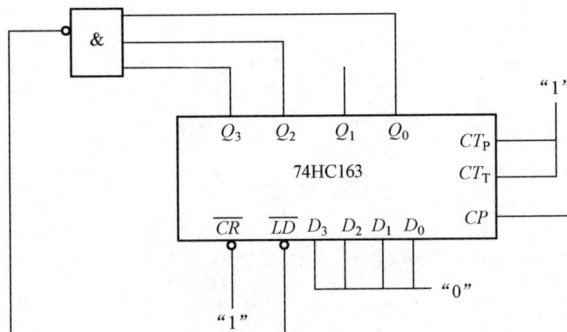

图 10.27　习题 10.5 电路

10.6   分析图 10.28 所示电路为几进制计数器？

10.7   试分析图 10.29 是几进制计数器？

10.8   用集成芯片 74HC161 构成九进制和十三进制计数器（每一种进制分反馈清零法和反馈置数法两种情况）。

10.9   用两片集成芯片 74HC160 构成五十八进制计数器（分别用反馈清零法和反馈置数法实现）。

10.10   用集成芯片 74HC163 分别设计两个计数器，第一个：计数状态从 0010~1101；第二个：计数状态从 0011～1100。

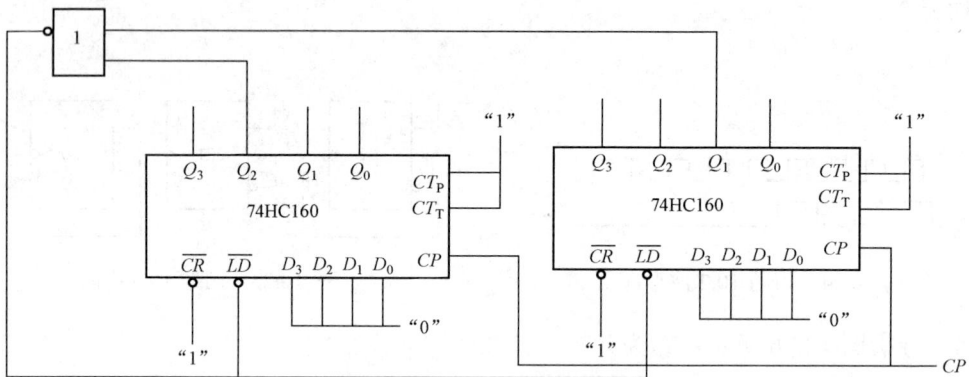

图 10.28   习题 10.6 电路

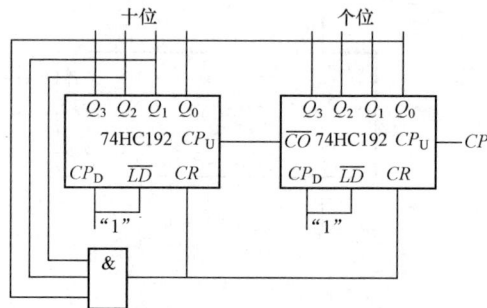

图 10.29   习题 10.7 电路

附录 A　常用二极管、稳压管、三极管的型号和参数

附表 A.1　　　　　　　　　　　二极管的型号和参数

参　数 / 型　号	最大整流电流 I_F（mA）	最大整流电流时的正向压降 U_F（V）	反向工作峰值电压 U_{RM}（V）
2AP1	16		20
2AP2	16		30
2AP3	25		30
2AP4	16	≤1.2	50
2AP5	16		75
2AP6	12		100
2AP7	12	≤1.2	100
2CZ52A			25
2CZ52B			50
2CZ52C			100
2CZ52D			200
2CZ52E	100	≤1	300
2CZ52F			400
2CZ52G			500
2CZ52H			600
2CZ55A			25
2CZ55B			50
2CZ55C			100
2CZ55D			200
2CZ55E	1000	≤1	300
2CZ55F			400
2CZ55G			500
2CZ55H			600
2CZ56A			25
2CZ56B			50
2CZ56C			100
2CZ56D			200
2CZ56E	3000	≤0.8	300
2CZ56F			400
2CZ56G			500
2CZ56H			600

附表 A.2   稳压管的型号和参数

参数		稳定电压 U_Z（V）	稳定电流 I_Z（mA）	耗散功率 P_Z（mW）	最大稳定电流 I_{ZM}（mA）	动态电阻 r_Z（Ω）
测试条件		工作电流等于稳定电流	工作电压等于稳定电压	−60～+50℃	−60～+50℃	工作电流等于稳定电流
型号	2CW52	3.2～4.5	10	250	55	≤70
	2CW53	4～5.8	10	250	41	≤50
	2CW54	5.5～6.5	10	250	38	≤30
	2CW55	6.2～7.5	10	250	33	≤15
	2CW56	7～8.8	10	250	27	≤15
	2CW57	8.5～9.5	5	250	26	≤20
	2CW58	9.2～10.5	5	250	23	≤25
	2CW59	10～11.8	5	250	20	≤30
	2CW60	11.5～12.5	5	250	19	≤40
	2CW61	12.2～14	3	250	16	≤50
	2CW62	13.5～17	3	250	14	≤60
	2DW230	5.8～6.6	10	200	30	≤25
	2DW231	5.8～6.6	10	200	30	≤15
	2DW232	6～6.5	10	200	30	≤10

附表 A.3   三极管的型号和参数

参数　型号	电流放大系数 β（h_{fe}）	穿透电流 I_{CEO}（mA）	集电极最大允许电流 I_{CM}（mA）	集电极最大允许耗散功率 P_{CM}（mW）	集—射极反向击穿电压 $U_{(BR)CEO}$（V）
3AX31A	30～200	≤1000	125	125	≥12
3AX31B	50～150	≤750	125	125	≥18
3AX31C	50～150	≤500	125	125	≥25
3DG100A	25～270	≤0.1	20	100	15
3DG100B	25～270	≤0.1	20	100	20
3DG100C	25～270	≤0.1	20	100	20
3DG100D	25～270	≤0.1	20	100	30

附录 B　部分习题参考答案

第 1 章

1.1　填空题

（1）热敏，光敏，掺杂。

（2）电子，空穴，空穴。

（3）电子，电子，空穴，空穴。

（4）一个，单向，导通，截止。

（5）0.1V，0.5V，0.3V，0.7V。

（6）增大，减小。

（7）截止。

（8）有。

（9）点，面，锗，硅。

（10）一个，导通，0.7V，截止，稳压。

（11）击穿，阴，阳。

（12）反向，截止，稳压。

（13）电流，基极，发射结，集电结。

（14）正向，反向，正向，正向，反向，反向。

（15）左，上，变宽。

（16）基极，栅源。

（17）电压，增强，耗尽，N，P。

（18）耗尽，增强，耗尽。

1.2　（a）U_o=0V　I_o=6mA；　　　　　（b）U_o=6V　I_o=0A。

1.3　（a）导通 U_o=11.3V；（b）截止 U_o=0V；　（c）截止 U_o=6V；　（d）导通 U_o=0.7V；
　　　（e）导通 U_o=−12.7V。

1.4

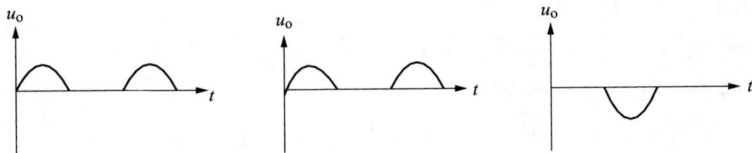

1.5

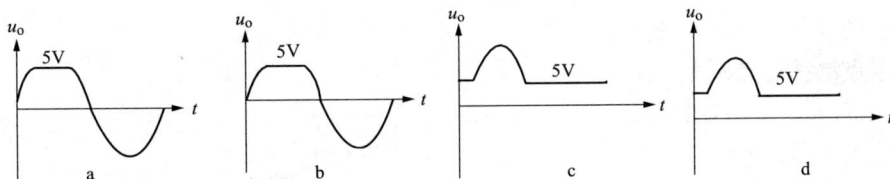

1.6　（a）U_o=1.7V，VD3 导通；　　　（b）U_o=4.3V，VD2 导通。

1.7　（a）U_o=4.7V，I=8.87mA；　　（b）U_o=6V，I=24mA；

　　　（c）U_o=0.7V，I=8.65mA；　　（d）U_o=2V，I=16mA。

1.8　U_o=1.4V 如图所示。　　　　　　U_o=9V 如图所示。

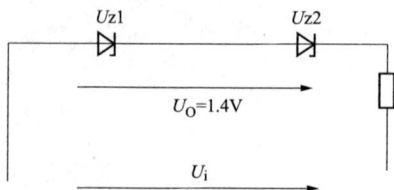

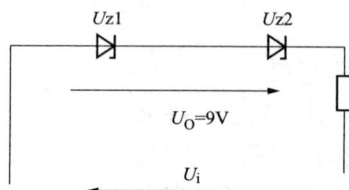

1.9　（a）NPN 管脚分别为 BCE；　　　（b）PNP 管脚分别为 BCE。

1.10　管脚分别为 ECB　NPN 硅材料；　　管脚分别为 ECB　PNP 硅材料；

　　　管脚分别为 ECB　PNP 锗材料。

1.11　放大，放大，放大。

第 2 章

2.1　填空题

（1）直流，直流，交流。

（2）截止，负，正，调小，饱和，正，负，调大。

（3）增大，增大，减小，减小，饱和，0.3V。

（4）好，饱和。

（5）小，饱和。

（6）R_C 减小，R_B 减小，U_{CC} 减小。

（7）Q_3，Q_1，Q_2。

（8）截止，饱和，大，工作点合适。

（9）高，强。

（10）10/3V。

（11）不变，减小，不变。

（12）I_B 增大，I_C 增大，U_{CE} 减小。

（13）集，相同，+1，大，小。

（14）阻容，变压器，直接，交流，独立，直接。

（15）耦合、旁路，三极管结电容。

（16）静态，甲，甲乙，乙，甲，乙，乙，甲。

（17）互补对称，NPN，PNP，半个。

（18）死区。

（19）不失真，功率，微变。

（20）零点漂移，差动放大。

（21）隔直。

（22）放大倍数，输入。

（23）对称，射。

（24）共模，差模，共模，强，强。

（25）A_{ud}/A_{uc}，大。

（26）高，直流，输入级，中间级，输出级，高，强，大，共射，小，强。

（27）=，0。

（28）正，负。

2.2　不能，$I_B=0$；不能，$R_C=0$；不能，短输入。

2.3　（1）$I_{cs}=4mA$，$I_{BS}=80\mu A$。

（2）饱和 $I_B=I_{BS}=80\mu A$，$I_c=I_{cs}=4mA$。

（3）$R_B=141k\Omega$（稍大即可）。

（4）截止。

2.4　（2）$R_B=400k\Omega$。

（3）不慎将 R_B 调到零，会使三极管处于饱和状态。防止措施：把基极偏置电阻 R_B 分为固定和可调两部分。

2.5　（1）$60\mu A$，3mA，6V。

2.6　（1）$I_{BQ}=0.024mA$，$I_{CQ}=2.4mA$，$U_{CEQ}=7.2V$。

（2）$r_{be}=1.4k\Omega$。

（4）$A_u=-71$。

2.7　（1）$I_{BS}=0.06mA$，$I_{BQ}=0.11mA$，饱和，$I_{CQ}=I_{cs}=6mA$，$U_{CEQ}=U_{CES}=0V$。

（2）截止 $I_{BQ}=0$　$I_{CQ}=0$　$U_{CEQ}=12V$。

（3）$R_\rho=277k\Omega$。

2.8　（1）$U_{BEQ}=4V$，$I_{BQ}=66\mu A$，$I_{CQ}=3.3mA$，$U_{CEQ}=2.1V$。

（3）$r_{be}=0.7k\Omega$，$A_u=-0.96$。

2.9　（1）$U_{BEQ}=5V$，$I_{BQ}=0.06mA$，$I_{CQ}=2.9mA$，$U_{CEQ}=4.85V$。

（2）$r_{be}=0.75k\Omega$，$A_u=-133$。

（3）$A_u=-66.6$。

（4）$A_{us}=-38$。

2.10　（1）$I_{BQ1}=\dfrac{U_{CC}}{R_{B1}}$，$I_{CQ1}=\beta I_{BQ1}$，$U_{CEQ1}=U_{CC}-I_{CQ1}R_{C1}$，

$$V_{BQ1}=\dfrac{U_{CC}R_{B3}}{R_{B2}+R_{B3}},I_{EQ2}=\dfrac{V_{BQ1}-U_{be}}{R_e},I_{BQ2}=\dfrac{I_{EQ2}}{1+\beta},$$

$$U_{CEQ2}=U_{CC}-I_{EQ2}(R_{c2}+R_e)。$$

（2）$A_u=A_{u1}A_{u2}=\dfrac{-\beta_1\times(R_{C1}//R_{B2}//R_{B3}//[r_{be2}+(1+\beta_2)R_e])}{r_{be1}}\times\dfrac{-\beta_2\times(R_{C2}//R_L)}{r_{be2}+(1+\beta)R_e}$。

（3）输入电阻 $r_i=R_{B1}//r_{be1}$　输出电阻 $r_o=R_{c2}$。

2.11　（1）$-1.2mV<u_i<1.2mV$。

（2）5V。

（3）$-12V$。

（4）12V。

第 3 章

3.1　填空题

（1）正，负，负，正。

（2）直流，交流，交\直流，负，负。

（3）增大，减小。

（4）电压，减小，电流，增大。

（5）电压串联，电流串联，电压并联。

（6）正 $|A_\mathrm{F}|>1$，$|A_\mathrm{F}|=1$。

（7）$|A_\mathrm{F}|\gg1$，$A_\mathrm{F}=1/F$。

（8）深度。

3.2　$A_\mathrm{F}=10$，$U_\mathrm{o}=1\mathrm{V}$，$U_\mathrm{F}=0.099\mathrm{V}$，$U_\mathrm{d}=0.001\mathrm{V}$，$\mathrm{d}A_\mathrm{F}/A_\mathrm{F}=0.1\%$。

3.3　$1+A_\mathrm{F}=10$，$A_\mathrm{F}=10$，$U_\mathrm{d}=0.06\mathrm{V}$，$U_\mathrm{i}=0.6\mathrm{V}$，$U_\mathrm{F}=0.54\mathrm{V}$。

3.4　（a）电压并联负反馈；　　　　（b）电压串联负反馈；

　　　（c）电压并联负反馈；　　　　（d）电压串联正反馈。

3.5　（a）电压串联负反馈；

　　　（b）电流并联负反馈；

　　　（c）电压并联正反馈；

　　　（d）R_F 电压并联正反馈，$R_{\mathrm{F}1}$ 电流并联负反馈。

3.6　（1）加入电流串联负反馈，反馈电阻 R_F 接在 E_1 和 E_2 之间且 B_2 与 E_1 相连。

（2）加入电压并联负反馈，反馈电阻 R_F 接在 B_1 与 C_2 之间且 B_2 与 E_1 相连。

3.7　（a）不满足；　　　　（b）满足。

第 4 章

4.1　填空题

（1）加入负反馈，开环或正反馈。

（2）$u_+=u_-=0$，反相。

（3）深度。

（4）反相，$R_1=R_\mathrm{F}$。

（5）同相，$R_1=\infty$ 或 $R_\mathrm{F}=0$。

（6）积分，积分。

（7）开环，正反馈，回差。

（8）输入，发生器，幅值，周期。

（9）幅值，周期。

4.2　（a）$u_\mathrm{o}=0.3\mathrm{V}$；　　（b）$u_\mathrm{o}=-0.15\mathrm{V}$；　（c）$u_\mathrm{o}=0.9\mathrm{V}$；　　（d）$u_\mathrm{o}=0.226\mathrm{V}$。

4.3　$u_\mathrm{o}=-u_\mathrm{i}$，$u_\mathrm{o}=3u_\mathrm{i}$。

4.4　$-\dfrac{R_\mathrm{F}}{R_1}\left(u_{\mathrm{i}1}+\dfrac{1}{R_1C}\int u_{\mathrm{i}2}\mathrm{d}t\right)$。

4.5　（3）$u_o=8u_{i1}-12u_{i2}-2u_{i3}=-(-8u_{i1}+12u_{i2}+2u_{i3})$。

$$\frac{R_F}{R_1}=8 ,\quad R_1=3\text{k}\Omega。$$

$$\frac{R_F}{R_2}=12 ,\quad R_2=2\text{k}\Omega。$$

$$\frac{R_F}{R_3}=2 ,\quad R_3=12\text{k}\Omega。$$

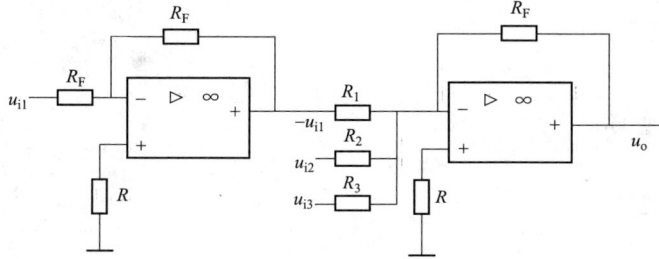

4.6　略。

4.7

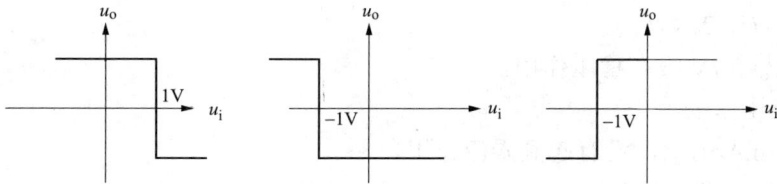

4.8　略。

4.9　$U_{TH1}=4\text{V}$，$U_{TH2}=-4\text{V}$。

4.10　（b）$U_{TH1}=5\text{V}$，$U_{TH2}=-1\text{V}$。

4.11　u_c 最大值 6V。

4.12　略。

第 5 章

5.1　填空题

（1）变压，整流，滤波，稳压。

（2）22.5V，45V，50V，60V。

（3）$50\sqrt{2}$ V，$50\sqrt{2}$ V，$100\sqrt{2}$ V，$50\sqrt{2}$ V。

（4）100mA，50mA。

（5）并，较大，小。

（6）串，较小。

（7）电容，电感。

（8）截止，不起。

（9）采样，基准，放大，调整。

（10）正，9V，负，9V。

5.2　U_2=100V，U_{Dm}=100$\sqrt{2}$ V，I_o=0.45A；U_2=45V，U_{Dm}=90$\sqrt{2}$ V。

5.3　（1）U_o=108V。

（2）U_o=90$\sqrt{2}$ V。

（3）U_o=81V。

（4）U_o=90V。

5.4　（1）U_o=90V，I_o=0.9A。

（2）U_o=120V，I_o=1.2A。

5.5　（1）正常。

（2）电容坏。

（3）二极管坏。

（4）电容和二极管坏。

（5）负载开路。

5.6　（1）U_{AB}=2.25V。

（2）10$\sqrt{2}$ V。

（3）4.5V。

（4）6V。

（5）4V。

5.7　13.5V<U_o<27V。

5.8　（1）U_o=0.7V 没有稳压作用。

（2）没有稳压作用。

（3）I_Z=26.7mA>I_{zmax}，没有起到限流作用。

（4）R≥375Ω（稍大即可）。

5.9　6.96V<U_o<17.72V。

5.10　略。

第6章

6.1　填空题

（1）与非，异或。

（2）放大，截止，饱和，放大，截止，饱和。

（3）截止，放大，饱和。

（4）四位，十。

（5）001101010111，001110001010，011010001010。

（6）逻辑函数，逻辑电路，真值表，卡诺图。

（7）0。

（8）1。

（9）16，四，原，反，一。

（10）0，0。

（11）$\sum m(0,1,4,6,7)$。

（12）A，1，A，0，1，$A+B$。

（13）约束，0。

6.2　20=(10100)$_2$，45=(101101)$_2$。

6.3　22，93。

6.4　CB，75。

6.5　111110，10110111010。

6.6　21，62。

6.7　176，110。

6.8　$Y_1=\overline{B}C+A\overline{C}$，$Y_2=\overline{A}B+\overline{B}\,\overline{C}$。

A	B	C	Y_1	Y_2
0	0	0	0	1
0	0	1	1	0
0	1	0	0	1
0	1	1	0	1
1	0	0	1	1
1	0	1	1	0
1	1	0	1	0
1	1	1	0	0

6.9　略。

6.10　（4）

$$A\overline{B}+\overline{A}D+BD+DCE=A\overline{B}+D(\overline{A}+B)+BD+DCE$$
$$=A\overline{B}+D\overline{A\overline{B}}+BD+DCE=A\overline{B}+D+BD+DCE$$
$$=A\overline{B}+D。$$

6.11　（1）$AB+C$。

（2）1。

（3）$A+C+\overline{B}$。

（4）$\overline{A}+B+\overline{C}$。

（5）BC。

6.12　（1）$\overline{AB}+\overline{AC}+\overline{BC}$。

（2）$B\overline{C}+\overline{A}B\overline{D}+A\overline{C}D+ABD$。

（3）$\overline{A}+C$。

（4）$B+\overline{A}C\overline{D}$。

（5）$\overline{B}+C\overline{D}$。

（6）$\overline{D}+\overline{AC}$。

第 7 章

7.1　填空题

（1）0，1，高阻。

（2）开路，线与，三态。

（3）并联，高，低。

（4）三极管，场效应管。

（5）同类门，8。

（6）开门，U_{oN}，关门，U_{oFF}。

（7）高电平，U_{NH}，低电平，U_{oL}。

（8）阈值，U_{TH}。

7.2　（a）正确；　　　　（b）正确；　　　　（c）错误；　　　　（d）错误。

　　　（a）正确；　　　　（b）错误；　　　　（c）正确；　　　　（d）错误。

7.3

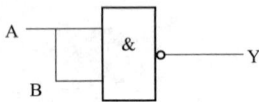

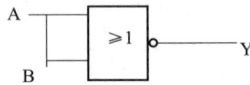

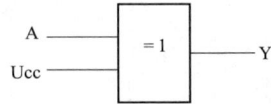

7.4　（a）$Y=\overline{A+B}$；　　（b）$Y=0$；　　　　（c）$Y=1$；　　　　（d）$Y=AB$。

7.5　（a）$Y=\overline{A}$；　　　（b）高阻；　　　　（c）高阻；　　　　（d）$Y=\overline{AB}$。

7.6　（b）图正确，$I=1\mathrm{mA}$；　　　　　　　（d）图正确，$I=2.8\mathrm{mA}$。

第 8 章

8.1　填空题

（1）五。

（2）四。

（3）八。

（4）高。

（5）通用。

（6）$ST_{\mathrm{A}}=1$，$\overline{ST_{\mathrm{B}}}=0$，$\overline{ST_{\mathrm{C}}}=0$。

（7）编。

（8）译。

（9）三。

（10）八，选择，$\overline{S}=0$。

（11）$ST_{\mathrm{A}}=1$，$\overline{ST_{\mathrm{B}}}=0$，$\overline{ST_{\mathrm{C}}}=D$。

（12）输入，无。

8.2　$Y_1=\overline{A}B\overline{C}+\overline{A}BC+ABC$，$Y_2=\overline{A}BC+\overline{B}C+A\overline{C}$。

8.3　（a）$Y=ABCD$；　　　（b）$Y=\overline{A+B}$；　　（C）$Y=0$。

8.4　略。

8.5　（1）Y（A、B、C）$=AB+AC+BC=\overline{\overline{AB+AC+BC}}=\overline{\overline{AB}\,\overline{AC}\,\overline{BC}}$。

（2）Y（A、B、C）$=\overline{\overline{AB+\overline{B}C}}=\overline{\overline{AB}\,B\overline{C}}$（用一个两输入与非门和一个三输入与非门实现）。

8.6　$G=AB$；$Y=\overline{A}B+A\overline{B}$；$R=\overline{AB}$。

8.7　略。

8.8　略。

8.9　输出 $a=\overline{A}B+A\overline{B}$，$b=1$，$c=\overline{A}$，$d=AB$，$e=A+B$。

8.10　$Z_1= \overline{BC} + \overline{A}BC + AB\overline{C}$，　　　　$Z_2 = AC + B\overline{C}$。

8.11　（3）$Y= \overline{A}B + \overline{B}C + AB\overline{C} = \sum m(1,2,3,5,6)$。

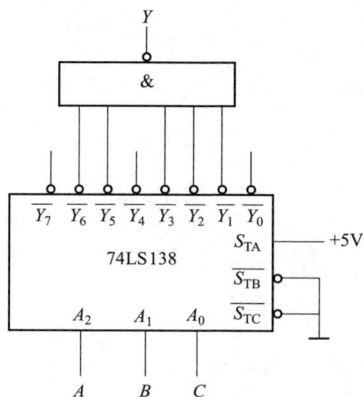

8.12　（3）　$Y= \overline{A}C + BC + \overline{B}\,\overline{C} = \sum m(0,1,3,4,7)$。

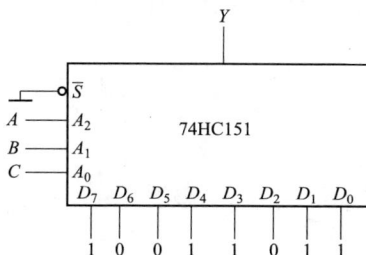

8.13　略。

8.14　略。

第 9 章

9.1　填空题

（1）$Q^{n+1} = j\overline{Q^n} + \overline{K}Q^n$。

（2）$Q^{n+1} = 0$。

（3）$Q^{n+1} = 1$；　　　$Q^{\overline{n+1}} = 1$。

（4）保持。

（5）不发生。

（6）$Q^{n+1} = 0$。

（7）$J=D$；$K=\overline{D}$。

（8）T。

（9）$J=1$，　$K=1$ 或 $J=1$，　$K=0$。

（10）$J=1$，　$K=0$ 或 $J=0$，　$K=0$。

（11）置 0，低，高，置 1，低，高。

（12）基本，低，低。

（13）1/3，2/3。

（14）小。

（15）不同，0，1。

（16）方波，等于。

9.2～9.8　略。

9.9　方波发生器。

9.10　施密特触发器。

第 10 章

10.1　填空题

（1）组合，时序。

（2）同步，异步。

（3）四。

（4）64，63。

（5）八。

（6）0000。

（7）0011。

（8）2。

（9）异步，低，同步，低。

（10）十，异步，高，异步，低，加法，减法。

10.2　略。

10.3　略。

10.4　十四。

10.5　十四。

10.6　四十三。

10.7　六十一。

10.8～10.10　略。

参 考 文 献

[1] 吕国泰. 电子技术. 北京：高等教育出版社，2001.

[2] 秦增煌. 电工学下册（电子技术）. 北京：高等教育出版社，2009.

[3] 余孟尝. 数字电子技术基础简明教程. 北京：高等教育出版社，2006.

[4] 沈任元. 模拟电子技术基础. 北京：机械工业出版社，2005.

[5] 沈任元. 数字电子技术基础. 北京：机械工业出版社，2005.

[6] 王济浩. 模拟电子技术基础. 北京：清华大学出版社，2009.

[7] 杨建宁. 电子技术. 北京：科学出版社，2005.

[8] 夏奇兵. 电工电子技术基础（下册）. 北京：机械工业出版社，2011.